高等教育应用型本科系列教材

分析化学实验

主　编　唐意红　张素霞

内容提要

本书共七章，包括分析化学实验的基本知识，化学分析实验的基本操作，常用实验仪器的使用方法，试样采集与数据处理，化学分析实验，仪器分析实验，综合实验和设计实验。附录给出了分析化学实验常用的数据。本书作为高等教育应用型本科系列教材之一，将实践与理论相结合，突出应用技术，注重实验的代表性、适用性和实用性，通过实验可培养学生严谨的科学态度和分析解决问题的能力。

本书可供高等院校化学、化工、轻工、制药、环境、材料、食品等专业及相关专业师生使用，也可供从事化学实验室工作的人员参考。

图书在版编目(CIP)数据

分析化学实验/唐意红，张素霞主编. —上海：
上海交通大学出版社，2022.1(2023.1 重印)
ISBN 978-7-313-25947-9

Ⅰ.①分… Ⅱ.①唐…②张… Ⅲ.①分析化学—化
学实验—高等学校—教材 Ⅳ.①O652.1

中国版本图书馆 CIP 数据核字(2021)第 265264 号

分析化学实验
FENXI HUAXUE SHIYAN

主　　编：唐意红　张素霞
出版发行：上海交通大学出版社　　地　　址：上海市番禺路 951 号
邮政编码：200030　　电　　话：021-64071208
印　　制：常熟市文化印刷有限公司　　经　　销：全国新华书店
开　　本：787mm×1092mm　1/16　　印　　张：13
字　　数：292 千字
版　　次：2022 年 1 月第 1 版　　印　　次：2023 年 1 月第 2 次印刷
书　　号：ISBN 978-7-313-25947-9
定　　价：46.00 元

前　言

分析化学是一门实践性很强的学科,分析化学的实验占有重要地位。通过分析化学实验课程的学习,可以加深对分析化学基础理论的认识与理解,掌握分析化学基本操作和技能,学会科学地表达分析结果,为后续专业课的学习和今后从事相关领域的科学研究和生产实践打下坚实基础。本书作为高等教育应用型本科规划教材之一,充分体现了应用型人才培养的特色和应用型本科教学的需要。在编写过程中,本书力求将实践与理论教学相融合,突出应用技术,遵循与时俱进和"实际、实践、实用"的原则。通过实验课程,引导学生掌握正确的操作方法,培养学生实事求是的科学态度和良好的实验习惯,提高学生的实践能力、自学能力和创新能力。

本书内容由三部分组成:第一部分为分析化学实验基础知识,包括分析化学实验的基本知识、化学分析实验的基本操作、常用实验仪器的使用方法以及试样采集与数据处理;第二部分为实验内容,包括化学分析实验(基本操作实验、酸碱滴定、配位滴定、氧化还原滴定、沉淀滴定、滴定分析拓展实验和沉淀重量分析)、仪器分析实验(光谱分析、电化学分析和色谱分析)、综合实验和设计实验;第三部分为附录。在实验部分中,化学分析实验和仪器分析实验将分析化学基本操作技术与分析化学理论紧密结合,培养学生扎实的实验技能;综合实验和设计实验是课程知识的综合运用,培养学生查阅资料、更新自身知识以及运用分析化学基本理论和操作技能解决实际问题的能力。

本书是编者及编者所在的分析化学教研室的多位教师在多年分析化学教学及科研经验的基础上,从当前教学实际情况出发,充分考虑分析化学的发展趋势,以当前国内外成熟的理论、技术、方法为基础,参照有关分析化学和分析化学实验教材编写而成。除主编以外,徐丽芳、蔡蒨、潘安健、鲁彦、许旭、徐虎、叶伟林、丁蕙、卢立泓、祝优珍等教师均为本书提供了大量的编写素材,在此表示感谢。

因编者的水平和教学经验有限，书中难免存在疏漏和错误之处，恳请专家和读者批评指正。

编　者

2021年7月

目 录

第一章　分析化学实验的基本知识

分析测试工作要求具备扎实的分析化学实验的基本知识与操作技能。在分析化学实验课程学习之初，应首先明确分析化学实验课程的基本要求，学习分析化学实验的一般知识，了解分析化学实验报告的书写要求和基本格式。做到规范操作、正确记录、科学报告。

第一节　分析化学实验的目的和基本要求

一、分析化学实验的目的

分析化学实验是分析化学课程的重要组成部分，是以实验操作为主的技能课程。通过分析化学实验课程的学习，可以加深对分析化学理论知识的理解；可以正确和熟练地掌握分析化学实验的基本操作和技能，学会常用分析仪器的使用和保养；可以学会正确、合理地选择实验条件和实验仪器；可以树立“量”的概念，正确处理数据和表达实验结果，解释实验现象并对实验结果进行分析讨论；使学生养成良好的实验习惯、实事求是的科学态度、严谨细致的工作作风，提高分析和解决问题的能力，为后继课程的学习、毕业论文的撰写和以后的工作打下坚实的基础。

二、分析化学实验的要求

1. 实验前认真预习，写预习报告

(1) 实验课前应认真阅读“化学实验室安全规则”，严格遵守实验室的各项规章制度。

(2) 实验前应认真学习有关的理论教学内容和实验内容，明确本次实验目的，理解实验原理，熟悉实验内容及步骤，写好预习报告。未预习者不得进行实验。

2. 实验时规范操作

(1) 细致观察，善于思考。细致观察是掌握和积累知识的重要手段。当实验中观察到的现象与书本上记载的不一致时，一定要深入思考、找明原因，而不能简单地照书上所述做记录。

(2) 实事求是，及时记录。实验记录要实事求是，忠于实验现象。实验过程中所有的现象、数据等要及时记录在实验报告上，不得任意涂改实验数据，修正错误数据时应将原数据用横线划去，并在其上方写出正确数字。

(3) 养成良好的实验习惯。保持实验室安静;保持实验台面清洁,仪器摆放整齐、有序;各种试剂的取用要严格遵守操作规则,公用试剂不能放在自己的桌面而影响其他人实验;正确使用分析仪器,严格按照仪器规程进行操作;爱护仪器和公共设施,不乱扔废纸杂物,树立良好的公共道德;实验室内禁止饮食、吸烟。

3. 实验后清理

实验后应及时清洗、整理仪器,放好化学药品,按要求正确处理实验室废弃物;值日生要打扫实验室卫生,关好实验室的煤气、水、电源和门窗等;经老师允许后方可离开实验室。

4. 完成实验报告

根据实验现象,及时处理数据,实事求是地书写实验报告,实验报告格式要规范化。

第二节　分析化学实验的一般知识

一、实验室用水知识

分析化学实验应使用纯水,一般是蒸馏水或去离子水,有的实验要求用二次蒸馏水或更高规格的纯水。水的质量影响到空白值的大小以及分析方法的检出限,尤其在微量分析中对水质的要求更高(如电分析化学、液相色谱等实验)。

1. 实验室用水级别及主要指标

国家标准《分析实验室用水规格和试验方法》(GB/T 6682—2008)规定了实验室用水规格、等级、制备方法、技术指标及检验方法。分析实验室用水共分三个级别:一级水、二级水和三级水,其主要技术指标如表 1.1 所示。

(1) 一级水:用于有严格要求的分析试验,包括对颗粒有要求的试验,如高压液相色谱分析用水。

(2) 二级水:用于无机痕量分析等试验,如原子吸收光谱分析用水。

(3) 三级水:用于一般化学分析试验。

表 1.1　分析实验室用水的级别及主要技术指标

指标名称	一级	二级	三级
pH 值范围(25℃)	—	—	5.0～7.5
电导率(25℃,≤)/(mS・m^{-1})	0.01	0.10	0.50
可氧化物质(以 O 含量计,≤)/(mg・L^{-1})	—	0.08	0.4
蒸发残渣[(105±2)℃,≤]/(mg・L^{-1})	—	1.0	2.0
吸光度(254 nm,1 cm 光程,≤)	0.001	0.01	—
可溶性硅(以 SiO_2 含量计,≤)/(mg・L^{-1})	0.01	0.02	—

注:由于在一级、二级纯度的水中,难以测定真实的 pH 值,因此,对一级水、二级水的 pH 值范围不做规定;由于在一级水的纯度下,难以测定可氧化物质和蒸发残渣,对其限量不做规定,可用其他条件和制备方法来保证一级水的质量。

2. 实验室用水制备方法

1）蒸馏水

通过蒸馏方法除去水中非挥发性杂质而得到的纯水称为蒸馏水。由于绝大部分无机盐类不挥发，所以蒸馏水中已除去了大部分无机盐类，适用于一般的实验室工作。同样是蒸馏所得的纯水，其中含有的杂质种类和含量却不同。用玻璃蒸馏器蒸馏所得的水含有 Na^+ 和 SiO_3^{2-} 等离子；而用铜蒸馏器所制得的纯水可能含有 Cu^{2+} 离子。同时蒸馏水的储存方法也很重要，要储存在不受离子污染的容器，如有机玻璃、聚乙烯或石英容器中。在实验室中制取二次蒸馏水，可用硬质玻璃或石英蒸馏器，先加入少量高锰酸钾溶液，以破坏水中的有机物。蒸馏时弃去最初馏出的四分之一，收集中段馏出液，接收器上口要安装碱石棉管，防止二氧化碳进入而影响蒸馏水的电导率。

2）去离子水

用离子交换法除去水中的阳离子和阴离子杂质所得到的纯水称为去离子水，是目前用的比较多的一种方法。该方法成本低，树脂可再生后反复使用，制备水量大，去离子能力强。其缺点是设备与操作比较复杂，而且不能除去有机物等非电解质杂质，并有微量树脂溶在水中。

3）电渗析法

电渗析法是在离子交换技术的基础上发展起来的一种方法。它是在外电场作用下，利用阴、阳离子交换膜使溶液中的离子选择性透过而使溶液中的溶质和溶剂分开，从而达到净化水的目的的一种方法。此法除去杂质的效果较低，得到的水质质量较差，只适用于一些要求不太高的分析工作。

3. 分析实验室用水质量检验

纯水的检验有物理方法（测定水的电阻率）和化学方法两类。分析化学实验室主要对实验用水的电阻率、pH 值、硅酸盐、氯化物和金属离子等进行检测。

1）电阻率

水的电阻率越高，电导率越小，表示水中的离子越少，水的纯度越高，如表 1.1 所示。实验中选用适合测定纯水的电导率仪（最小量程为 0.02 $\mu S \cdot cm^{-1}$）测定。

2）pH 值

用酸度计测定与大气相平衡的纯水的 pH 值，一般 pH 值应为 6～7。采用简易化学方法测定时，取两支试管，在其中各加 10 mL 水，在甲试管中滴加 0.2%甲基红（变色范围 pH 值为 4.2～6.2）2 滴，不得显红色，在乙试管中滴加 0.2%溴百里酚蓝（变色范围 pH 值为 6.0～7.6）5 滴，不得显蓝色。

3）硅酸盐

取 10 mL 水放入一小烧杯中，加入浓度为 4 $mol \cdot L^{-1}$ HNO_3 5 mL，5%钼酸铵溶液 5 mL，室温下放置 5 min，然后，加入 10% Na_2SO_3 溶液 5 mL，观察是否出现蓝色，如呈现蓝色则不合格。

4）氯化物

取 20 mL 水放入试管中，用 1 滴 4 $mol \cdot L^{-1}$ HNO_3 酸化，加入浓度为 0.1 $mol \cdot L^{-1}$

$AgNO_3$ 溶液 1～2 滴，如出现白色乳状物，则不合格。

5）金属离子

取 25 mL 水，加 0.2%铬黑 T 指示剂 1 滴，pH 值为 10 的氨性缓冲溶液 5 mL，如呈现蓝色，说明 Cu^{2+}、Pb^{2+}、Zn^{2+}、Fe^{3+}、Ca^{2+}、Mg^{2+} 等阳离子含量甚微，水合格；如呈现紫红色，则说明水不合格。

二、常用试剂的规格、保存和取用

分析化学实验中所用试剂的质量直接影响分析结果的准确性，因此应根据具体情况，如分析方法的灵敏度与选择性，分析对象的含量及对分析结果准确度的要求等，合理选择相应级别的试剂，在既能保证实验正常进行的同时，又可避免不必要的浪费。同时试剂应合理保存，避免沾污和变质。

1. 化学试剂的规格

化学试剂根据纯度及杂质含量的多少，可将其分为以下几个等级：

（1）优级纯试剂，亦称保证试剂，为一级品，纯度高，杂质极少，主要用于精密分析和科学研究，常以 GR 表示。

（2）分析纯试剂，亦称分析试剂，为二级品，纯度略低于优级纯试剂，杂质含量略高于优级纯试剂，适用于重要分析和一般性研究工作，常以 AR 表示。

（3）化学纯试剂，为三级品，纯度较分析纯试剂差，但高于实验试剂，适用于工厂、学校一般性的分析工作，常以 CP 表示。

（4）实验试剂，为四级品，纯度比化学纯试剂差，但比工业品纯度高，主要用于一般化学实验，不能用于分析工作，常以 LR 表示。

以上按试剂纯度的分类法已在我国通用。根据国家标准《化学试剂包装及标志》的规定，化学试剂的不同等级分别用各种不同的颜色来标志，如表 1.2 所示。

表 1.2　我国化学试剂的等级及标志

级别	一级品	二级品	三级品	四级品
纯度分类	优级纯	分析纯	化学纯	实验试剂
符号	GR	AR	CP	LR
标签颜色	深绿色	金光红色	中蓝色	黄色

除上述化学试剂外，还有基准试剂、光谱纯试剂及超纯试剂等。基准试剂相当或高于优级纯试剂，专作滴定分析的基准物质，用以确定未知溶液的准确浓度或直接配制标准溶液，其主成分含量一般为 99.95%～100.0%，杂质总量不超过 0.05%。光谱纯试剂主要用作光谱分析中的标准物质，其杂质用光谱分析法测不出或杂质低于某一限度，纯度在 99.99%以上。超纯试剂又称高纯试剂，是用一些特殊设备如石英、铂器皿生产的。

2. 试剂的保存

试剂保存不当可能引起质量和组分的变化，因此，正确保存试剂非常重要。根据试剂的性质采取相应的保存方法和措施。

(1) 多数试剂都要密封存放，这是实验室保存试剂的一个重要原则。易挥发的试剂、吸水性强的试剂、易被氧化的试剂(或还原性试剂)，如浓盐酸、浓硝酸、苛性钠、亚硫酸钠等都需密封存放。

(2) 容易腐蚀玻璃的试剂应保存在塑料或涂有石蜡的玻璃瓶中，如氢氟酸、氟化物(氟化钠、氟化钾、氟化铵)、苛性碱(氢氧化钾、氢氧化钠)等。

(3) 见光或受热易分解的试剂应保存在棕色瓶里，避免光照，放置在暗处，如过氧化氢(双氧水)、硝酸银、高锰酸钾等。

(4) 易相互作用的试剂应分开储存在阴凉通风的地方，如酸与氨水、氧化剂与还原剂都要分开储存。

(5) 易燃、易爆炸的试剂应分开储存在阴凉通风的地方，如有机试剂、强氧化剂等。

(6) 剧毒试剂应专门保管，严格执行取用手续，以免发生中毒事故，如氰化物(氰化钾、氰化钠)、氢氟酸、氯化汞、三氧化二砷(砒霜)等剧毒试剂。

3. 试剂的取用

1) 固体试剂的取用

(1) 要用干净的药勺取用。用过的药勺必须洗净和擦干后才能使用，以免沾污试剂。

(2) 取用试剂后应立即盖紧瓶盖，防止试剂与空气中的氧气等起反应。

(3) 称取一定量的固体试剂时，可将试剂放在称量纸、烧杯等干燥洁净的玻璃容器内，必须注意不要多取，多取的药品不能倒回原瓶。

(4) 具有腐蚀性、强氧化性或易潮解的固体试剂不能在称量纸上称量，应放在玻璃容器内称量。如氢氧化钠有腐蚀性，又易潮解，须放在玻璃容器内称量。有毒的药品称取时要做好防护措施，如戴好口罩、手套等。

2) 液体试剂的取用

(1) 从细口瓶中取出液体试剂时，用倾注法(见图 1.1)。先将瓶塞取下，倒放在桌面上，手握住试剂瓶上贴标签的一面，缓缓倾斜瓶子，让试剂沿着玻璃棒注入烧杯中，或沿着试管壁流入试管。取出所需量后，将试剂瓶口在容器上靠一下，再逐渐竖起瓶子，以免遗留在瓶口的液体滴流到瓶的外壁面上。

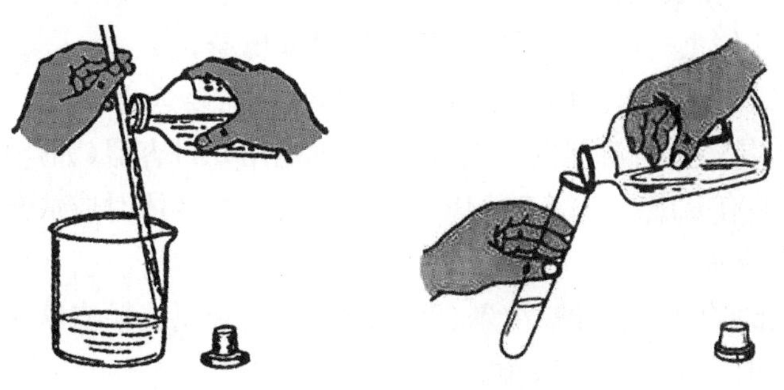

图 1.1　倾注法

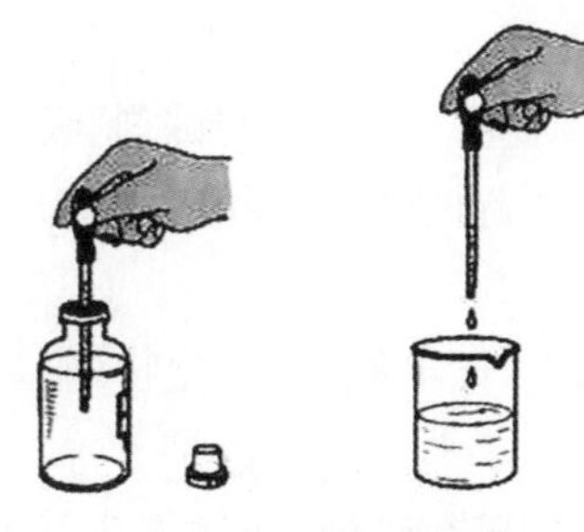

图 1.2 滴管的使用手法

(2) 取用滴瓶中的试剂时,要用滴瓶中的滴管吸取(见图 1.2)。装有药品的滴管不得横置或滴管口向上斜放,以免液体流入滴管的胶皮帽中,腐蚀胶皮帽。滴管绝不能接触实验容器,以免再取试剂时受到污染。

(3) 定量取用液体试剂时,根据要求可选用量筒或移液管等。

(4) 取用挥发性强的试剂时要在通风橱中进行,并做好安全防护措施。

在盛装试剂的瓶上,应贴有标明试剂名称、规格、出厂日期、浓度以及配制日期等的标签。没有标签或标签字迹难以辨认的试剂,在未确定其成分前,不能随便使用。

三、化学实验室安全规则

在化学实验室中,经常与有毒性、有腐蚀性、易燃烧和易爆炸的化学药品直接接触,常常使用易碎的玻璃和瓷质的器皿,以及在使用水、电、煤气的高温电热设备的环境下进行工作。为了顺利地开展化学实验,保证实验成功,保护实验仪器设备,维护师生安全,防止实验事故发生,必须严格遵守实验室安全规则。

(1) 必须了解实验室的环境,充分熟悉水、电、煤气阀门,了解急救箱和消防用品等的放置地点和使用方法。

(2) 严禁任意混合实验室内药品,更不能入嘴尝试,以免发生意外事故。注意试剂、溶液的瓶盖、瓶塞不能搞错,瓶中试剂一旦倒出,严禁倒回。

(3) 禁止在实验室内饮食、吸烟,不能用烧杯等仪器当茶杯使用。禁止实验者赤膊、穿拖鞋进入实验室。实验室应保持秩序井然,禁止喧哗打闹。

(4) 实验时应穿实验工作服,进行危险性实验时要佩戴口罩、眼镜、手套等防护用具。

(5) 使用有毒试剂(如氟化物、氰化物、铅盐、钡盐、六价铬盐、汞的化合物和砷的化合物等)时,严防其进入口内或接触伤口,剩余药品或废液不得倒入下水道或废液桶内,应倒入回收瓶中集中处理。

(6) 当实验中会产生 H_2S、CO、Cl_2、SO_2 等有毒、恶臭、有刺激性的气体时,必须在通风橱内进行操作,头部应在通风橱外面。如发现大量毒气逸散至室内,应立即关闭气体发生器,打开门窗,并迅速停止一切试验,停水、停电后离开现场。

(7) 有机溶剂(如酒精、苯、丙酮、乙醚等)易燃,使用时要远离火源。应防止易燃有机物的蒸气外逸,切勿将易燃有机溶剂倒入废液缸,更不能用开口容器(如烧杯)盛放有机溶剂,不可用火直接加热装有易燃有机溶剂的烧瓶。回流或蒸馏液体时应放沸石,以防止液体过热暴沸而冲出,引起火灾。

(8) 使用具有强腐蚀性的浓酸、浓碱、溴、洗液时,应避免接触皮肤和溅在衣服上,更要注意保护眼睛,需要时应配备防护眼镜。

(9) 在加热、浓缩液体的操作时要十分小心,不能俯视正在加热的液体,以免溅出的液体把眼、脸灼伤。加热试管中的液体时,不能将试管口对着自己或别人。当需要借助嗅觉鉴别少量气体时，绝不能用鼻子直接对准瓶口或试管口嗅闻气体，而应用手把少量气体轻轻地扇向鼻孔进行嗅闻。

(10) 使用电器设备时，不要用湿手接触仪器，以防触电，用后关闭电源。

四、实验中意外事故的处理

在实验中如果不慎发生意外事故，不要慌张，应沉着、冷静、迅速处理，具体如下：

(1) 烫伤：对于轻度烫伤，应立即用大量冷水冲洗，也可用3%～5%的高锰酸钾溶液擦伤处至皮肤变为棕色，然后涂上凡士林或烫伤膏。

(2) 受强酸腐蚀：应立即用大量水冲洗，然后涂上碳酸氢钠油膏或凡士林。

(3) 受浓碱腐蚀：应立即用大量水冲洗，然后用柠檬酸或硼酸饱和溶液洗涤，再涂上凡士林。

(4) 割伤：伤口内若有异物，应先取出，并用药棉揩净伤口，涂上龙胆紫药水，再用纱布包扎。如果伤口较大，应立即到医务室医治。

(5) 如酸碱或其他试剂溅入眼中：应立即用洗眼器冲洗眼部。

(6) 火灾：万一发生火灾，要保持镇静，立即切断电源或燃气源，并采取针对性的灭火措施。一般的小火用湿布、防火布或沙子覆盖燃烧物灭火。如酒精、苯或醚等着火时，应立即用湿布或沙土等扑灭；不溶于水的有机溶剂以及能与水起反应的物质如金属钠，一旦着火，绝不能用水浇，应用沙土压或用二氧化碳灭火器灭火。如遇电气设备着火，使用 CCl_4 灭火器，绝对不可用水或 CO_2 泡沫灭火器。情况紧急应立即报警。

(7) 触电：遇有触电事故发生，首先应切断电源，然后在必要时，对触电者进行人工呼吸。

第三节　分析化学实验报告的要求和格式

实验报告是对实验过程的记录、数据的统计处理、实验问题的分析讨论和实验结果的归纳总结。规范的实验报告是分析化学实验不可缺少的环节。

一、分析化学实验报告的要求

实验报告一般包括实验名称、实验日期、实验目的、实验原理、主要试剂和仪器及其工作条件、实验步骤、实验数据及其分析处理、实验结果和讨论。

(1) 书写实验报告要用学校统一的实验报告纸。为避免遗失，实验课程结束后可装订成册以便保存。实验报告须用蓝色或黑色字迹的钢笔或签字笔书写，不得使用铅笔或其他易褪色的书写工具书写。

(2) 实验报告要用语科学规范、表达简明扼要、字迹清楚工整、图表清晰规范、报告整洁完整。

(3) 不要照抄实验指导书或实验讲义中的原理，要简明扼要地概括实验原理。涉及的化学反应，最好用化学反应式表示。

(4) 列出所用的试剂和主要仪器。特殊仪器要画出简图并写出合适的图解，说明化学试剂时要避免使用未被普遍接受的商品名或俗名。

(5) 实验步骤按实验操作的先后顺序,用箭头流程法或文字表示。

(6) 记录实验数据时,应注意其有效数字的位数。有效数字应体现出实验所用仪器和实验方法所能达到的精确度,任意超出或低于仪器精度的数字都是不恰当的。用分析天平称量时,记录精度为 0.0001 g;滴定管及移液管的读数精度应为 0.01 mL;用分光光度计测量溶液的吸光度时,吸光度的读数精度应为 0.001。实验数据记录与处理规则详见第四章第四节。

(7) 对实验中观察到的现象和出现的问题进行分析讨论,分析误差产生的原因,以提高自己分析问题和解决问题的能力,并对实验方法、实验内容等提出自己的意见或建议。

二、化学分析实验报告示例

NaOH 标准溶液浓度的标定

1. 实验目的(略)
2. 实验原理(略)
3. 实验步骤

$$\xrightarrow[0.4\sim0.6\,\text{g(三份)}]{\text{准确称取邻苯二甲酸氢钾}}\text{锥形瓶}\xrightarrow[50\,\text{mL}]{H_2O}\text{完全溶解(必要时可微热)}\xrightarrow[1\sim2\,\text{滴}]{\text{酚酞}}\xrightarrow[\text{滴定}]{NaOH}\text{无色至粉红色,30 s 不褪色}$$

4. 数据记录与处理

	Ⅰ	Ⅱ	Ⅲ
m_1(称量瓶+基准物的质量)/g	16.1511	15.6181	15.1126
m_2(称量瓶+基准物的质量)/g	15.6181	15.1125	14.5811
m(基准物的质量)/g	0.5330	0.5056	0.5315
V_{NaOH} 末读数/mL	25.08	23.84	24.96
V_{NaOH} 始读数/mL	0.02	0.04	0.03
V_{NaOH}/mL	25.06	23.84	24.93
$c_{NaOH}/(\text{mol}\cdot\text{L}^{-1})$	0.1042	0.1038	0.1044
NaOH 浓度的平均值/$(\text{mol}\cdot\text{L}^{-1})$	0.1041		
相对平均偏差/%	0.2		

计算公式:

$$c_{NaOH}=\frac{m_{\text{基准物}}\times 1000}{M_{\text{基准物}}\times V_{NaOH}}$$

$$\text{相对平均偏差}=\frac{|c_1-\bar{c}|+|c_2-\bar{c}|+|c_3-\bar{c}|}{3\times\bar{c}}\times 100\%$$

5. 问题和讨论(略)

三、仪器分析实验报告示例

邻菲罗啉分光度法测定水中微量铁

1. 实验目的(略)
2. 实验原理(略)
3. 实验步骤(略)
4. 数据记录与处理

(1) 吸收曲线的绘制：

λ/nm														
吸光度 A														

邻菲罗啉-亚铁吸收曲线

最大吸收波长 λ_{max}=(　　)nm

(2) 标准曲线的绘制及样品含量测定：

	1	2	3	4	5	6	样品
$V_{铁标}$/mL	0.00	2.00	4.00	6.00	8.00	10.00	
$c_{铁}$/($\mu g \cdot mL^{-1}$)							
吸光度 A							

邻菲罗啉-亚铁标准曲线

从标准曲线上查得：

样品含量 c=____________________。

5. 问题和讨论(略)

第二章　化学分析实验的基本操作

按测定原理不同，分析化学一般可分为化学分析法和仪器分析法。以化学反应为基础的分析方法称为化学分析法；借助光电仪器测量试样的光学性质（如吸光度或谱线强弱）、电学性质（如电流、电导、电位）等物理量或物理化学性质从而求出待测组分含量的方法称为仪器分析法。无论采用何种分析方法，分析化学实验常涉及多种辅助仪器的使用。

化学分析法主要包括滴定分析法和沉淀重量分析法。本章着重介绍这两种分析方法所涉及的仪器及基本操作。

第一节　常用玻璃仪器及其洗涤与干燥

一、常用玻璃仪器

1. 量筒

量筒用于量取要求不太严格的溶液体积。量筒不能加热和量取热的液体，不可用作反应容器，不可用来配制溶液。其规格以所能量度的最大容量（mL）表示，常用的量筒规格有10 mL、25 mL、50 mL、100 mL、250 mL、500 mL、1 000 mL 等。

2. 烧杯

烧杯用于溶解固体，盛装和加热溶液，也可用作反应物量较多时的反应容器。烧杯加热时须放在石棉网上或在其他热浴中加热。烧杯分硬质烧杯和软质烧杯，一般型烧杯和高型（细高）烧杯、有刻度烧杯和无刻度烧杯等几种样式，可根据不同的实验目的选择使用。烧杯规格按容量（mL）大小表示，常用的烧杯规格有 10 mL、50 mL、100 mL、200 mL、250 mL、400 mL、500 mL、1 000 mL 等。

3. 试剂瓶

试剂瓶用于盛放液体或固体试剂，盛放碱液时应用胶塞，分无色和棕色两种，棕色试剂瓶用于盛放见光易分解的试剂和溶液。试剂瓶不能直接加热。试剂瓶规格为 30 mL～20 L 不等。

4. 锥形瓶

锥形瓶由于口小、底大，利于滴定过程中振荡，反应充分而液体不易溅出，常在滴定操作或防止溶液大量蒸发时使用。锥形瓶加热时应放置在石棉网上，使其受热均匀。锥形瓶瓶身上多有数个刻度，以标示所能盛载的容量，其规格为 25～2 000 mL 不等。

5. 表面皿

表面皿可盖在烧杯上防止液体迸溅或作为其他用途。表面皿不能用火直接加热。表面皿规格以口径大小表示。

6. 滴瓶

滴瓶用于盛放少量液体试剂或溶液，便于取用。滴管为专用，不得弄脏弄乱，以防沾污试剂。滴管不能吸得太满或倒置，以防试剂腐蚀乳胶头。滴瓶分无色和棕色（防光）两种。滴瓶一般以容量（mL）表示规格，有 15 mL、30 mL、60 mL、125 mL 等规格。

7. 玻璃漏斗

普通玻璃漏斗用于常压过滤或加注液体，不能用火加热，有长颈和短颈的区分，其规格以漏斗口径来划分，一般在 50～120 mm 之间。

除上述常见仪器外，容量瓶、移液管、吸量管、滴定管等容量仪器的规格和使用将在本章第二节“滴定分析仪器与基本操作”中详细讲解。坩埚、布氏漏斗、抽滤瓶、干燥器等仪器的规格和使用将在本章第三节“沉淀重量分析基本操作与仪器”中详细讲解。

二、常用玻璃仪器的洗涤和干燥

1. 玻璃仪器的洗涤

实验中使用的玻璃仪器及塑料器皿清洁与否，直接影响实验结果，往往由于器皿不清洁或被污染而导致较大的实验误差，甚至会出现相反的实验结果。玻璃仪器洗净原则是它的内壁应能被水均匀湿润而无小水珠。洗涤的一般方法是用自来水、肥皂水刷洗，若还不能洗净，则可根据污垢的性质选配适当的洗涤液进行洗涤。如酸性（或碱性）污垢用碱性（或酸性）洗涤液洗；氧化性（或还原性）污垢用还原性（或氧化性）洗涤液洗；有机污垢用碱液或有机溶剂洗。

经上述方法洗净的仪器，仍然会沾染有自来水带来的 Ca^{2+}、Mg^{2+}、Fe^{3+}、Fe^{2+}、Cl^{-} 等离子，如果实验中不允许这些离子存在，应用去离子水（蒸馏水）淋洗内壁 2～3 次。每次用水尽量少些，采取少量多次的原则。

除了上述传统清洗方法外，还可用更先进的超声波清洗器清洗。只要把玻璃仪器放在配有合适洗涤剂的超声波清洗器中，接通电源，利用声波的能量和振动，就可将仪器清洗干净，既省时又方便。

2. 玻璃仪器的干燥

有些仪器洗涤干净后就可用来做实验，但有些则需要干燥后才能使用。常用的仪器干燥方法如下。

1）晾干

通过残存水分的自然挥发而使仪器干燥。仪器洗净后倒立放置在适当的干净仪器架上，让其在空气中自然干燥。倒置可以防止灰尘落入，但要注意放稳仪器。

2）烘干

将洗净的仪器放入恒温干燥箱内加热烘干。玻璃仪器干燥时，应先洗净并将水尽量倒干，放置时应注意平放或使仪器口朝上。带塞的瓶子应打开瓶塞，如果能将仪器放在托盘里则更好。一般在105℃加热15 min左右即可干燥。

3）吹干

用热或冷的空气流将玻璃仪器吹干。用吹风机吹干时，可先用少量易挥发的溶剂如乙醇、丙酮等润洗内壁，然后用吹风机按冷风—热风—冷风的顺序吹，则会干得很快。另一种方法是将洗净的仪器直接放在气流烘干器里进行干燥。

4）烤干

利用加热使水分迅速蒸发而使仪器干燥。此法常用于可加热或耐高温的仪器，如一些常用的烧杯、蒸发皿、试管等。烤干前应先擦干仪器外壁的水珠，然后置于石棉网上用小火烤干。

需要注意的是，一般带有刻度的计量仪器，如移液管、吸量管、容量瓶、滴定管等，是不能通过加热的方法进行干燥的，以免受热变形而影响其精度。

第二节　滴定分析仪器与基本操作

滴定分析法是化学分析法的重要组成部分，它是将一种已知准确浓度的标准溶液滴加到被测定物质的溶液中，直到被测定物质与所加标准溶液完全反应为止，然后根据标准溶液所消耗的体积和浓度计算出待测组分含量的方法。液体体积的精密测量，是滴定分析的重要操作，是获得良好分析结果的重要因素，因此，必须了解如何正确使用容量分析仪器。滴定分析法所用的量器主要有三种：滴定管、移液管（吸量管）和容量瓶。滴定管和移液管（吸量管）所表示的容积是指放出液体的体积，称为量出式容器；容量瓶所表示的容积是指它容纳液体的体积，称为量入式容器。

一、滴定管的使用

滴定管是在滴定过程中，用于准确测量滴定剂消耗体积的玻璃仪器。它由一根具有精密刻度、内径均匀而细长的玻璃刻度管和玻璃尖嘴组成，两部分通过旋塞或乳胶管连接，可根据需要连续地放出不同体积的液体并能准确读出液体的体积。根据容积的不同，滴定管可分为常量滴定管、半微量滴定管和微量滴定管。常量滴定管的容积有50 mL、25 mL，最小刻度为0.1 mL，最小可读到0.01 mL。半微量滴定管容积为10 mL，最小刻度为0.05 mL，最小可读到0.01 mL，其结构与常量滴定管较为类似。微量滴定管容积有1 mL、2 mL、5 mL、10 mL，最小刻度为0.01 mL，最小可读到0.001 mL。滴定管有无色和棕色两种，一般需要避光的滴定剂，如硝酸银标准溶液，需要用棕色滴定管。

滴定管根据适用的标准溶液种类一般分为酸式和碱式两种。酸式滴定管的刻度管与下端的尖嘴玻璃管通过玻璃活塞相连，适用于装酸性或氧化性溶液；碱式滴定管的刻度管与尖嘴玻璃管通过橡胶管相连，在橡胶管中装有一颗玻璃珠，用以控制溶液的流出速度。碱式滴定管适用于碱性或还原性溶液，不能用来放置高锰酸钾、碘和硝酸银等能与橡胶起作用的溶液。近年来，具有优良耐腐蚀性的聚四氟乙烯活塞(见图 2.1)获得广泛使用，克服了普通酸式滴定管怕碱的缺点，使酸式滴定管可以做到酸碱通用，碱式滴定管的使用大为减少。

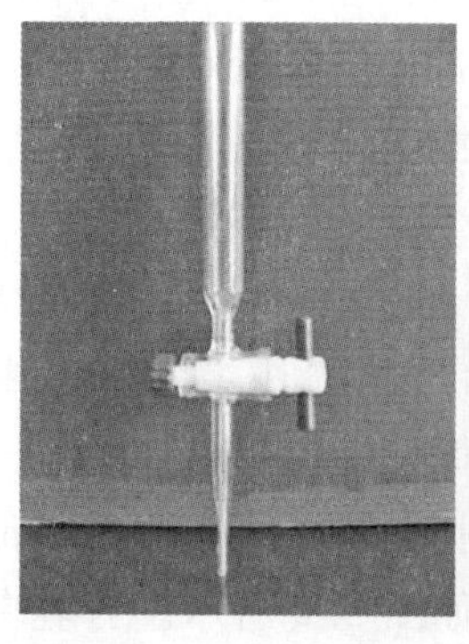
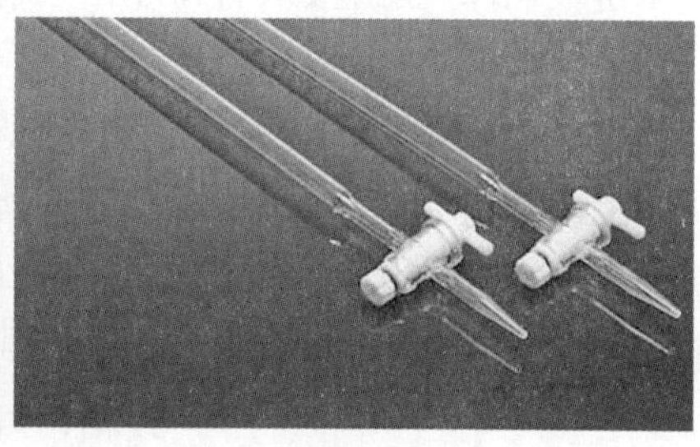

图 2.1　聚四氟乙烯活塞滴定管

1. 滴定管使用前的准备

1）外观检查及试漏

先检查滴定管下端尖嘴处和上端加液处是否完好，如有破损，应及时更换。碱式滴定管还需检查橡胶管和玻璃珠是否完好，若橡胶管已老化，玻璃珠过大(不易操作)或过小(漏水)，应予更换。外观没有问题时，再进一步检查滴定管是否漏水。

检查滴定管是否漏水时，可将滴定管内装水至“0”刻度左右，将管外壁擦干，夹在滴定管夹上直立 2 min，仔细观察有无水滴滴下或从缝隙渗出。对于酸式滴定管，需将活塞转动 180°，再如前法检查；对于碱式滴定管，需捏动玻璃珠，使其在橡胶管内略微移动。如无漏水现象，即可使用。如有漏水，玻璃活塞酸式滴定管需在活塞处重新涂抹凡士林；聚四氟乙烯活塞滴定管须调整活塞螺旋松紧程度；碱式滴定管必须重新更换橡胶管或玻璃珠。

2）滴定管的洗涤

滴定管可用自来水冲洗或先用滴定管刷蘸肥皂水或其他洗涤剂洗刷(但不能用去污粉)，而后再用自来水冲洗。如有油污，酸式滴定管可直接在管中加入洗液浸泡，而碱式滴定管则先要去掉橡胶管，接上一小段塞有短玻璃棒的橡胶管，然后再用洗液浸泡。总之，为了尽快且方便地洗净滴定管，可根据脏污的性质、弄脏的程度选择合适的洗涤剂和洗涤方法。脏污去除后，需用自来水多次冲洗。把水放掉以后，其内壁应该均匀地润上一薄层水。如管壁上还挂有水珠，说明未洗净，必须重洗。最后用蒸馏水荡洗滴定管 3 次，每次用量约 10 mL。荡洗时，双手持滴定管两端无刻度处，边缓慢旋转刻度管边左右上下小角度倾斜，使水遍及全管内壁。然后直立，打开活塞，将水放掉，同时冲洗出口管。滴定管的洗涤顺序为自来水—洗涤液—自来水—蒸馏水。

3）润洗和排气泡

装入滴定溶液前，为防止溶液稀释，滴定管需用待装溶液润洗三次，润洗用量依次约为 10 mL、5 mL、5 mL。润洗方法与用蒸馏水荡洗时相同。注意润洗过的废弃溶液均需从尖嘴玻璃出口管排出，不可从滴定管上口倒出，以防污染滴定管上口外壁，影响后续读数。润洗完毕，装入滴定液至“0”刻度以上。滴定液必须直接注入，不能使用漏斗或其他器皿辅助。检查活塞附近（或橡胶管内）有无气泡。如有气泡，应将其排出。排出气泡时，对于酸式滴定管，用右手拿住滴定管使其倾斜约 30°，左手迅速打开活塞，使溶液冲下将气泡赶掉；对于碱式滴定管，用左手拇指和食指拿住玻璃珠中间偏上部位，并将橡胶管向上弯曲，出口管斜向上，同时向一旁压挤玻璃珠，使溶液从管口喷出，气泡即被溶液压出。

4）读数

将排除气泡后的滴定管补加滴定液到零刻度以上，然后再将液面调整至零刻度线位置。放出溶液后（装满或滴定完后）需等待 1～2 min 后方可读数。读数时，将滴定管从滴定管架上取下，拇指和食指捏住滴定管上部无溶液处，保持滴定管自然下垂。对于无色或浅色溶液，一般滴定管应读取弯月面最低点所对应的刻度，即视线与弯月面最低点刻度水平线相切，如图 2.2 所示。有乳白板蓝线衬背的滴定管（又称蓝带滴定管、蓝线滴定管），读数应以两个弯月面相交的最尖部分为准。对于深色溶液，由于其弯月面不够清晰，则一律按液面两侧最高点相切处读取。初读数与终读数必须按同一方法读数。滴定前须去掉滴定管尖端悬挂的残余液滴后再读取初读数，一般初读数为 0.00 mL 或 0.00～1.00 mL 之间的任意刻度。

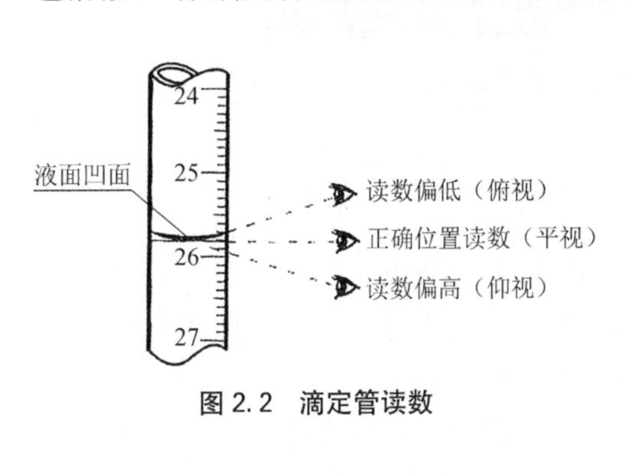

图 2.2　滴定管读数

2．滴定

1）滴定操作

滴定前再次确认滴定管已赶走气泡、尖端无挂液，读取初读数（精确到小数点后第二位）并记录在记录本上后，立即将滴定管尖端插入锥形瓶口（或烧杯）内约 1 cm 处。滴定时，无论酸式管还是碱式管，都以左手操作滴定管，用右手摇动锥形瓶，使溶液单方向不断旋转，或者用右手持玻璃棒顺着一个方向搅拌烧杯中溶液，但勿使玻璃棒碰击杯底或杯壁。

操作酸式滴定管时，左手控制旋塞，拇指在前，食指和中指在后，无名指和小指弯曲在滴定管和活塞下方之间的直角中，如图 2.3 (a)所示。转动活塞时，中指和食指应稍微弯曲，轻轻往手心方向用力，防止活塞松脱，造成漏液。拇指在活塞柄上下施力，微压活塞柄以控制滴定流速。操作碱式滴定管时，左手拇指在前，食指在后，用其他指头辅助固定玻璃管尖，如图 2.3 (b)所示。用拇指和食指捏住玻璃珠中部靠上部位的橡胶管外侧，向手心方向捏挤橡胶管，使其与玻璃珠之间形成一条缝隙[如图 2.3 (c)所示]，溶液即可流出。控制缝隙的大小可控制滴定流速。不要用力捏玻璃珠，也不能使玻璃珠上下移动，尤其不要捏玻璃珠下部的橡胶管，以免玻璃尖嘴吸进空气导致体积测量错误。

在滴定过程中，左右手应配合起来一起操作。在锥形瓶内进行滴定时，用左手控制滴定流速，右手三指拿住锥形瓶瓶颈，瓶底离实验台面约 2～3 cm，滴定管下端深入锥形瓶口约 1 cm，微动右手腕关节摇动锥形瓶，使瓶底沿顺时针方向画圆，边滴边摇，使滴下的溶液迅速混合均匀，管口与锥形瓶应无接触，如图 2.3（d）所示。使用碘量瓶滴定时，则要把玻璃塞夹在右手的中指和无名指之间。

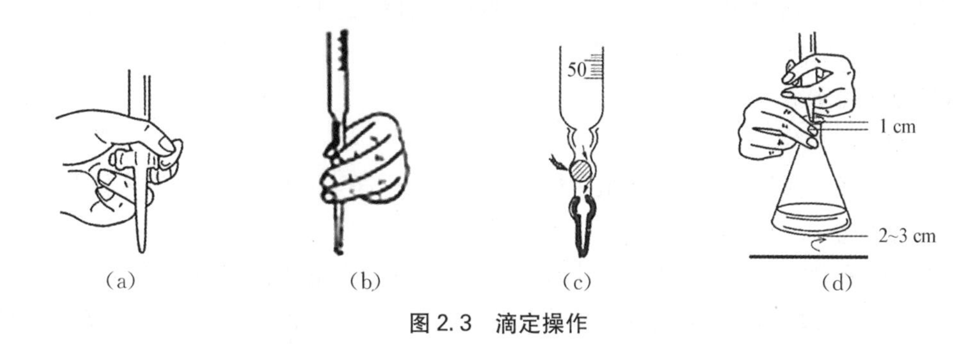

图 2.3　滴定操作

2）滴定速度

在滴定过程中要严格控制滴定速度，开始时连续滴加（但不超过每分钟 10 mL），接近终点时，改为每加一滴摇匀（或搅匀），最后每加半滴摇匀（或搅匀）。半滴的加入方式分两种情况：在锥形瓶中滴定时，应使悬挂在滴定管上的半滴（悬而不滴）溶液沿瓶壁流入锥形瓶内，再用少量蒸馏水冲洗瓶颈内壁并摇匀；在烧杯中滴定时，必须用玻璃棒碰接悬挂的半滴溶液，然后将玻璃棒插入溶液中搅拌。在滴定过程中左手不应离开滴定管，以防流速失控。

3）滴定终点

仔细观察溶液的颜色变化，最后一滴或半滴滴定液刚好使指示剂颜色发生明显的改变且半分钟内不恢复原色即为终点，立刻关闭活塞停止滴定。取下滴定管，拇指和食指捏住滴定管上部无液部分，使滴定管自然竖直，目光与液面弯月平齐，读出终读数并记录到记录本上。读数时应估读一位（即精确到小数点后第二位）。

4）平行实验

平行滴定时，应每次都将初刻度调整到“0.00”刻度或其附近，以减少滴定管刻度的系统误差。

3. 滴定管的存放

实验完毕后，将滴定管中的剩余溶液倒出，洗净后注满蒸馏水，盖上玻璃短试管或塑料套管，也可倒置夹于滴定管架上。

二、容量瓶的使用

容量瓶主要用来配制标准溶液或稀释溶液到一定的浓度。它是一种带有磨口玻璃塞的细长颈、梨形的平底玻璃瓶，瓶颈上有标线。当瓶内液体在所指定温度下达到标线处时，其体积即为所标明的容积数。容量瓶不能加热，瓶的磨口瓶塞使用时不能互换，一种型号的容量瓶只能配制同一体积的溶液。容量瓶分白色和棕色两种，棕色容量瓶用来配制见光易分解的溶液。容量瓶常和移液管配合使用，用以把某种溶液分为若干份。容量瓶通常有 25 mL、50 mL、100 mL、250 mL、500 mL、1 000 mL 等规格，实验中常用的规格是 50 mL、100 mL 和 250 mL。使用容量瓶配制溶液的一般流程如下。

1. 检漏

容量瓶使用前，必须检查是否漏水。检漏时，在瓶中加水至标线附近，盖好瓶塞，将瓶倒立，观察瓶塞周围是否渗水。若不渗水，将瓶正立且将瓶塞旋转 180°后，再次倒立，检查是否渗水，若两次操作中容量瓶瓶塞周围皆无水渗出，即表明容量瓶不漏水。经检查不漏水的容量瓶才能使用。

2. 洗涤

先用洗液洗，再用自来水冲洗，最后用蒸馏水洗涤干净(内壁不挂水珠为洗涤干净)。

3. 定量转移

先把准确称量的固体物质置于一小烧杯中溶解，然后定量转移到预先洗净的容量瓶中(如果溶质在溶解过程中放热，应待溶液冷却后再进行转移)。转移时在瓶口上慢慢将玻璃棒从烧杯中取出，右手拿玻璃棒左手拿烧杯，将玻璃棒插入瓶口(但不要与瓶口接触)，再让烧杯嘴贴紧玻璃棒，慢慢倾斜烧杯使溶液沿着玻璃棒流下，如图 2.4(a)所示。当溶液流完后，在烧杯仍靠着玻璃棒的情况下慢慢地将烧杯直立，使烧杯和玻璃棒之间附着的液滴流回烧杯中，再将玻璃棒末端残留的液滴靠入瓶口内。在瓶口上方将玻璃棒放回烧杯内，但不得将玻璃棒靠在烧杯嘴一边。用少量蒸馏水冲洗烧杯和玻璃棒 3～4 次，洗出液按上述方法全部转移入容量瓶中。洗出液和溶液总量不能超过容量瓶的标线。

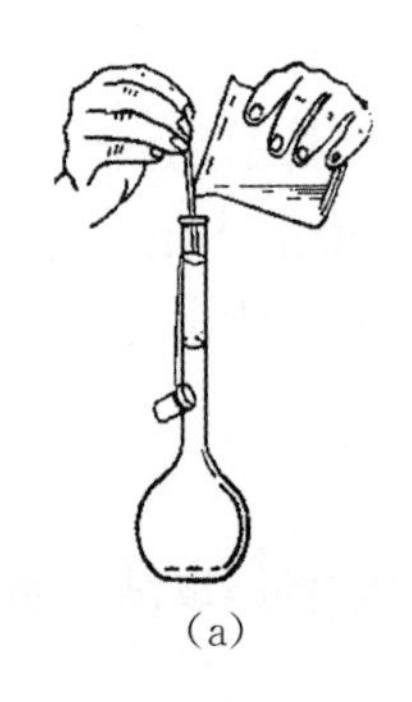
(a)

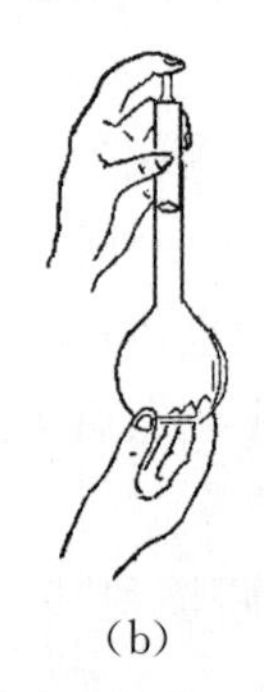
(b)

(c)

图 2.4 容量瓶的使用

4. 定容

向容量瓶中加蒸馏水稀释溶液。稀释到容量瓶容积的 2/3 左右时，直立容量瓶并朝一个方向旋摇容量瓶，使溶液初步混合(此时切勿加塞倒立容量瓶)，然后继续加蒸馏水稀释溶液，至接近标线时，改用滴管逐渐加水至弯月面底部恰好与标线相切。若加水超过标线，则需重新配制。

5. 摇匀

盖上瓶塞，用左手食指按住瓶塞，左手其他手指握住瓶颈，右手指尖顶住瓶底边缘，将容量瓶倒立，使气泡上升到顶部，再倒转过来，如图 2.4(b)和(c)所示，如此反复操作多次。直立瓶身，轻提瓶塞，使瓶塞周围的溶液流下后，塞紧塞子再按上述方法振荡 1～2 次，使溶液充分混匀。

配好溶液后如果发现液面低于容量瓶标线，这是正常现象，因为容量瓶倒置摇匀时，极少量溶液会滞留在瓶颈和磨口塞部位使液面降低，故不要再加水至标线。

按同样的操作，可将一定浓度的溶液准确稀释到一定的体积。

三、移液管和吸量管的使用

移液管是一根中间有一个膨大部分的细长玻璃管。其下端为尖嘴状，上端管颈处刻有唯一的一条标线，是所移取的准确体积的标志。移液管是一种量出式仪器，只用来测量它所放出溶液的体积。吸量管是具有均匀刻度的直形玻璃管，下端也呈尖嘴状。吸量管的全称是“分度吸量管”，又称为“刻度移液管”，用于移取非固定量的溶液。移液管和吸量管都不能加热。滴定分析中准确移取溶液一般使用移液管，反应需控制试液加入量时一般使用吸量管。

常用的移液管有 5 mL、10 mL、25 mL、50 mL 和 75 mL 等规格。常用的吸量管有 1 mL、2 mL、5 mL 和 10 mL 等规格。移液管和吸量管所移取的体积通常可准确到 0.01 mL。

1. 外观检查

移液管或吸量管在使用之前，应检查管口和尖嘴处有无破损，若有破损则不能使用。

2. 洗涤

外观完好的移液管或吸量管先用自来水淋洗后，再用洗液浸泡，然后用自来水冲洗管内、外壁，洗掉洗液。管内、外壁不挂水珠标志着移液管已清洗干净，最后用蒸馏水洗涤 3 次。

3. 润洗

为保证吸入溶液浓度不变，移液管或吸量管在吸取溶液之前，必须用少量待吸溶液润洗 2～3 次。

4. 吸取溶液(移液)

移取溶液时，用右手拇指和中指拿移液管上端标线以上位置，将润洗过的移液管插入待吸取溶液液面下 1～2 cm 处。移液管插入溶液不宜太浅，以免吸空，也不宜太深，以致管外壁带出的溶液过多，要边吸边往下插入，始终保持在同一深度。左手拿吸耳球，排出球内空气，将吸耳球尖口插入或紧接在移液管上口，注意不能漏气。慢慢松开左手手指，将溶液慢慢吸入管内，如图 2.5(a)所示。当管内液面上升至标线以上约 1～2 cm 处时，迅速用右手食指紧按管口(此时若溶液下落至标线以下，应重新吸取)，将移液管提升离开液面，将盛液容器倾斜，管尖端紧靠在容器内壁上，如图 2.5(b)所示。视线与刻度线保持水平，微微松开食指，使液面缓缓下降，临近标线时，可微微转动移液管，直到液面底部与标线相切时，再次按紧管口，使液体不再流出。把移液管慢慢地垂直移入准备接收溶液的容器上方。倾斜容器使内壁与移液管的尖端相接触，如图 2.5(c)所示，松开食指让管内溶液自然流下。待溶液流尽，再停留 15 s 后移走移液管。不要把残留在移液管管尖的液体吹出，因为在校准移液管时，已考虑了尖端内壁处保留溶液的体积(如管上注有“快”或“吹”字样的移液管，则要将尖端的液体吹出)。

吸量管使用方法类同移液管，但移取溶液时，为了减少测量误差，每次都应从最上面的刻度(0 刻度)处为起始点，往下放出所需体积的溶液，而不是需要多少体积就吸取多少体积。

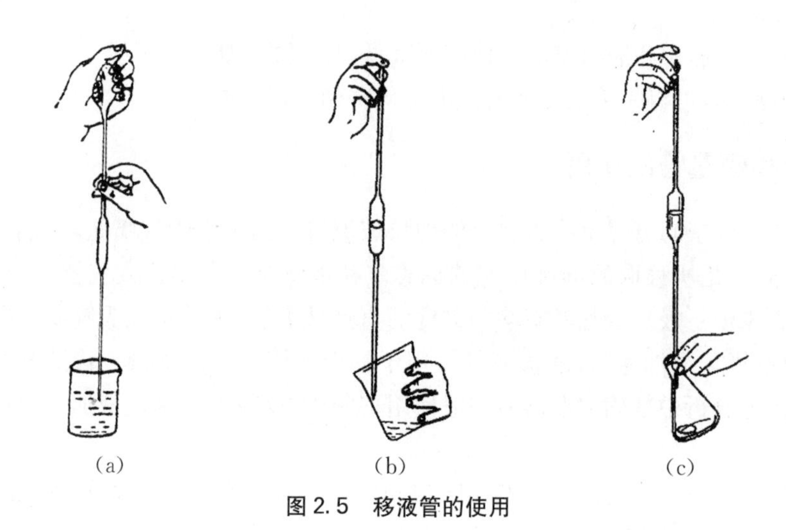

图 2.5　移液管的使用

5. 存放

移液完毕后，洗净移液管或吸量管，放置在移液管架上，长期不用时，可置于防尘盒中保存。

四、移液器的使用

移液器因其结构简单、使用方便、省时省力等，近年来得到广泛应用。移液器又称为移液枪，是一种用于定量转移液体的器具。在进行分析测试方面的科学研究时，一般采用移液器移取少量或微量液体。移液器分为气体活塞式移液器和外置活塞式移液器。气体活塞式移液器主要用于标准移液，外置活塞式移液器主要用于易挥发、易腐蚀及黏稠等特殊液体的移液。

1. 量程的调节

在调节量程时，如果要从大体积调为小体积，则按照正常的调节方法，逆时针旋转旋钮即可。但如果要从小体积调为大体积，则可先顺时针旋转刻度旋钮至超过所需体积的刻度，再回调至设定体积，这样可以保证量取的最高精确度。在该过程中，千万不要将旋钮旋出量程，否则会卡住内部机械装置而损坏移液器。

2. 吸液嘴(枪头)的装配

将移液器(枪)垂直插入枪头中，稍微用力左右微微转动即可使其紧密结合。

3. 移液方法

移液之前，要保证移液器、枪头和液体处于相同温度。吸取液体时，移液器保持竖直状态，将枪头插入液面下 2～3 mm。在吸液之前，可以先吸放几次液体以润湿吸液嘴(尤其是要吸取黏稠或密度与水不同的液体时)。这时可以采取以下两种移液方法。

(1) 前进移液法。用大拇指将按钮按下至第一停点，然后慢慢松开按钮回原点。接着将按钮按至第一停点排出液体，稍停片刻继续按按钮至第二停点吹出残余的液体。最后松开按钮。

(2) 反向移液法。此法一般用于转移高黏液体、生物活性液体、易起泡液体或极微量的液体，其原理就是先吸入多于设置量程的液体，转移液体的时候不用吹出残余的液体。先按下按钮至第二停点，慢慢松开按钮至原点。接着将按钮按至第一停点排出设置好量程的液体，继续保持按住按钮位于第一停点（千万别再往下按），取下有残留液体的枪头，弃之。

4. 移液器的放置

使用完毕，可以将移液器竖直挂在移液器架上。当移液器枪头里有液体时，切勿将移液器水平放置或倒置，以免液体倒流腐蚀活塞弹簧。

第三节　沉淀重量分析基本操作与仪器

重量分析法是根据反应生成物的质量来确定被测组分含量的分析方法，一般是将被测组分先从试样中分离出来，转化为一定的称量形式后进行称量，由称得物质的质量计算待测组分的质量或含量。重量分析是定量化学分析的重要组成部分。沉淀重量法的一般流程如下：

待测组分→沉淀→过滤→洗涤→烘干（灼烧）→称量→计算

待测组分首先通过适当的方法被沉淀下来，得到待测组分的沉淀形式。沉淀物通过过滤与原溶液分离，过滤可以使用以滤纸为介质的漏斗过滤，也可以使用玻璃砂芯漏斗（或坩埚）过滤。过滤后的沉淀经洗涤净化后烘干、灼烧，恒重后得到的样品进行称量，最后通过计算得到待测组分的含量。

一、沉淀的生成

沉淀的类型一般有两种：晶形沉淀和无定形沉淀。晶形沉淀的颗粒比较大，易沉降于容器的底部，便于观察和分离，且晶形沉淀相对比表面积小，表面吸附的杂质少，沉淀较纯净。无定形沉淀的颗粒比较小，不容易沉降到容器的底部，当沉淀的量比较少时，不便于观察，且溶液浑浊，分离比较困难。无定形沉淀相对比表面积大，杂质污染严重，重量分析时易引入误差。沉淀颗粒的大小和形态取决于沉淀物质的本性和沉淀的条件。当沉淀形成的聚集速率小于构晶离子在晶格中定向排列的速率时，可得到晶形沉淀，反之则得到无定形沉淀。为了得到纯净且易于分离和洗涤的大颗粒晶形沉淀，应选择适当的沉淀条件以控制聚集速率。

待测组分生成难溶化合物沉淀下来可在烧杯中进行。沉淀剂通过滴加的方式加入待测组分溶液中，获得晶形沉淀的条件可以归纳为“稀、热、慢、搅、陈”五条原则；也可采用均相沉淀法制备大颗粒晶形沉淀（详见《分析化学》的“重量分析”内容）。

二、沉淀的过滤和洗涤

过滤是最常用的分离溶液与沉淀的操作。当溶液和沉淀的混合物通过过滤器时，沉淀就留在过滤器上，溶液则通过过滤器流入接收的容器中。分析实验室常用滤纸作为过滤介质，滤纸一般可分为定性及定量两种。定量分析滤纸在制造过程中，纸浆经过盐酸和氢氟酸处理，并经过蒸馏水洗涤，将纸纤维中大部分杂质除去，所以灼烧后残留灰分很少，对分析结果几乎不产生影响，适用于精密定量分析。定量分析滤纸又分快速、中速、慢速三类，外形有圆形和正方形两种，其规格分别以直径和边长(cm)表示。定性分析滤纸一般残留灰分较多，仅供一般的定性分析和用于过滤沉淀或溶液中悬浮物用，不能用于重量分析。定性分析滤纸的类型和规格与定量分析滤纸基本相同。

常用过滤沉淀的方法有减压过滤和常压过滤两种。用滤纸过滤时，由于滤纸的机械强度和韧性均较小，一般采用常压过滤，尽量少用抽滤的方法过滤，如必须加快过滤速度，可根据抽力大小在漏斗中叠放2～3层滤纸。

1. 减压过滤

减压过滤也就是抽滤，是利用抽气泵使抽滤瓶中的压强降低，在布氏漏斗上下形成气压差，以达到固液分离的目的。减压过滤可以加快过滤速率，还可以把沉淀抽吸得比较干燥，但不宜过滤胶状沉淀(快速过滤时能透过滤纸)或颗粒太小的沉淀(堵塞滤纸滤孔，降低过滤速率)。减压过滤装置由布氏漏斗、抽滤瓶、橡皮管、抽气泵、滤纸等组装而成。布氏漏斗多为陶瓷材质，也有用塑料制作的，规格以口径表示。布氏漏斗上面有许多瓷孔，下端颈部装有橡皮塞，借此与抽滤瓶相连。抽滤瓶用来盛接滤液，是一种有一个分支(接抽气泵)的锥形瓶。抽滤瓶多为加厚玻璃材质，不能用火加热，规格以容积(mL)表示。

抽滤操作过程如下。

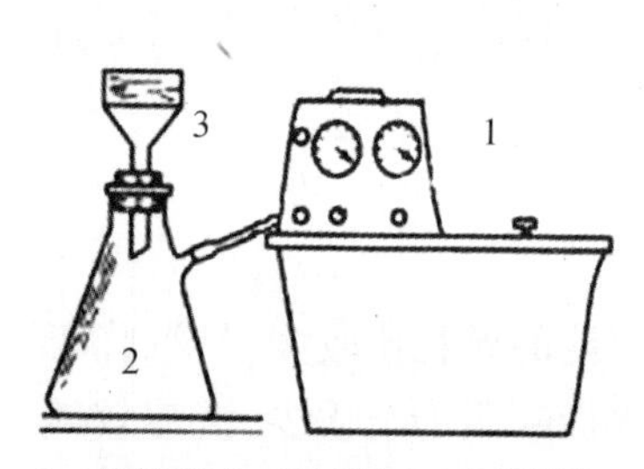

1—抽气泵；2—抽滤瓶；3—布氏漏斗。

图2.6 抽滤装置

(1) 检查装置：按图2.6所示的方式搭好抽滤装置，布氏漏斗的下端斜面颈口应与抽滤瓶的支管相对，但不能靠得太近，以免滤液被抽走。检查布氏漏斗与抽滤瓶之间连接是否紧密，与抽气泵连接口是否漏气。

(2) 贴好滤纸：滤纸的大小应比布氏漏斗的内径略小，以能恰好盖住所有瓷孔为佳。滴加蒸馏水润湿滤纸，微微开启抽气阀门使滤纸与漏斗吸紧。

(3) 过滤：开大抽气阀门，先将沉降后的上层清液沿玻璃棒倒入漏斗中，溶液不得超过漏斗总容量的2/3，过滤完后再将沉淀转移至滤纸的中间部分。抽滤瓶内的滤液面最高不能达到支管的水平位置，否则滤液将被抽气泵抽出。如有需要，抽滤瓶中的滤液应从上口倒出，不可以从支端倒出。

(4) 洗涤沉淀：沉淀的洗涤方法与常压过滤使用玻璃漏斗时相同，但不要使洗涤液过滤得太快，可适当把抽气阀门开得小一点或停止抽气(拔掉橡皮管)，让沉淀和洗涤液充分浸润后，再连接抽气泵，以免沉淀洗不净。沉淀洗涤需遵循少量多次的原则。过滤完成之后，先拔掉抽滤瓶连接的橡皮管，然后关抽气泵。

(5) 取出沉淀：从漏斗中取出沉淀时，应用洗净的手指或玻璃棒轻轻揭起滤纸边，取下滤纸和沉淀。或将漏斗从抽滤瓶上取下，左手握漏斗管，倒转，用右手“拍击”左手，使固体连同滤纸一起落入洁净的表面皿上。揭去滤纸，再对固体做干燥处理。

2. 常压过滤

常压过滤是定量分析中常用的过滤方法，因为没有外加压力，细小的颗粒不容易穿透滤纸，因而过滤得更彻底，得到的滤液会更纯净。此法装置简单，使用玻璃三角漏斗和滤纸即可。三角漏斗分长颈三角漏斗和短颈三角漏斗。用于过滤，两者并无使用上的差别。

1）过滤前的准备

把圆形滤纸对折再对折（暂不折死）。然后展开成圆锥体后，放入漏斗中，如图 2.7 所示。滤纸的边缘须低于漏斗口 5 mm 左右。若滤纸圆锥体与漏斗不密合，可改变滤纸折叠的角度，直到与漏斗密合为止（这时可把滤纸折死）。为了使滤纸三层边一侧紧贴漏斗，常把这三层的外面两层撕去一角（撕下来的纸角保存起来，以备擦烧杯或玻璃棒残留的沉淀）。用手指按住滤纸中三层的一边，以少量的水润湿滤纸，使它紧贴在漏斗壁上。轻压滤纸，赶走滤纸上的气泡。自滤纸边缘加水使之流下并形成水柱（即漏斗颈中充满水）。若不能形成完整的水柱，可一边用手指堵住漏斗下口，一边稍掀起三层这一边的滤纸，用洗瓶在滤纸和漏斗之间加水，使漏斗颈和锥体的大部分被水充满，然后一边轻轻按下掀起的滤纸，一边放开堵在出口处的手指，即可形成水柱。将准备好的漏斗放在漏斗架上，盖上表面皿，下接一洁净烧杯，烧杯的内壁与漏斗出口尖处接触，准备过滤。

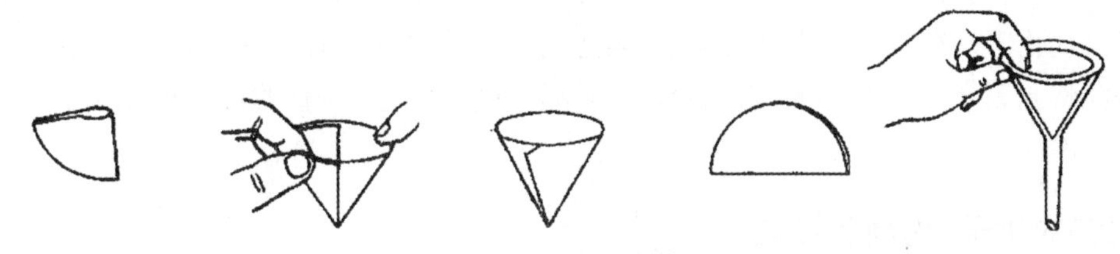

图 2.7　滤纸的折叠和放置

2）过滤

过滤分为两个步骤。先转移上层清液，后转移沉淀。这样就不会因沉淀堵塞滤纸的孔隙而减慢过滤速率。

第一步，用倾泻法把上层清液倾入滤纸中，沉淀留在烧杯中。在漏斗上将玻璃棒从烧杯中慢慢取出并直立于漏斗中，下端对着三层滤纸一面并尽可能靠近三层滤纸，但不要碰到滤纸。将上层清液沿着玻璃棒倾入漏斗，如图 2.8(a)所示，漏斗中的液面至少要比滤纸边缘低 5 mm，以免部分沉淀可能由于毛细管作用越过滤纸上缘而损失。清液转移完毕后，用 15 mL 左右的洗涤液吹洗玻璃棒和杯壁并充分搅动溶液，待其澄清后，再按上述方法滤去清液。当倾泻操作暂停时，要小心把烧杯杯身扶正，玻璃棒不离烧杯杯嘴，直到最后一液滴流完后，将玻璃棒收回放入烧杯中（此时玻璃棒不要靠在烧杯嘴处，因为嘴处可能沾有少量的沉淀），然后将烧杯从漏斗上移开。如此反复用洗涤液洗 3 次，将黏附在杯壁上的沉淀洗下，并将杯中的沉淀进行初步洗涤。

第二步，把沉淀转移到滤纸上。先用洗涤液冲下杯壁和玻璃棒上的沉淀，再把沉淀搅起，将悬浮液小心转移到滤纸上，每次加入的悬浮液不得超过滤纸锥体高度的 2/3。如此反复几次，尽可能地将沉淀转移到滤纸上。烧杯中残留的少量沉淀，可如图 2.8(b)所示用左手将烧杯倾斜放在漏斗上方，杯嘴朝向漏斗，用左手食指按住架在烧杯嘴上的玻璃棒上方，其余手指拿住烧杯，杯底略朝上，玻璃棒下端对准三层滤纸处，右手拿洗瓶冲洗杯壁上所黏

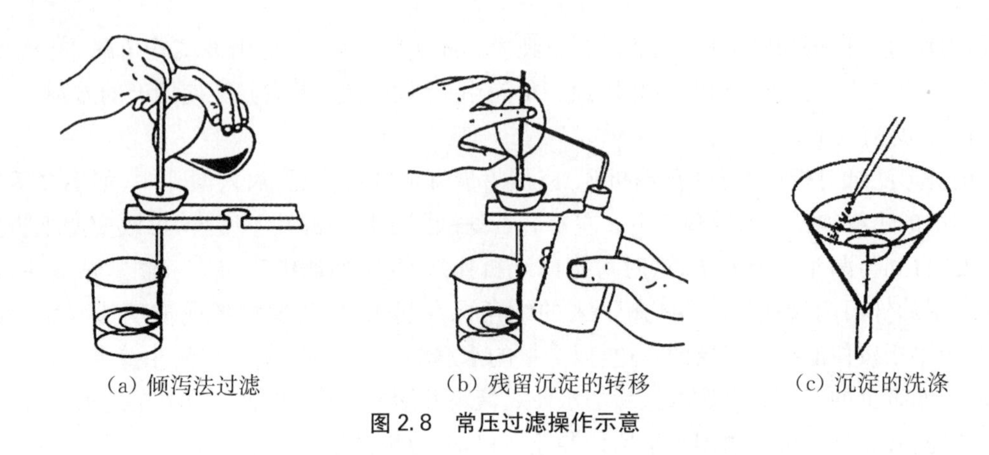

(a) 倾泻法过滤　　(b) 残留沉淀的转移　　(c) 沉淀的洗涤

图 2.8　常压过滤操作示意

附的沉淀，使沉淀和洗液一起顺着玻璃棒流入漏斗中（注意勿使溶液溅出）。

3）洗涤沉淀

洗涤沉淀时，应遵循少量多次的原则，以提高效率。洗涤时应先使洗瓶出口管充满液体，用细小缓慢的洗涤液流从滤纸上部沿漏斗壁螺旋向下吹洗，如图 2.8(c)所示，绝不可骤然浇在沉淀物上。待上一次洗液流完后，再进行下一次洗涤。在滤纸上洗涤沉淀主要是洗去杂质并将黏附在滤纸上部的沉淀冲洗至下部。最后，通过检查滤液中的杂质，方可判断沉淀是否洗净。

三、沉淀的烘干、灼烧及恒重

用滤纸过滤的沉淀物无法通过称量得到准确质量，必须在坩埚中灼烧至恒重，得到待测组分的称量形式。灼烧是指在高于 250℃以上的温度下进行的热处理，此过程涉及的仪器主要有坩埚、马弗炉和干燥器等；涉及的操作主要有坩埚恒重，沉淀包裹，沉淀的烘干、灼烧及恒重等。

1. 坩埚

坩埚是熔化和精炼金属液体以及固液加热、反应的容器。坩埚材质有瓷、石英、铁、镍、银、铂等。瓷坩埚可耐热 1 200℃，常用于重量分析中的灼烧反应，以去除水分、滤纸、挥发性杂质等对反应产物质量的影响。瓷坩埚加热后不能骤冷。坩埚规格以容积(mL)表示。

2. 马弗炉

马弗炉是一种通用的加热设备，具有功率大、升温快、温度恒定的特点。按加热元件区分，马弗炉可分为电炉丝马弗炉、硅碳棒马弗炉和硅钼棒马弗炉，其额定温度最高可达 1 800℃。

3. 干燥器

干燥器是保持物品干燥的容器，由厚质玻璃制成。器身与器盖磨口处涂有一层薄而均匀的凡士林，用以与外界隔绝。干燥器中部有一个带孔洞的活动瓷板，瓷板下放有干燥剂，瓷板上用于放置需干燥存放的物品（试样的话须以容器装盛）。干燥器规格以外径(mm)表示。

干燥器在使用前要用干的抹布将内壁和瓷板擦拭干净，一般不以水洗，以免影响干燥速度。放入干燥剂时，先将一张 A4 大小的纸张卷成筒状，再将干燥剂经纸筒装至干燥器下室中，如图 2.9(a)所示。干燥剂不要装太多，装至下室的一半左右就够了。干燥剂可选用的种类有很多种，在重量分析中最常选用的是无水氯化钙和变色硅胶等。变色硅胶干燥时为蓝色，受潮后变为粉红色。变成粉色的硅胶不可再做干燥剂使用，可以在 120℃烘干，待其变蓝后又可使用。变色硅胶可反复利用，直至破碎不能用为止。

(a) 干燥剂加入

(b) 打开干燥器

(c) 移动干燥器

图 2.9 干燥器操作示意

开启干燥器时，左手按住其下部，向自身方向微微用力回拉，右手按住盖子上的圆顶，沿水平方向向左前方推开器盖，如图 2.9(b)所示。盖子取下后磨口向上，圆顶朝下放在桌上安全的地方。放入坩埚或称量瓶后应及时盖好干燥器盖。加盖时，也应当拿住盖子圆顶，沿水平方向推移盖好。当坩埚或称量瓶等放入干燥器时，应放在瓷板圆孔上方。但称量瓶若比圆孔小时则应放在瓷板上。干燥器中不可放入过热物品。温度较高物品放入后，在短时间内须稍微推开干燥器盖 1～2 次，以免容器内空气受热膨胀把盖子顶起来，甚至打翻盖子。

搬动干燥器时，应用两手的大拇指同时紧紧按住盖子，如图 2.9(c)所示，以防盖子滑落而打碎。

4. 坩埚恒重

将洗净并经干燥的空坩埚放入已恒温的马弗炉中进行第一次灼烧，空坩埚第一次灼烧 30 min 后，停止加热，稍冷却(红热退去，再冷 1 min 左右)，用坩埚钳夹出放入干燥器内冷却 30 min 左右，然后称量。第二次再灼烧 20 min，冷却(每次冷却时间、地点要相同)、称量，直至两次称量相差不超过 0.2～0.3 mg，即为恒重。将恒重后的坩埚放在干燥器中备用。

5. 沉淀包裹

晶形沉淀体积较小时，可按图 2.10(a)所示步骤包裹。用清洁的玻璃棒将过滤沉淀的滤纸的三层部分挑起，再用洗净的手将带沉淀的滤纸取出，打开成半圆形，自右边半径的 1/3 处向左折叠，再从上边向下折，然后自右向左卷成小卷，最后将滤纸放入已恒重的坩埚中，包卷层数较多的一面应朝上，以便于炭化和灰化。对于体积略大的晶形沉淀，可按图 2.10(b)所示步骤包裹。滤纸从漏斗中取出后不完全打开，先将圆弧边向下折叠，再将左右两侧滤纸向中间折叠，最后将滤纸包的三层部分向上放入已恒重的坩埚中。

对于胶状沉淀，由于体积一般较大，不宜用上述包裹方法，而应用玻璃棒将滤纸边挑起(三层边先挑)，再向中间折叠(单层边先折叠)，将沉淀全部盖住，如图 2.11 所示，再用玻璃棒将滤纸转移到已恒重的瓷坩埚中(锥体的尖头朝上)。

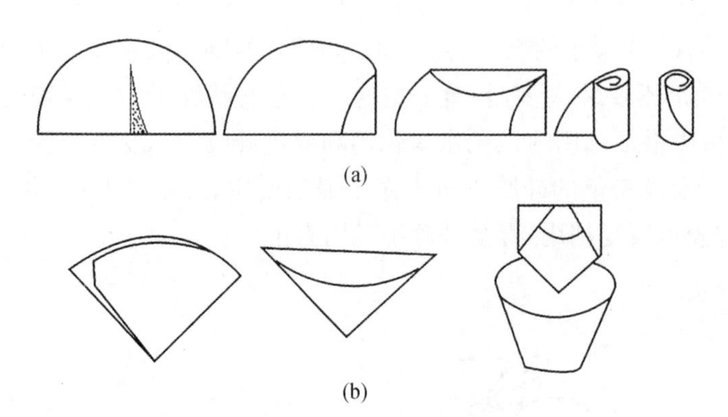

图 2.10　晶形沉淀的包裹

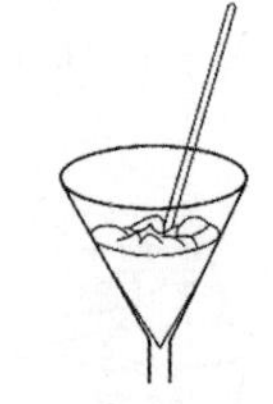

图 2.11　胶状沉淀的包裹

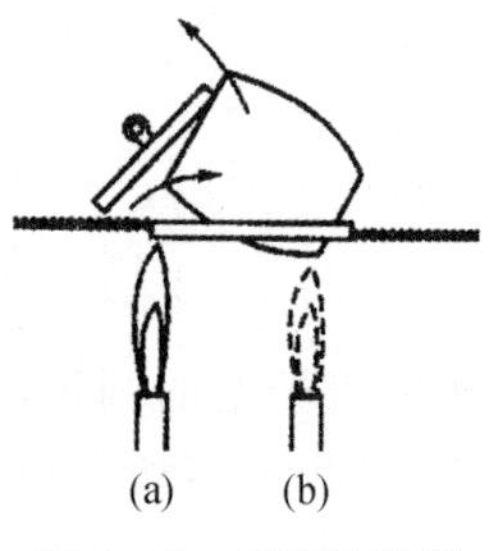

图 2.12　沉淀的烘干和灰化

6. 沉淀的烘干、灼烧及恒重

(1) 烘干：将放有沉淀包的坩埚，倾斜地放在泥三角上，然后再把坩埚盖半掩地倚于坩埚口，如图 2.12 所示。先用煤气灯小火火焰来回扫过坩埚，使其均匀而缓慢地受热，避免坩埚骤热破裂。然后将煤气灯置于坩埚盖中心位置之下[见图 2.12(a)]，利用反射焰将滤纸和沉淀烘干(火焰热气反射，有利于滤纸的炭化)。这一步不能太快，尤其对于含有大量水分的胶状沉淀，很难一下烘干。

(2) 炭化：当滤纸包烘干后，滤纸层变黑而炭化，此时应控制火焰大小，使滤纸只冒烟而不着火。如果滤纸着火，应立即移去灯火，用坩埚钳夹住坩埚盖将坩埚盖住，让火焰自行熄灭，切勿用嘴吹熄，以免沉淀飞扬而损失。

(3) 灰化：滤纸全部炭化后，把煤气灯置于坩埚底部[见图 2.12(b)]，逐渐加大火焰，并使氧化焰完全包住坩埚，将坩埚烧至红热，以便把炭化的滤纸完全烧成灰。炭粒完全消失、沉淀现出本色后，再用强火灼烧一定时间，同时稍稍转动坩埚，让沉淀在坩埚内轻轻翻动，借此可把沉淀各部分烧透，使大块黏物散落，把包裹住的滤纸残片烧光，并把坩埚壁上的焦炭烧掉。

(4) 灼烧：滤纸灰化后，将坩埚垂直地放在泥三角上，盖上坩埚盖(留一小孔隙)，于指定温度下灼烧沉淀，或者将坩埚放在马弗炉中灼烧。

(5) 恒重：通常第一次灼烧时间为 30～45 min，第二次灼烧时间为 15～20 min。每次灼烧完毕从炉内取出后，都应在空气中稍冷后移入干燥器中，冷却至室温后称量。然后再灼烧、冷却、称量，直至恒重。

四、使用砂芯坩埚的过滤、烘干与恒重

不以滤纸为介质，而用玻璃砂芯坩埚过滤的沉淀，只要经过烘干即可称量沉淀的质量。烘干的目的是除去沉淀上所沾的洗涤液。砂芯坩埚又名垂熔坩埚，是用玻璃粉压制成砂芯滤板用于过滤的玻璃滤器，适用于定量分析，对沉淀可做过滤、干燥、称量等联合操作。

用砂芯坩埚过滤沉淀时，先把经过恒重的坩埚装在抽滤瓶上，用倾泻法过滤。经初步

洗涤沉淀后，把沉淀全部转移到坩埚中。再将烧杯和沉淀用洗涤液洗净后，把装有沉淀的坩埚放在表面皿上，置于烘箱中，根据沉淀的性质确定烘干温度。沉淀烘干后，取出，置于干燥器中冷却至室温后称量。反复烘干、称量，直至恒重。空坩埚的恒重条件与沉淀恒重条件完全相同。

第四节　分析天平的使用和称量操作方法

一、分析天平的使用

分析天平是进行精确称量的精密仪器，无论采用滴定分析法还是采用重量分析法，甚至采用仪器分析法，称量都是分析化学实验中不可缺少的环节。分析天平的种类很多：机械式、电子式、手动式、半自动式、全自动式等。电子分析天平是最新一代的天平，它根据电磁力平衡原理直接称量，全量称不需要砝码，放上被称物后，在几秒钟内即达到平衡，显示读数，称量速度快、精度高。其外形如图 2.13 所示。

图 2.13　电子分析天平

1. 电子分析天平的使用方法

(1) 调水平。调整地脚螺栓高度，使水平仪内空气气泡位于圆环中央。

(2) 预热。接通电源，预热 30 min。天平在初次接通电源或长时间断电之后，至少需要预热 30 min。

(3) 开机。按开关键“ON/OFF”，显示器亮起，约 2 s 后显示天平的型号，然后是称量模式 0.000 0 g。读数时应关上天平门。

(4) 校正。首次使用天平必须进行校正，因存放时间较长、位置移动、环境变化或为获得精确测量，天平在使用前一般都应进行校正操作。按校正键“CAL”，天平将显示所需校正砝码质量，放上砝码直至出现 *.****g，校正结束。

(5) 称量。用软毛刷清扫天平秤盘，关闭所有天平门，待天平稳定后使用去皮键“TARE”去皮清零，打开一侧天平门，放置被称物于秤盘中央位置，关闭天平门，静置片刻待天平读数稳定后读数。

(6) 关机。称量结束后，打开天平门，取出被称物，关闭天平门。按“ON/OFF”键关闭显示器。若当天不再使用天平，应拔下电源插头；若还会使用，应保持通电状态，使天平保持保温状态，可延长天平使用寿命。

2. 电子分析天平的使用注意事项

(1) 分析天平应置于稳定的工作台上，避免振动、气流影响及阳光照射等。

(2) 称量时注意天平门状态，天平门全部关闭后才可采集数据，切忌开门采集。

(3) 在开关天平门、放取称量物时，动作要轻缓，不可用力过猛、过快，以免造成称量误差或天平损坏。

(4) 不能用手直接拿取被称物，以免油脂汗液影响称量结果。

(5) 不能直接称量化学试剂，所有化学试剂必须置于称量纸或洁净干燥的容器中进行称量，以免沾染腐蚀天平秤盘。

(6) 不能称量过热或过冷的物体，有腐蚀性或吸湿性物体必须放在密闭容器中称量，以免腐蚀和损坏天平。

(7) 被称物质量不能超过天平的最大载荷量，以免损坏天平的传感器。

(8) 同一化学实验中的所有称量，应自始至终使用同一台天平，以免使用不同天平造成称量误差。

二、样品称量操作方法

样品称量方法分直接称量法、固定质量称量法和递减称量法。

1. 直接称量法

直接称量法适用于称量洁净干燥的器皿(如小烧杯、坩埚)、块状金属和合金等的质量。该称量方法将称量物直接放在天平秤盘上，按程序进行称量，天平显示的数据即为称量物的质量。

2. 固定质量称量法

固定质量称量法又称增量法，适用于称量不易吸潮、在空气中稳定的试样，如金属、矿石等。先称容器(如小烧杯或称量纸)的质量，使用“TARE”去皮清零。打开天平侧门，先用右手拿药匙在容器中加入略少于所需质量的试样，然后用左手手指轻击右手腕部，振动药匙使试样慢慢落入容器中，注意观察天平读数，直到读数达到所需质量时停止操作。关上天平门，记录所称取试样的质量。若不小心加入试样超过了指定质量，则必须重新称量，用过的试样弃去，不得放回试剂瓶中。

3. 递减称量法

递减称量法又称减量法、差减法，适用于称取易吸潮、易挥发、易与 O_2 或 CO_2 反应的物质。减量法称量固体试样时，需先将待称试样装入称量瓶中进行称量。

称量瓶是带有磨口塞的筒形密合容器，因有磨口塞，可以防止瓶中的试样与空气接触。称量瓶不能直接加热，瓶盖不能互换，称量时不可用手直接拿取，应带指套或垫以洁净纸条。称量瓶分为扁型和高型两种。扁型用于测定水分或在烘箱中烘干基准物；高型用于称量基准物、样品。称量瓶的规格以直径×瓶高(mm)表示。

称量时，先用纸条从干燥器中取出称量瓶，如图 2.14 所示，用纸片夹住瓶盖柄打开瓶盖，用药匙加入适量试样(不超过称量瓶容积的三分之二)，盖上瓶盖，放入天平中称量，关闭天平门，天平读数稳定后，记录称量瓶和试样的总质量为 m_1。打开天平右侧门，用纸条取出称量瓶，在接收器的上方倾斜瓶身，用纸片夹住瓶盖轻敲瓶口上沿，使试样缓缓落入接收容器中，如图 2.15 所示。当敲出的试样已接近所需质量时，边继续用瓶盖敲击瓶口上侧边缓慢竖直瓶身，使粘在瓶口的试样落入瓶中，盖好瓶盖。将称量瓶放入天平，关闭天平门。天平读数稳定后，记录质量 m_2。两次称量的质量之差 $m_1 - m_2$，即为取出试样的质量。若取出质量比所需质量少，可从天平中再取出称量瓶，重复上述操作，直到达到所需质量。若取出质量多于所需质量，则必须弃去试样重新称量。如此在不同接收器上操作，可连续称取多份试样。其中第一份试样质量 $= m_1 - m_2$，第二份试样质量 $= m_2 - m_3$，以此类推。

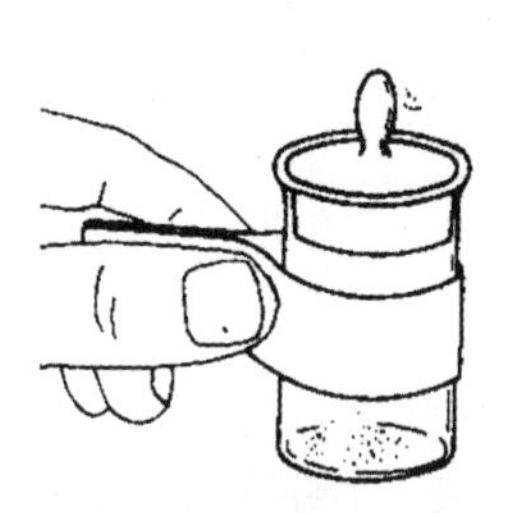

图 2.14　称量瓶的拿取

图 2.15　试样的取出

第三章　常用实验仪器的使用方法

在分析化学实验中，化学分析法和仪器分析法相辅相成。仪器分析法通常通过测量光、电、磁、声、热等物理或物理化学性质而得到分析结果，而测量这些物理参数，一般需要使用比较复杂或特殊的仪器设备。分析化学实验课程中涉及的分析仪器种类繁多并在不断发展中。不同的仪器设备，原理不同，操作要求亦不相同。本章主要介绍分析化学实验课程中常用实验仪器的测定原理、使用方法和注意事项。

第一节　pH 计的使用

pH 计是一种高阻抗的电子管或晶体管式的直流毫伏计，用来测定液体的 pH 值，也可以测量化学电池的电动势，又称酸度计或电位计。

一、溶液 pH 值的测定原理

把 pH 玻璃电极和参比电极放在同一溶液中，就组成一个原电池，该电池的电动势是玻璃电极和参比电极电位的代数和。

$$\mathrm{Ag, AgCl} \mid \mathrm{HCl} \mid \text{玻璃膜} \mid \text{试液溶液} \parallel \mathrm{KCl}(\text{饱和}) \mid \mathrm{Hg_2Cl_2}(\text{固}), \mathrm{Hg}$$

$$E_{\text{电动势}} = E_{\text{右}} - E_{\text{左}} = E_{\text{参比}} - E_{\text{玻璃}}$$

$$E_{\text{电动势}} = E_{\text{参比}} - \left(K + \frac{2.303RT}{F}\lg a_i\right)$$

$$E_{\text{电动势}} = k' - \frac{2.303RT}{F}\lg a_i$$

$$\text{或 } E_{\text{电动势}} = k' + \frac{2.303RT}{F}\mathrm{pH}$$

分别测定标准溶液($\mathrm{pH_s}$)的电动势 E_s 及试液溶液($\mathrm{pH_x}$) 的电动势 E_x，则：

$$E_s = k'_s + \frac{2.303RT}{F}\mathrm{pH_s};\ E_x = k'_x + \frac{2.303RT}{F}\mathrm{pH_x}$$

由于测定条件相同，可认为常数项 $k'_s = k'_x$，因此两式相减并整理后得：

$$\mathrm{pH_x} = \mathrm{pH_s} + \frac{E_x - E_s}{2.303RT/F}$$

上式称为 pH 的操作定义或实用定义。由此可以看出,未知溶液的 pH 值与未知溶液的电位值呈线性关系。

如果温度恒定,这个电池的电动势随待测溶液的 pH 值变化而变化。这种测定方法实际上是一种标准曲线法,就是先用标准缓冲溶液校准常数项 k'值,温度校准则是调整曲线的斜率。经过校准操作后,未知溶液的 pH 值可以由 pH 计直接读出。

通常用一支 pH 玻璃电极作为指示电极和一支甘汞电极作为参比电极组成电极对,两个接口连接 pH 计或电位计,电极端插入被测定溶液中,构成测量回路,来测定溶液的 pH 值。目前商品化的 pH 计更多的是使用 pH 复合电极,它是将 pH 玻璃电极和外参比电极组合为一体,同时具有 pH 玻璃电极和甘汞电极的功能。

二、测定溶液 pH 值的操作步骤

(1) 在测定溶液 pH 值时,将 pH 玻璃电极、参比电极或 pH 复合电极插入酸度计相应的插座中,将功能开关拨至 pH 位置。

(2) 仪器接通电源预热 30 min(预热时间越长越稳定)后,用蒸馏水冲洗电极并用吸水纸吸干,然后将所用电极插入 pH 值为 6.86 的标准缓冲溶液中,平衡一段时间(主要考虑电极电位的平衡),待读数稳定后,调节定位调节旋钮,使仪器显示 6.86。

(3) 取出电极,用蒸馏水冲洗并用吸水纸吸干后,插入 pH 值为 4.00(或 pH 值为 9.18)的标准缓冲溶液中,待读数稳定后,调节斜率调节旋钮,使仪器显示 4.00(或 9.18)。仪器校正完毕。

为了保证精度,建议(2)(3)两个步骤重复 1～2 次。一旦仪器校正完毕,“定位”和“斜率”调节旋钮不得有任何变动。

(4) 取出电极,用蒸馏水冲洗并用吸水纸吸干后,插入样品溶液中进行测量。待读数稳定后,仪器显示值即为样品溶液的 pH 值。

校正时应注意选用的标准缓冲溶液的 pH 值应尽量接近被测溶液的 pH 值。当两点校正时,应使被测溶液的 pH 值在两个标准缓冲溶液的区间内。

在使用过程中,遇到下列情况时仪器必须重新校正:①更换电极;②“定位”或“斜率”的调节旋钮被变动过。

三、pH 计的使用维护注意事项

(1) 测试前取下电极保护套,如果有结晶物渗出,属于正常现象,不影响电极使用。

(2) 检查电极里的氯化钾溶液是否在 1/3 以上,如果不到,需添加 3 mol · L^{-1} 的氯化钾溶液。添加后如果氯化钾溶液超出小孔位置,则把多余的氯化钾溶液甩掉,使溶液位于小孔下面,并检查溶液中是否有气泡,如发现有气泡,则应将电极向下轻轻甩动,以清除敏感球泡内的气泡,否则将影响测试精度。

(3) 新 pH 玻璃电极或长期干燥储存的电极,在使用前应在 pH 浸泡液中浸泡 24 h 后才能使用。pH 电极停用时,可将电极的敏感部分浸泡在 pH 浸泡液中,这对改善电极响应迟钝和延长电极寿命是非常有利的。pH 浸泡液的正确配制方法:取 pH=4.00 缓冲剂 1 包

(250 mL),溶于 250 mL 纯水中,再加入 56 g 分析纯 KCl,适当加热,搅拌至完全溶解即成。

(4) 电极前端的敏感玻璃球泡不能与硬物接触,任何破损和擦毛都会使电极失效。忌用浓硫酸或铬酸洗液洗涤电极的敏感部分,不可在无水或脱水的液体(如四氯化碳、浓酒精)中浸泡电极,不可在碱性或氟化物的体系、黏土及其他胶体溶液中放置时间过长,以免电极响应迟钝。

(5) 电极经长期使用后,电极的斜率和响应速度或有降低,可将电极的测量端浸泡在 4% HF 溶液中 3~5 s 或稀 HCl 溶液中 1~2 min,用蒸馏水清洗之后在 4 mol·L^{-1} 的氯化钾溶液中浸泡使之恢复。

(6) 如有易污染敏感泡球或堵塞液接界的物质使电极钝化的现象,响应速度明显变慢,斜率降低或读数不稳时,应根据污染物的性质,选用适当的溶液清洗电极,使之恢复。清洗各种污染物的适当清洗剂如表 3.1 所示。

表 3.1 常见污染物及相应的清洗剂

污染物	有机金属氧化物	有机脂类物质	树脂、高分子烃类物质	蛋白质血球沉淀物	染料类物质
清洗剂	1 mol·L^{-1} 盐酸	稀皂液,洗涤剂	酒精,丙酮,乙醚	酸性酶溶液	稀漂白液,过氧化氢

(7) 电极一般在 5~60℃的温度范围内使用。如果在低于 5℃或高于 60℃时使用,应分别选用特殊的低温电极或高温电极。

第二节 可见分光光度计的使用

一、可见分光光度计的构造原理

可见分光光度计的基本工作原理是基于物质对光有选择性吸收,不同的物质都有各自的吸收光谱。当一束平行单色光通过某一溶液时,其能量就会被吸收而减弱,光能量减弱的程度和物质的浓度有一定的比例关系,符合朗伯-比尔定律。

722 型光栅可见分光光度计由光源室、单色器、试样室、光电管暗盒、电子系统及数字显示器等部件组成。光源为钨卤素灯,波长范围为 325~1 000 nm。该仪器采用 1 200 条/mm 高性能光栅,具有波长精度高、单色性好、杂散光低的特点;具有先进的微机处理技术,能自动调 0%,调 100%。722 型光栅可见分光光度计能在可见光谱区域内对样品做定性和定量分析,其灵敏度、准确性和选择性都较高,因此在教学、科研和生产上得到广泛使用,其外部结构如图 3.1 和图 3.2 所示。

二、使用方法(722 型光栅可见分光光度计)

(1) 预热仪器:为使测定稳定,在打开电源开关后,使仪器预热 20 min。预热仪器时和

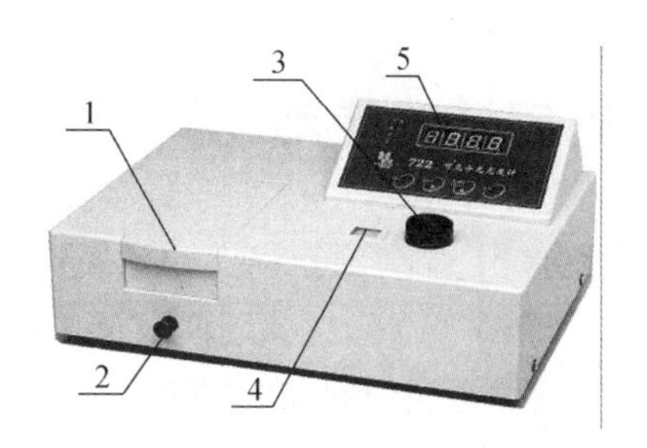

1—样品室盖；2—样品架拉手；3—波长旋扭；4—波长显示窗口；5—显示器与键盘。

图 3.1　722 型光栅可见分光光度计

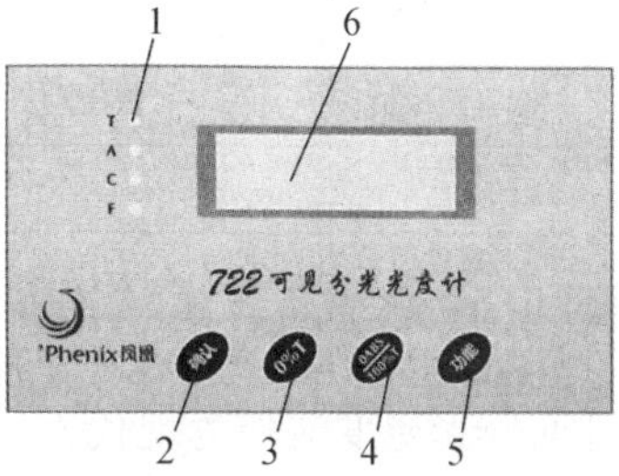

1—状态显示；2—确认；3—调“0％T”键；4—调“100％T/0.000A”键；5—功能键；6—数据显示。

图 3.2　722 型光栅可见分光光度计的显示器与键盘功能

不测定时应将样品室盖打开，使光路切断，防止光电管疲劳。

（2）选定波长：转动波长调节器，使指针指示所需要的单色光波长。

（3）调“0％T”键：打开样品室盖（光门自动关闭）或用不透光材料在样品室中遮断光路，使读数模式调至“T”上，按下“0％T”键，使数字显示为“00.0”。

（4）调“100％T”键：将盛有蒸馏水（或空白溶液，或纯溶剂）的比色皿放入比色皿座架中，并对准光路，轻轻盖上样品室盖，按下透过率“100％”旋钮，使数字显示正好为“100.0”。

（5）吸光度的测定：使读数模式调至“A”，轻轻拉动比色皿座架拉杆，使被测溶液进入光路，此时显示屏所示数据为该溶液的吸光度 A。

（6）关机：实验完毕，切断电源，将比色皿取出洗净，并将比色皿座架用软纸擦净。关机，关闭电源，盖上防尘罩，填写仪器使用记录。

三、注意事项

（1）为了防止光电管疲劳，不测定时须将样品室盖打开，使光路切断，以延长光电管使用寿命。

（2）样品室左侧下角有干燥剂筒，应保持其干燥，发现干燥剂变色应立即更新或烘干后再用。

（3）比色皿使用注意事项：

（a）每台仪器与比色皿配套，不能与其他仪器上的比色皿调换。

（b）拿比色皿时，手指只能拿比色皿的毛玻璃面，而不能碰触比色皿的光学表面。

（c）比色皿不能用碱溶液或氧化性强的洗涤液洗涤，也不能用毛刷清洗。

（d）装溶液时，先用该溶液润洗比色皿内壁 2～3 次，被测溶液以装至比色皿的 3/4 高度为宜。

（e）比色皿外壁附着的水或溶液应该用擦镜纸或细而软的吸水纸吸干，不要擦拭，以免损伤比色皿的光学表面。

（f）测定系列溶液时，通常按由稀到浓的顺序测定。

（g）实验完毕，及时把比色皿洗净、晾干，放回比色皿盒中。

第三节　紫外可见分光光度计的使用

一、紫外可见分光光度计的构造原理

紫外可见分光光度法作为现代光谱分析手段，可广泛用于生命科学、生物工程学、医药学等科学研究领域，以及化学工业、制药工业、质量检验、环境保护等方面。

UV1100 型紫外可见分光光度计采用光栅作为分光元件，波长范围比较宽，可测定各种物质在紫外、可见及近红外光区域的吸收光谱。它配有钨丝灯(320～1 000 nm)、氘灯(190～400 nm)两种光源灯，紫敏光电管、红敏光电管两种接收元件，其狭缝可在 0～2 mm 内连续可调，比色皿光径最长可达 100 mm。UV1100 型紫外可见分光光度计具有测量精度高、速度快、操作简便、可靠性高等特点，其外部结构如图 3.3 和图 3.4 所示。

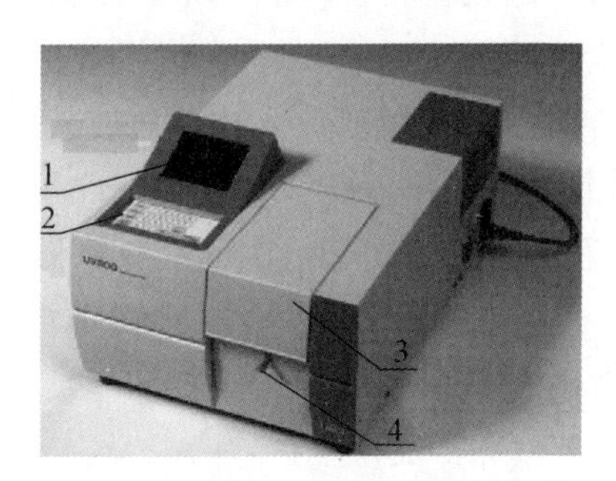

1—显示器；2—键盘；3—样品室盖；4—样品架拉手。

图 3.3　UV1100 型紫外可见分光光度计

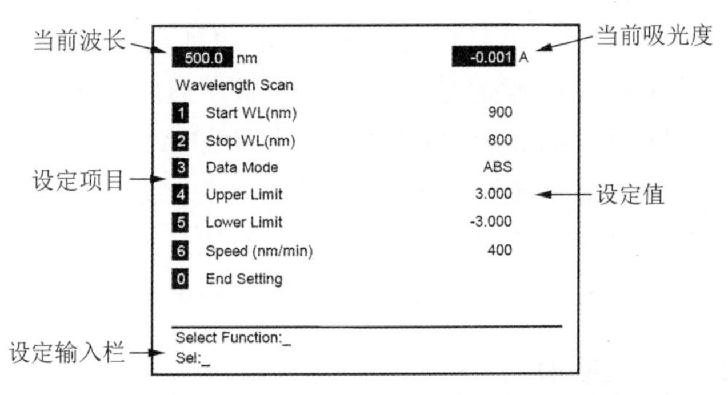

图 3.4　UV1100 型紫外可见分光光度计液晶显示功能示意图

UV1100 型紫外可见分光光度计的工作原理同 722 型光栅可见分光光度计的工作原理类似，符合朗伯-比尔定律。

二、使用方法(UV1100 型紫外可见分光光度计)

1. 开机

打开仪器电源开关，应注意两点：①打开仪器电源之前，请确保样品池架内未放置任何样品及比色皿；②开机后，请确保样品箱盖处于关闭状态。

2. 仪器预热

仪器自检正常后，进入测量主界面，按键盘面板上的“Autozero”键，并让仪器预热约 30 min。

3. 暗电流扣除

进入仪器测量主界面后，选择“4”，即“ System”，然后按“5”，即“0%T”，进行暗电流扣除。若室内温度波动较大，建议每间隔约 2 h 执行一次暗电流扣除。执行暗电流扣除时请确保样品箱盖处于关闭状态。

4. 清洗比色皿

选取合适的比色皿并进行清洗。若在紫外波长区(190～400 nm)检测,须使用石英比色皿;若在可见或近红外波长区(400～1100 nm)检测,可用石英比色皿或玻璃比色皿。

5. 样品检测

按"Main Menu"进入主菜单后,据实际样品检测需要,选择相应测量模式并按以下操作步骤进行。

6. 测定

1) 光度测量(直接检测吸光度或透光率)

(1) 参数设置:按"Main Menu"键进入主菜单。按"Photometry"键进入测定界面,选择"%T/ABS"测定模式,设置测定波长。按"End Setting"键确认参数设置。

(2) 空白溶液测量:将空白溶液倒入洗净的比色皿约至2/3处,然后放入比色皿池架中,按"START"键进行空白校正。

(3) 未知样品测量:将未知样品溶液倒入洗净的比色皿约至2/3处,然后放入比色皿池架中,按"START"键进行样品测量。

(4) 报告:打印或手动记录测量结果。

2) 波长扫描

(1) 参数设置:按"Main Menu"键进入主菜单。按"Wavelength Scan"键进入波长扫描界面,设置波长扫描范围、扫描速度参数。按"End Setting"键确认参数设置。

(2) 空白溶液测量:将空白溶液倒入洁净比色皿约至2/3处,然后放入比色皿池架中,按"START"键进行基线校正。

(3) 未知样品测量:将未知样品溶液倒入洁净比色皿约至2/3处,然后放入比色皿池架中,按"START"键进行样品测量。

(4) 报告:打印或手动记录测量结果。

7. 关机

关闭电源。将比色皿用蒸馏水或有机溶剂冲洗干净,倒置晾干。将干燥剂放入样品室内,盖上防尘罩,做好使用登记。

三、注意事项

(1) 如果仪器不能初始化,关机重启;如不成功,请向指导老师反映。

(2) 如果吸收值异常,依次检查:波长设置是否正确(重新调整波长,并重新调零)、测量时是否调零(如误操作,重新调零)、比色皿是否用错(测定紫外波段时,要用石英比色皿)、样品准备是否有误(如有误,重新准备样品)。

第四节　原子吸收分光光度计的使用

一、仪器原理

原子吸收分光光度计的基本原理是通过测定特定元素基态原子对特征辐射谱线光强的吸收程度，来定量测定待测样品中该元素的浓度。在实验条件一定时，各有关参数均为常数，原子化装置中的气态基态原子浓度与溶液中待测元素的浓度成正比，所以样品对特征谱线的峰值吸光度 A 与溶液中待测元素的浓度 c 成正比，即 $A = Kc$（K 为常数）。

原子吸收分光光度计依次由光源、原子化器、单色器及检测器四个主要部分组成。天美 AA6000 型原子吸收分光光度计为具有火焰原子化及氢化物发生法两种测量方式的经济型单光束原子吸收分光光度计，由计算机操作控制，使用方便。如图 3.5 所示为天美 AA6000 型原子吸收分光光度计的主机，如图 3.6 所示为仪器的光路图。

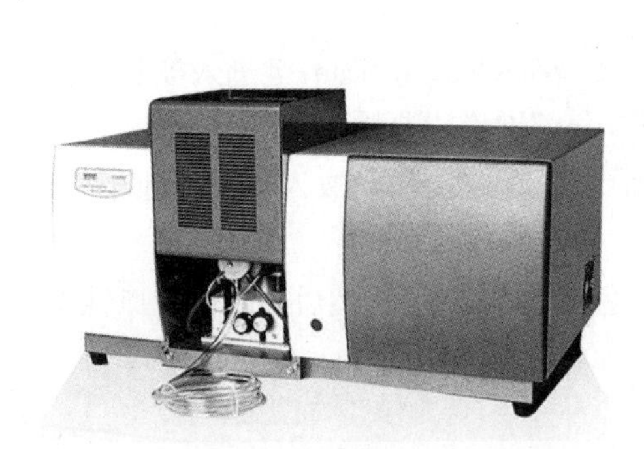

图 3.5　天美 AA6000 型原子吸收分光光度计主机

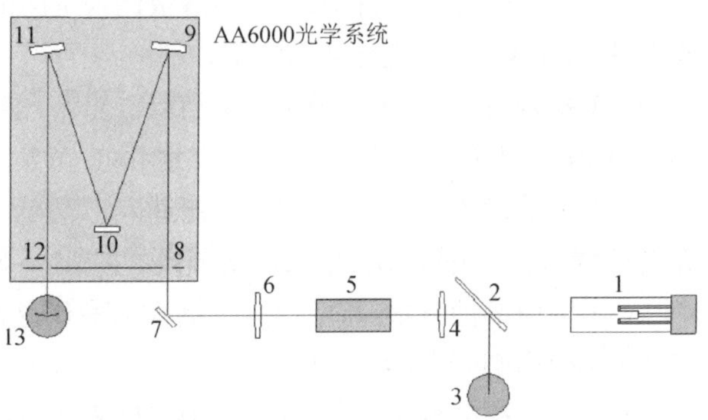

1—空心阴极灯；2—切光器；3—氘灯（背景校正用）；4，6—透镜；5—原子化器（火焰）；7，9，11—反光镜；8，12—狭缝；10—光栅；13—光电倍增管。

图 3.6　天美 AA6000 型原子吸收分光光度计光路图

二、操作步骤（天美 AA6000 型原子吸收分光光度计）

1. 开机

（1）打开空气压缩机，输出压力调至 0.3～0.4 MPa；

（2）打开乙炔钢瓶阀门，打开乙炔减压阀开关，输出压力调至 0.05～0.07 MPa；

（3）打开仪器主机电源，仪器主机初始化；

（4）打开计算机，启动“光谱分析专家”软件。

2. 元素灯安装

启动软件后，窗口会自动跳出提示“是否要安装灯”，若需装灯请选择“是”，将进入单条指令页面，灯源装完后，关闭该页面，点击工具栏中按钮，进入元素选择页面；若选择

“否”，则直接进行下一步操作。

装灯方法：请在“灯位置”框中输入相应数字（见表3.2），按“Enter”键（或“灯位发送”按钮），灯架将自动将相应的灯位调整至外侧。

表3.2　灯位置对应的数字

待测元素灯灯位	输入数字
1	6
2	1
3	2
4	3
5	4
6	5

3. 选择元素及工作模式

进入元素选择页面后，根据已安装空心阴极灯灯位，选择所需待测元素及工作模式。

4. 条件预设置

元素及工作模式确定后，自动进入“条件设置”页面，软件将自动调用部分参考工作条件至设置选项，选取相应的元素后，依次点击“确认发送参数”“仅通知内存”，软件自动将当前参考工作条件发送至“单条指令”进行条件优化。

5. 条件优化

点击“　”进入“单条指令”页面，分别对灯位、灯电流、带宽等条件进行修改，对波长、灯位、高压等条件进行优化。

（1）灯位、灯电流、带宽条件可通过电脑修改，修改后分别点击相应的条件发送按钮，待空心阴极灯点亮并稳定15 min后进行下一步操作。

（2）波长优化：点击右侧栏“　自动寻峰”。

（3）灯位优化：点击右侧栏“　”找到灯的最佳位置。

（4）高压优化：点击右侧栏“　”进行检测器高压优化。

待条件优化后，点击“　”确认优化工作条件，并将参考设置条件自动更新为当前的优化工作条件。确认后，将“单条指令”页面关闭。

6. 条件确认设置

点击“　”返回至“条件设置”页面，然后对已优化元素的条件进行确认，待所有的工作条件设置完后，依次点击“确认发送参数”“向主机发送”，程序自动将设置好的条件发送至主机并进一步优化。

7. 样品测量

（1）点击“　”进入样品测量界面；

(2) 点击“ ”进行点火，火焰点燃后，可按“+”“—”增减乙炔气流量；

(3) 吸去离子水并待火焰稳定后，按“ ”自动调零；

(4) 点击“▶”进行标样空白及标样测量(若“测定方式”设定为“吸光度”，请跳过此步骤，直接进行下一步操作)，标样测量完后，可点击“ ”进行校正曲线查看或打印；

(5) 待标样测试完后，点击“▶”依次进行样品空白及样品测量；

(6) 样品测量完后，吸去离子水数分钟，取出吸液管后点击“ ”将火焰熄灭。

8. 结果输出

测量结束后，点击“ ”对测量结果进行打印，或点击“ ”对测量数据进行保存。

9. 其他元素测量

重复第4～8步骤，对下一元素进行测量(若无，即进行下一步操作)。

10. 关机

关闭乙炔总阀门，使主机火焰自动熄灭；关掉主机；关闭空气压缩机电源；关闭操作软件和电脑。

三、注意事项

(1) 火焰分析时，分析者必须在场操作；实验中突然出现火焰异常(特别大或小，锯齿状)时应立即关闭燃气使其熄火；注意使用本仪器规定的气体种类和压力要求。

(2) 空心阴极灯和氘灯使用500 V以上高压，直接触及灯插座中的金属插孔可能导致严重的甚至致命的触电事故。取换灯时应关闭灯电流等其冷却后进行。在灯架转动时不要触及灯架。

(3) 实验前后注意观察原子化器(燃烧器)狭缝，清洁燃烧头必须熄火后等待10 min等其完全冷却后进行。

(4) 熄火前要移去去离子水，关闭乙炔钢瓶总阀后再关空气压缩机。不可在熄火后继续喷溶液，也不可在关闭燃气前关闭助燃气。

(5) 分析操作中保证实验室的排风正常运行(排风量为600～1 200 m^3/h)。

第五节　气相色谱仪的使用

一、仪器原理

气相色谱法是采用气体为流动相(载气)流经色谱柱进行分离测定的色谱方法。被测物质或其衍生物汽化后，被载气带入色谱柱进行分离，各组分先后进入检测器，响应的检测信号用数据处理系统记录色谱图。色谱图中色谱峰的峰面积(或峰高)与样品中待测组分的浓度成正比。

气相色谱仪一般由气路系统、进样系统、分离系统、检测系统以及记录与仪器控制系统五部分组成。

气路系统是一个载气连续运行的密闭系统，包括气源、净化器、流速控制和测量装置。通过该系统可获得纯净的、流速稳定的载气。载气可由高压钢瓶或气体发生器供给，常用的净化剂有分子筛、硅胶和活性炭，分别用来除去氧气、水分和烃类物质。载气流量由稳压阀或稳流阀调节控制，由流量计测量和显示。气相色谱中常用的载气有氢气、氮气、氦气等。载气的种类和纯度主要由检测器性质和分离要求所决定。

进样系统包括进样装置和气化室，其作用是定量加入样品并使样品瞬间汽化。进样速度快慢和进样量大小对分离效果和分析结果影响很大。常用的进样装置有微量注射器和六通阀。

分离系统由色谱柱和柱箱组成。色谱柱是色谱仪中起分离作用的重要组成部分。色谱柱主要有两种类型：填充柱和毛细管柱。柱箱中的温度需根据分离要求进行精确控制，可以是恒温或者程序升温。

检测系统由色谱检测器和放大器等组成。试样经色谱柱分离后，依次进入检测器。检测器将检测到的各组分浓度或质量变化的信号变成易于测量的电信号，如电压、电流等，经放大器放大后输送给记录仪。气相色谱中常用检测器有氢火焰离子化检测器、热导池检测器等。根据被分析试样性质和分离要求，可选用不同检测器。

现代色谱仪大都采用色谱工作站作为记录与仪器控制系统。不仅能自动采集和存储数据、进行数据处理、给出分析结果，还可以对色谱仪进行实时控制。

在气相色谱仪中，除上述五个部分以外，还应提及的是其中的温度控制系统。温度控制系统由一些温度控制器和指示器组成。温度是气相色谱分析中最重要的分离操作条件之一，它直接影响柱效、分离选择性、检测灵敏度和稳定性。气化室、柱箱、检测器等都需要加热和控温。图 3.7 为天美 GC7900 型气相色谱仪的主机，图 3.8 为气相色谱仪的结构示意图。

图 3.7　天美 GC7900 型气相色谱仪的主机

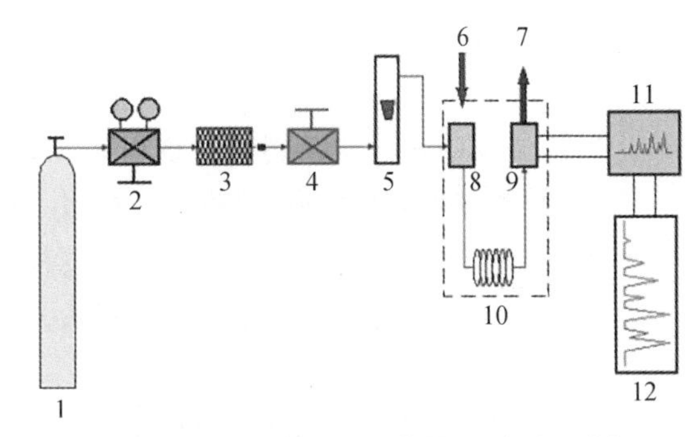

1—载气；2—减压阀；3—净化器；4—气流调节阀；5—转子流量计；6—进样；7—排气；8—气化室；9—检测器；10—色谱柱；11—放大器；12—记录器。

图 3.8　气相色谱仪的结构示意图

二、操作步骤

1. 天美 GC7900[热导检测器(TCD)]气相色谱仪

(1) 检查仪器安装完好,载气气路连接完好;

(2) 安装所用色谱柱到进样器;

(3) 安装分析柱到 TCD(参照说明书);

(4) 打开 D-7900 工作站;

(5) 开机,仪器自检,工作站与 GC7900 连接;

(6) 在 GC7900 主菜单中,选中"检测器"项,按"确定"键,进入"检测器"子菜单界面,选中"热导池检测器";

(7) 打开载气,查看载气输入压力为 44.3psi①(仪器主菜单流量压力可以查看,工作站也可查看);

(8) 查看柱前压力,确定系统是否有漏气或堵塞,通气一段时间,把系统中的空气吹扫干净;

(9) 调整载气流量到分析流量;

(10) 按照所用色谱柱的老化条件老化色谱柱;

(11) 按照分析测试要求设定所需柱箱(OVEN)、检测器(DET)、进样器(INJ)的温度;

(12) 工作站设置 TCD 的电流;

(13) 仪器基线稳定后,按工作站调零键使 TCD 输出的信号在零位附近,可以进样分析;

(14) 设定样品分析参数,进样,按进样按钮或点色谱工作站"开始"图标,工作站自动记录谱图,到时间结束或点"停止"图标,自动积分或手动积分得到目标峰的保留时间、峰面积、峰高等结果;

(15) 所有样品分析完毕,待柱温降到室温后,进样器与检测器温度降到 80℃以下,关闭载气;

(16) 关机。

2. 天美 GC7900[火焰离子化检测器(FID)]气相色谱仪

(1) 检查仪器安装完好,载气、空气、H_2 气路连接完好;

(2) 安装分析柱(分为填充柱和毛细管柱)到进样器;

(3) 安装分析柱到 FID(参照说明书);

(4) 打开 D-7900 工作站;

(5) 开机,仪器自检,工作站与 GC7900 连接;

(6) 在 GC7900 主菜单中,选中"检测器"项,按"确定"键,进入"检测器"子菜单界面,选中"氢火焰检测器";

(7) 打开载气,查看载气输入压力为 43.1psi;

---

① 注:1 psi=6 894.757 Pa。

(8) 查看柱前压力，确定系统是否有漏气或堵塞，通气一段时间，把系统中的空气吹扫干净；

(9) 调整载气流量到分析流量；

(10) 按照所用色谱柱的老化条件老化色谱柱；

(11) 按照分析测试要求设定所需柱箱(OVEN)、检测器(DET)、进样器(INJ)的温度；

(12) 打开 H_2、空气组合控制阀；

(13) 待检测器温度升到设定温度后(大于 100℃)，按工作站"点火"键点火，在 FID 出口检查是否有水汽，确定火是否点着；

(14) 工作站设置 FID 的微电流放大器的量程(0、1、2、3)；

(15) 仪器基线稳定后，按工作站调零键使 FID 输出的信号在零位附近，可以进样分析；

(16) 设定样品分析参数，进样，按进样按钮或点色谱工作站"开始"图标，工作站自动记录谱图，到时间结束或点"停止"图标，自动积分或手动积分得到目标峰的保留时间、峰面积、峰高等结果；

(17) 所有样品分析完毕，在色谱柱最高使用温度以下 30℃老化色谱柱，避免样品污染色谱柱；

(18) 关闭 H_2、空气组合控制阀，待柱温降到室温后，进样器与检测器温度降到 80℃以下，关闭载气；

(19) 关机。

三、注意事项

(1) 气相色谱手动进样技术直接影响到分析结果的好坏。正确的进样手法是：排除进样器中的气泡，准确取样，一手持注射器(防止气化室的高气压将针芯吹出)，另一只手保护针尖(防止插入隔垫时弯曲，同时也要避免针尖被手或仪器进样口加热，引起样品在进样前挥发)。先小心地将注射器针头穿过隔垫，随即快速将注射器插到底，并将样品轻轻注入气化室(注意不要用力过猛使针芯弯曲)，同时按"Start"键，拔出注射器。对大多数样品，注射所用时间及注射器在气化室中停留的时间越短越好。

(2) 每次进样前都要将进样针润洗干净，确保不存在样品交叉污染，以及样品溶液不被稀释。多次进样污染的进样针可以用丙酮或乙醇清洗。

(3) 使用 FID 实验时，可以用小玻璃烧杯或适当大小的不锈钢制品靠近 FID 废气出口，观察燃烧产生的水汽的凝结现象，判断火焰是否在燃烧。出现熄火要及时处理，避免氢气在实验室蓄积。

(4) 实验中注意观察气体压力和流量的稳定，及时处理可能出现的漏气。可以用毛笔蘸肥皂水或洗洁精水涂在可疑处，观察是否有气泡，来判断漏气的部位。

(5) 分析操作中要注意实验室通风正常。

第六节　高效液相色谱仪的使用

一、仪器原理

液相色谱法是指流动相为液体的色谱技术。高效液相色谱法是在传统柱色谱的基础上发展起来的一种非常重要的高效分离分析技术。高效液相色谱分离过程中，被分析试样组分与流动相、固定相之间均有一定作用力，增加了控制分离选择性的因素，流动相性质和组成的变化常是提高分离选择性的重要手段，使分离条件选择更加方便灵活。该方法在复杂物质的高效、快速分离分析方面发挥着十分重要的作用，特别是对高沸点、热不稳定性有机化合物，天然产物及生化试样的分析方面有着其他分析方法无法取代的地位。

高效液相色谱仪一般可分为五个主要部分，包括高压输液系统（泵）、进样系统（进样器）、分离系统（色谱柱）、检测系统（检测器）和记录系统（色谱工作站）。其工作流程为：贮液器中储存的流动相经过过滤和脱气后由高压泵来输送和控制流量，样品由进样器注入色谱系统，由流动相携带进入到色谱柱进行分离，分离后的组分由检测器检测，输出信号经放大后到色谱工作站，得到液相色谱图。最后流出液收集在废液瓶中。图 3.9 为 Waters515 高效液相色谱仪。典型的高效液相色谱仪结构如图 3.10 所示。

图 3.9　Waters515 高效液相色谱仪

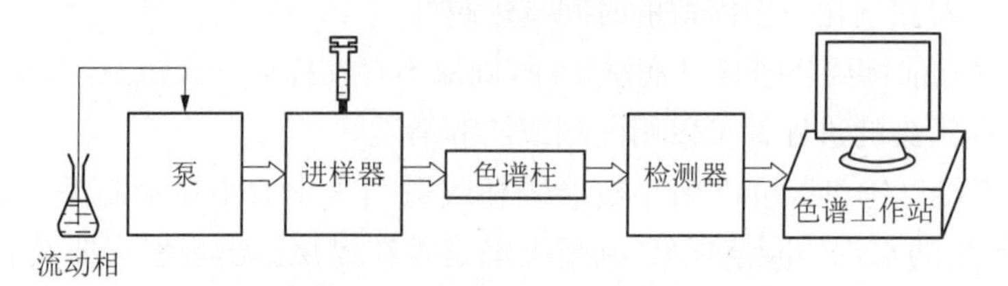

图 3.10　高效液相色谱仪的结构示意图

二、操作步骤（Waters515 高效液相色谱仪）

1. 打开仪器与工作站

(1) 按要求配制流动相，经过滤、超声波脱气后装入贮液瓶中，然后将恒流泵上末端带有过滤器的输液管分别插入对应贮液瓶中。

(2) 仪器开机前认真检查高效液相色谱系统的连接情况，柱子连接正确，流动相装瓶正常，已接废液瓶。仪器使用时按泵、检测器、计算机的顺序依次接通电源。

(3) 旋松排液阀，用配有吸头的注射器从排液阀抽去 10 mL 泵前管路中残留的流动相和可能存在的气泡，关闭排放阀。选择流量并开泵平衡色谱柱。检查流路应无泄漏。

(4) 双击电脑桌面上的“Empower”图标，输入用户名与密码，点击“确定”，进入工作站主窗口。

2. 运行样品

(1) 在主窗口中点击“运行样品”，选择采集数据的项目与色谱系统后，点击“确定”打开运行样品窗口。

(2) 运行样品窗口中，在左面写入样品名称与合适的运行时间，左下部分上下两个按钮分别为“改变流速”与“停止流液”。右下部分的“仪器方法”的下拉框中，可以选定仪器方法，“编辑”可以对选定仪器参数进行编辑，“设置”用于将编辑好的仪器参数下载到色谱主机，“监视器”用于察看色谱基线的情况。

(3) 分析样品之前应设定压力上限以保护色谱柱。

(4) 设置各参数后待基线平直才可进样。

(5) 点击运行窗口左半部分中右侧的按钮“单次进样”，用平头微量注射器吸取一定量的试样溶液，待窗口下面的状态栏中出现“等待进样”时，将进样阀手柄置于“Load”位置，将装有试样溶液的进样针插入进样口并插到底，缓慢推入试样溶液，顺时针扳下进样阀手柄到“Inject”位置(有时还要单击“开始”图标)，进样运行即开始。显示屏自动转入色谱数据采集监控状态。

(6) 运行时间结束后自动停止运行，也可以单击上面的红色快捷按钮“停止运行”手动停止。

3. 测定数据的查看

(1) 在工作站主窗口中，点击浏览项目，在右侧窗口选定相应方法组后，打开数据列表，在表中第一行选定“进样”，在表中找到相应数据双击打开。

(2) 在数据显示窗口中，点菜单“处理”“提取色谱”后，点菜单“处理”，在窗口色谱图下面的部分的表中有峰号、保留时间、峰面积、峰高等项目。

(3) 仪器的其他操作功能如系统的适应性试验分析、色谱再处理等，均可以用鼠标点击相应的功能位置，激活后按操作规程操作。

4. 关机

(1) 测试完毕后，按规定用适当溶剂冲洗流路和色谱柱。

(2) 关闭工作站软件，依次关闭检测器与输液泵电源，关闭电脑及其他相关电源，并做好使用登记。

三、注意事项

(1) 流动相应尽量选用色谱纯试剂、使用双蒸水(或有机物含量低的蒸馏水)，加入添加剂要过滤后使用，过滤时注意区分水系膜和油系膜。

(2) 水相流动相需要经常更换(一般不超过2天)，防止长菌变质。

(3) 采用过滤或离心方法处理样品，确保样品溶液中不含固体颗粒。

(4) 用流动相或比流动相洗脱强度弱的溶剂制备样品溶液(对于反相柱，极性比流动相要大；对于正相柱，极性比流动相要小)，尽量用流动相制备样品溶液。

(5) 分析操作中注意实验室中通风正常。

附：N2000色谱工作站简介

N2000色谱工作站是目前使用较多的国产经济型色谱工作站，通常仅用于色谱数据的采集与处理。色谱信号采集卡有内置式和外置式两种，内置式卡插在计算机内部的插槽上，外置式单独放在一个屏蔽壳盒内，并有独立的外接电源。使用高精度的A/D(模数)转换芯片，全量程分辨率为±1 μV。谱图数据可以转换成二进制文件、文本文件等，数据结果可用微软的Excel、Word等软件共享。

N2000色谱工作站的操作步骤如下：

1. 在线(On Line)工作站

(1) 双击“串行口设置”，选定所用的串行口(一般为串行口1)。以后使用可省略此步。

(2) 双击“On Line在线工作站”，选定仪器所接的通道(1或2)。可以先点击“数据采集”中的“检查基线”，配合仪器的调零旋钮将零点调至0.5 mV左右，等待基线稳定(即相对平直)。

(3) 输入相关“实验信息”(若需要在报告中体现的话)。点击“方法”，下部出现以下两种方法。

(a) 采样控制：建议选择“采样结束后自动积分”，是否需要自动打印请根据要求选择；初期使用建议选择“手动方式”保存谱图文件；其他选项请自行选择。

(b) 积分方法：根据实验要求选择对“峰高”或“峰面积”积分；积分参数中“峰宽”数值的设置：当使用高效液相色谱或气相色谱填充柱分析时为“5”，使用气相色谱毛细管柱时为“2”或“3”；“斜率”值可在数据采集中当基线稳定后点击“斜率测试”，稍后会给出具体数值，“采用”即可；建议“变参时间”为1000、“漂移”为0；其他参数根据具体情况设置。

(4) 其他选项也可以暂时不设置，在离线(Off Line)分析中也有这些参数的设置，相应其他设置请参考分析要求。设置完毕后将方法“另存”。(注：所有选项都须点“采用”。)

(5) 基线稳定并测试斜率后，进样操作的同时点击“采集数据”或按下同步启动开关，开始采集来自仪器的信号。采集结束后点击“停止采集”，输入所采集谱图的合适文件名及路径。

2. 离线(Off Line)工作站

(1) 双击“Off Line离线工作站”，打开在线(On Line)采集的某一标样的谱图，“加载”采集时应用的方法(或在积分方法中逐项输入)，将谱图调整为合适的状态，直接得到谱峰的保留时间、峰面积、峰高等积分结果。对于自动积分不理想的谱图也可以采用“手动积分”处理得到合理的结果，手动积分是对工作站智能自动判别的一种合理补充。手动积分有手动画基线，设置峰类型(单峰/重叠峰/拖尾峰)，移动峰起点与结束点，增加分割线/删除分割线，添加峰，设置水平基线，添加负峰及删除负峰等几种。

(2) 当使用外标或内标法定量时，点击“组分表”进入校正曲线的计算，将“全选”谱图中目标峰分别命名，对于内标峰无论出峰时间先后，将其点住拖至第一行并选为内标物。

(3) 采用后点击“校正”，分别输入各目标物的含量、校正次数，确定后点击“加入标样”，即分别调入所需的各标样谱图，点击“校正完毕”即得到各组分的校正曲线和方程。

(4) “输出”为另一方法文件，点击“谱图”并调出样品的相应谱图，点击“自动”后“预览”查看相应的计算结果。

第七节 傅里叶变换红外光谱仪的使用

一、仪器原理

红外光谱的原理是根据物质吸收辐射能量后引起分子振动的能级跃迁，通过记录跃迁过程而获得该分子的红外吸收光谱。傅里叶变换红外(FTIR)是基于光相干性原理而设计的干涉型红外光谱仪。它不同于依据光的折射和衍射而设计的色散型红外光谱仪。与棱镜和光栅的红外光谱仪比较，称为第三代红外光谱仪。但由于干涉仪不能得到人们已习惯并熟知的光源的光谱图，而是光源的干涉图。为此根据数学上的傅里叶变换函数的特性，利用电子计算机将其光源的干涉图转换成光源的光谱图。也就是将以光程差为函数的干涉图变换成以波长为函数的光谱图，故将这种干涉型红外光谱仪称为傅里叶变换红外光谱仪。确切地说，即光源发出的红外辐射经干涉仪转变成干涉光，通过试样后得到含试样信息的干涉图，由电子计算机采集，并经过快速傅里叶变换，得到吸收强度或透光度随频率或波数变化的红外光谱图。其工作原理如图 3.11 所示。

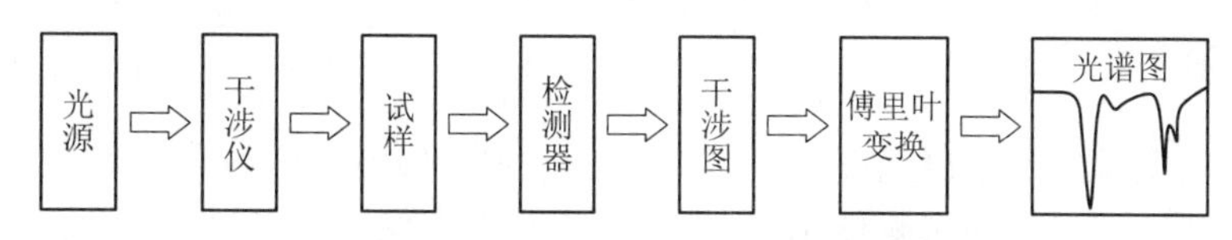

图 3.11 FTIR 光谱仪工作原理示意图

二、Nexus 670 型红外光谱仪的技术指标及试用范围

1. 技术指标

测试波数范围：4 000～400 cm^{-1}；波数精度：≤0.1 cm^{-1}；分辨率：0.1～16 cm^{-1}(一般测试样品使用 4 cm^{-1} 分辨率就可以达到要求)；工作环境：温度为 18～25℃，相对湿度≤60%；供电电压：220 V±10%；频率：50 Hz±10%。

2. 适用范围

适用于液体、固体、气体、金属材料表面镀膜等样品。它不仅可以检测样品的分子结构特征，而且还可对混合物中各组分进行定量分析，本仪器的测量范围为 4 000～400 cm^{-1}。

三、使用方法（Nexus 670 型红外光谱仪）

1. 开机前准备

开机前检查实验室电源、温度和湿度等环境条件，当电压稳定、室温为(21±5)℃、湿度≤60%时才能开机。

2. 开机

开机时，首先打开仪器电源，稳定 30 min 以使仪器达到最佳状态。开启电脑，打开仪器操作平台 OMNIC 软件，运行“Diagnostic”菜单，检查仪器稳定性。

3. 制样

根据样品特性及状态，制定相应的制样方法并制样。

(1) 样品若为固体，一般采用压片法制样。一般来说，取 1～2 mg 样品在玛瑙研钵中研磨成细粉末与干燥的溴化钾(AR 级)粉末(约 100 mg，粒度 200 目)混合均匀，装入模具内，在压片机上压制成片。

(2) 样品若为油状或黏稠液体，直接涂于 KBr 晶片上测试；若为流动性大、沸点低(≤100℃)的液体，可夹在两块溴化钾晶片之间或直接注入厚度适当的液体池内测试。

(3) 样品若为气体，可将其直接注入气体池内测试。

4. 扫描和输出红外光谱图

测试红外光谱图时，把制备好的样品放入样品架，然后插入仪器样品室的固定位置上，先扫描空光路背景信号(Collect→Background)，再扫描样品信号(Collect→Sample)，经傅里叶变换得到样品红外光谱图。

5. 关机

(1) 关机时，先关闭 OMNIC 软件，再关闭仪器电源，最后关闭计算机并盖上仪器防尘罩。

(2) 在记录本记录使用情况。

四、注意事项

(1) 测定时实验室的温度应在 15～30℃，所用的电源应配备稳压装置。

(2) 为防止仪器受潮而影响使用寿命，红外实验室应保持干燥(相对湿度≤60%)。

(3) 样品的研磨要在红外灯下进行，防止样品吸水。

(4) 压片用的模具用后应立即把各部分擦干净，必要时用水清洗干净并擦干，置干燥器中保存，以免锈蚀。

第八节　毛细管电泳仪的使用

一、仪器原理

毛细管电泳是以毛细管为分离通道，高压电场为驱动力，试样中不同组分依据其淌度和分配行为的差异而实现分离的液相分离分析技术。它是经典电泳和现代微柱分离技术有机结合的产物。在毛细管电泳中,电泳过程在内径极细的毛细管中进行,这种毛细管具有很高的散热效率,有效地克服了传统电泳高压电场产生的焦耳热,使得电泳分离过程能在高压下进行,显著提高了分离速度和分离效率。

常规毛细管电泳仪主要由进样系统、高压电源及其回路系统、毛细管和检测系统组成。图 3.12 和图 3.13 分别是 TriSepTM-2100 毛细管电泳仪和毛细管电泳仪的结构示意图。在毛细管柱中充入电解质溶液,毛细管的柱两端(进样端和检测端)分别置于含有相同电解质溶液的电极槽中。待分离的组分从毛细管一端进入,在高压电场的作用下以不同速度迁移到毛细管另一端的检测系统中进行检测。

图 3.12 TriSepTM-2100 毛细管电泳仪

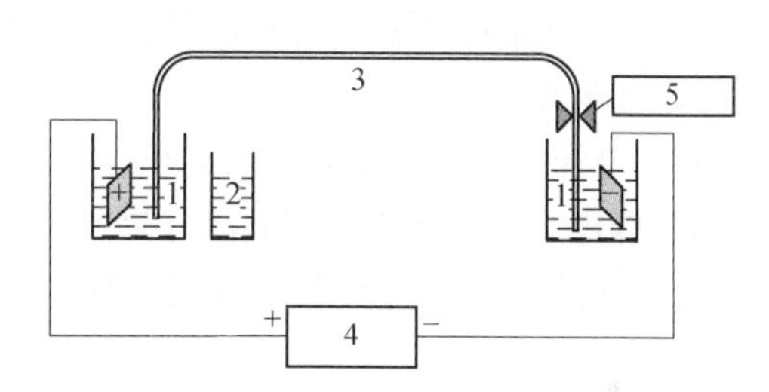

1—缓冲液;2—试样;3—毛细管;4—高压电源;5—检测器。

3.13 毛细管电泳仪的结构示意图

熔融石英毛细管是毛细管电泳中应用最广泛的毛细管柱,通常内径为 25~100 μm,其中以 50 μm 和 75 μm 两种最为常用。毛细管电泳的进样方式一般为电动法和压力法。由于毛细管分离通道十分细小,所需的试样只有几纳升。因此,在进样过程中是将毛细管直接与试样接触,由重力、电场力或其他动力来驱动试样流入毛细管中。进样量可以通过控制驱动力的大小或时间长短来控制。紫外、激光诱导荧光、质谱等检测器均可作为毛细管电泳的检测系统,其中以紫外检测器应用最为广泛。在毛细管电泳中,紫外检测器一般采用柱上检测方式,仅需在毛细管的检测端的适当位置除去一小段聚酰亚胺涂层,让透明的石英部位对准光路即可。

二、使用方法(TriSepTM-2100 毛细管电泳仪)

1. 毛细管柱的安装

(1) TriSepTM-2100 毛细管电泳仪中配备了紫外柱上检测器。装柱前把毛细管柱检测窗口和检测池安装检测窗口的位置用分析纯乙醇擦拭干净,等乙醇挥发后,进行装柱。

(2) 把毛细管柱的检测窗口对准检测池的透镜窗口,确保光路位置正确。

(3) 盖上盖子,按对角顺序拧紧螺丝并固定。

(4) 固定后,把出口端的毛细管插到 PEEK 管中,把检测池安装到检测器中。

(5) 打开检测器,自检结束后,查看 SAMPLE 和 REFERENCE 值是否正常。如果

SAMPLE 值过小，说明毛细管的检测窗口和光路没有对准，重新安装。

2. 仪器准备和开机

(1) 接通电源，打开毛细管电泳仪和 TriSepTM 电脑工作站，进入毛细管电泳仪控制界面。

(2) 将分别装有 0.1 mol・L^{-1} HCl 溶液、0.1 mol・L^{-1} NaOH 溶液、去离子水和运行缓冲液依次放入相应的托盘中。

(3) 将装有待检测试样缓冲液放入样品托盘中。

(4) 检查仪器的状态，卡盘和样品托盘是否正确安装，关好托盘盖。

3. 石英毛细管清洗

(1) 打开 TriSepTM 电脑工作站的清洗界面，设置冲洗参数。

(2) 毛细管依次用 0.1 mol・L^{-1} HCl 溶液、0.1 mol・L^{-1} NaOH 溶液、去离子水以及运行缓冲液冲洗毛细管。冲洗完成后，毛细管中充满运行缓冲液。

4. 电泳运行

(1) 打开 TriSepTM 电脑工作站的电泳分析界面，在 CE 模式下，设置运行电压、升压时间、进样电压和进样时间等电泳分离参数。

(2) 进样前，观察毛细管电泳仪的基线，待基线平稳后开始进样分析。

5. 关机

(1) 关闭检测器。

(2) 清洗毛细管。

(3) 关闭毛细管电泳仪开关，关闭计算机，切断电源。

(4) 在记录本记录使用情况。

三、注意事项

(1) 毛细管电泳仪的工作环境中不允许安装有火花的仪器，避免将设备安装在太阳直射的地方。

(2) 毛细管电泳仪中使用了高压电源，应确保仪器接地，否则高压电将渗透到机身。同时保持周围环境干燥，潮湿的环境会使仪器有放电的情况产生。

(3) 仪器运行过程中产生高压，严禁打开托盘盖。

(4) 避免工作电流长时间超过 150 μA，过高的电流会使毛细管内的径向温度梯度增加，使样品分离度降低。

第四章　试样采集与数据处理

在分析测定过程中，即使是技术很熟练的分析工作者，用最完善的分析方法和最精密的仪器，对同一样品进行多次测定，其结果也不会完全相同，这说明客观上存在着难以避免的误差。既然误差客观存在，在分析试样的采集和制备中以及实验数据的收集和处理中就要引起重视。

第一节　化学测定中的误差

在任何测量过程中，误差都是客观存在的。这要求我们了解分析过程中误差产生的原因，以便采取有效措施减小误差，从而使测定结果更趋真实可靠。

一、基本概念

1. 真值(x_T)

真值即真实值，指某一物理量本身具有的客观存在的真实数值。一般情况下，真值是未知的、客观存在的量。在特定情况下认为真值是已知的。

(1) 理论真值：如某化合物的理论组成，如纯 NaCl 中 Cl 的含量。

(2) 计量学约定真值：如国际计量大会确定的长度、质量、物质的量单位；标准参考物质证书上给出的数值；有经验的人用可靠方法多次测定的平均值，确认消除了系统误差。

(3) 相对真值：如认定精确度高一个数量级的测定值作为低一级测量值的真值；如标准试样(在仪器分析中常常用到)的含量。

2. 平均值($\overline{x}$)

在实际工作中，往往并不知道真值，一般是用多种方法进行多次平行测定所得到的平均值代替真值。

n 次测量数据的算数平均值 $\overline{x}$ 为：

$$\overline{x}=\frac{x_1+x_2+\cdots+x_n}{n}$$

n 次测量值的算术平均值虽不是真值，但比单次测量结果更接近真值，是对真值的最佳估计。

3．误差和准确度

准确度的大小可以用误差来表示。测定值 (x) 与真值(x_T) 之差称为误差(E)，也称绝对误差，即

$$E = x - x_T$$

误差的大小反映了测定值与真值之间的符合程度，也即测定结果的准确度。

分析结果的准确度常用相对误差(E_r)表示，相对误差指绝对误差占真值的百分比：

$$E_r = \frac{E}{x_T} \times 100\%$$

相对误差有大小、正负之分，它能反映误差在真实结果中所占的比例，因此在绝对误差相同的条件下，待测组分含量越高，相对误差越小；反之，相对误差越大。

4．偏差和精密度

精密度的大小可用偏差来表示。将某次测定结果与其平均值的差值称为偏差(d_i)，也称绝对偏差，即

$$d_i = x_i - \overline{x}$$

单次测定偏差不能反映任何问题，而一组数据多个偏差的集合统计能反映出多次测定结果的相互吻合程度，即精密度的好坏。

分析结果的精密度常用相对平均偏差 ($\overline{d}_r$) 来表示，相对平均偏差指平均偏差($\overline{d}$) 占测量平均值的百分比。其中，平均偏差($\overline{d}$) 指各单个偏差绝对值的平均值：

$$\overline{d} = \frac{|d_1| + |d_2| + \cdots + |d_n|}{n}$$

因此，相对平均偏差 ($\overline{d}_r$) 可表达为：

$$\overline{d}_r = \frac{\overline{d}}{\overline{x}} \times 100\%$$

相对平均偏差越小，说明测定结果的精密度越高，多次平行测定结果的分散程度越小；反之，相对平均偏差越大，测定结果的精密度越低，多次平行测定结果的分散程度越大。

评价一项分析结果的优劣，应该从分析结果的准确度和精密度两个方面入手。精密度是保证准确度的先决条件。精密度差，所得结果不可靠，也就谈不上准确度高。但是，精密度高并不一定保证准确度高。只有消除了系统误差之后，精密度高，准确度才会高。因此，在测量过程中，要杜绝凑数据或修改数据以获得高精密度的行为，要培养实事求是的严谨科学态度。

5．系统误差

系统误差也称可定误差、可测误差或恒定误差。系统误差是由某种固定原因引起的误差。引起系统误差的主要原因有：某一分析方法本身不够完善(方法误差)；所用仪器本身不准确(仪器误差)；实验时所使用的试剂或蒸馏水不纯(试剂误差)；操作人员本身的一些

主观因素(操作误差)。

系统误差对测定结果的影响是恒定的,常使测定结果系统地偏高或偏低,其大小也有一定规律,会在相同条件下重复测量重复出现。一般来说,产生系统误差的具体原因都是可以找到的,因此也就能够设法加以测定,从而消除它对测定结果的影响。

系统误差影响结果的准确度,不影响结果的精密度。

6. 随机误差

随机误差又称为偶然误差、不定误差、不可测误差。随机误差是由某些无法控制和避免的偶然因素造成的。比如,分析过程中环境温度、湿度和气压的微小波动,仪器性能的微小变化等;又如天平和滴定管最后一位读数的不确定性等。这些偶然因素都会使分析结果产生波动造成误差。

随机误差的特点是其大小和方向都不固定。因此无法测量,也不可能加以校正。实验证明,在测定次数较少时,随机误差随测定次数的增加而迅速减小,当测定次数大于10时,误差已减小到不显著的数值。所以适当增加平行测定次数可以减小偶然误差。

随机误差是引起分析结果精密度不高的主要原因。

二、提高分析结果准确度的方法

在定量分析中误差是不可避免的,为了获得准确的分析结果,必须尽可能地减小分析过程中的误差。特别要避免操作者粗心大意、违反操作规程或不正确使用分析仪器的情况出现。针对分析测试的具体要求,可以采取多种措施,减小分析过程中各种误差的影响,提高分析结果的准确度。

1. 选择合适的分析方法

各种分析方法的准确度和灵敏度是不相同的。重量分析和滴定分析,灵敏度虽不高,但对于高含量组分的测定,能获得比较准确的结果。例如铁的质量分数为60.00%的试样,用重铬酸钾法测定,方法的相对误差为0.2%,则测定结果的含量范围是59.88%~60.12%。如果用分光光度法进行测定,由于方法的相对误差约3%,测得铁的质量分数范围是52.8%~61.8%,误差显然大得多。若试样中铁的质量分数为0.1%,则用重铬酸钾法无法测定,这是由于该方法的灵敏度达不到。若以分光光度法进行测定,可能测得的铁的含量范围为0.097%~0.103%,结果完全符合要求。

2. 减小测量误差

为了保证分析结果的准确度,必须尽量减小测量误差。例如,一般分析天平称量两次的误差为±0.0002 g,为了使测量时的相对误差在0.1%以下,试样质量就不能太少。从相对误差的计算式:

$$\text{相对误差}=\frac{\text{绝对误差}}{\text{被称物质量}}\times 100\%$$

可见称取试样的质量必须在0.2 g以上。

在滴定分析中,滴定管读数两次的误差常有±0.02 mL,为了使测量时的相对误差小于

0.1%，消耗滴定剂的体积必须在20 mL以上。

3. 减小随机误差

随机误差是由偶然的不固定的原因造成的，在分析过程中始终存在，是不可消除的。在消除系统误差的前提下，平行测定次数越多，平均值越接近真实值。因此，增加测定次数，可以提高平均值精密度，平均值越接近真实值。在一般化学分析中，对于同一试样，通常要求平行测定2～4次。如对测定结果的准确度要求较高，可增加测定次数至10次左右。

教学实验（探索性等实验例外）采用的是较为成熟的分析方法，可认为不存在方法误差；实验若采用符合纯度要求的试剂和蒸馏水，可认为不存在试剂误差；若仪器的各项指标也调试到符合实验要求，可认为无仪器误差。那么实验结果误差的来源就是随机误差。若出现非常可疑的离群值，基本可判断实验存在操作者的操作误差或过失。

4. 检查和消除系统误差

精密度高是准确度高的先决条件，而精密度高并不表示准确度高。在实际工作中，有时遇到这样的情况，几个平行测定的结果非常接近，似乎分析工作没有什么问题了，可是一旦用其他可靠的方法检验，就发现分析结果有严重的系统误差，甚至可能因此造成严重差错。因此，在分析工作中，必须十分重视系统误差的消除，以提高分析结果的准确度。造成系统误差的原因有多方面，根据具体情况可采用不同的方法加以消除。一般系统误差可用下面的方法进行检验和消除。

1）对照试验

对照试验是检验系统误差的有效方法。通常采用的对照试验方法有三种。①在相同条件下，以所用的分析方法对标准试样（已知结果的准确值）与被测试样同时进行测定，通过对标准试样的分析结果与其标准值的比较，可以判断测定是否存在系统误差。②在相同条件下，以所用的分析方法与经典的分析方法对同一试样进行测定，分析结果进行对照，以检验是否存在系统误差。③通过加入回收的方法进行对照试验，即在试样中加入已知量的被测组分后进行分析，通过结果计算出回收率，从而判断是否存在系统误差。

在许多生产单位，为了检查分析人员之间是否存在系统误差和其他问题，常在安排试样分析任务时，将一部分试样重复安排在不同分析人员之间，互相进行对照试验，这种方法称为“内检”。有时又将部分试样送交其他单位进行对照分析，这种方法称为“外检”。

2）空白试验

由蒸馏水、试剂和器皿带入杂质所造成的系统误差，一般可做空白试验来扣除。所谓空白试验，就是在不加待测组分的情况下，按照待测组分分析同样的操作步骤和条件进行实验。实验所得结果称为空白值。从试样分析结果中扣除空白值后，就得到比较可靠的分析结果。当空白值较大时，应找出原因，加以消除，如选用纯度更高的试剂和改用其他适当的器皿等。在进行微量分析时，空白试验是必不可少的。

3）校准仪器和量器

由仪器不准确引起的系统误差，可以通过校准仪器来减小其影响，例如砝码、容量瓶、移液管和滴定管等。在精确的分析中，必须进行校准，在测定时采用校正值。

此外，应尽量克服操作人员“先入为主”等主观因素造成的系统误差。

第二节 分析试样的采集和制备

分析试样的采集和制备是整个试样分析过程的重要环节，即耗时又易引入误差。据统计，在大部分实验室中用于样品制备处理的时间约占整个分析时间的2/3，对仪器分析，这个比例则更高。对一个复杂样品的测定，分析结果的准确性首先取决于试样采集及制备的正确与否。

一、分析试样的采集

1. 取样的基本原则

试样的采集应保证所采样品具有代表性，即分析试样的组成能代表整批物料的平均组成。否则，无论分析工作做得怎样认真、细致，所得结果也无实际意义。因此，在试样采集之前，应对采集的试样及采集的环境进行充分的调查和研究，尽可能弄清楚试样的性质、主要组成、浓度、稳定性、采样地点及现场条件等情况。当待测组分及浓度随时间变化时，还应考虑合适的试样采集时机和时间。

根据试样的理化性质不同，选用不同取样方法和技术，具体操作要求和方法可参考有关国家标准和行业标准。无论如何，正确的取样应遵循以下原则。

(1) 采集的试样要有代表性，能反映总体的平均组成。

(2) 采样方法要与分析目的保持一致。

(3) 采样过程要设法保持试样原有的理化指标，防止和避免待测组分发生化学变化或丢失。

(4) 防止带入杂质或污染，尽可能减少无关物质引入。

(5) 采样方法要尽量简单，取样费用尽可能低。

2. 取样的操作方法

由于实际分析对象种类繁多，形态各异，试样的性质和均匀程度也各不相同，因此取样细节也存在较大差异。具体取样的方法应根据试样本身的性质和分析目的来确定，相关的操作可参考国家标准和行业标准。以下主要讨论分析化学中经常涉及的试样(气体、液体和固体样品)的一般取样操作方法。

1) 气体样品

气体取样方法有直接法和富集法两种。直接法适用于气体中待测组分浓度较高或测定方法灵敏度较高的情况。气体样品无须浓缩，只需直接采集少量样品进行分析测定。常用的取样工具有采气袋、注射器、真空瓶等。常用的聚氟乙烯膜采气袋具有化学惰性、耐腐蚀性和高机械强度的特点，广泛适用于石油化工、环保监测等气体的采集，可在较长时间内储存气体且保持浓度不变。采气袋使用前应用样品气体或惰性气体置换气袋。采集时，打开采样袋的开关阀，观察到气袋充分鼓起即可。注射器采集的样品存放时间不宜长，一般当天分析完。取样时，先用待测气体样品抽洗2～3次，然后抽取一定量，密封进气口。真空瓶是一种具有活塞的耐压玻璃瓶。采样前，先用抽真空装置把采气瓶内气体抽走，使瓶内达到一定真空度。使用时打开旋塞采样，采样体积即为真空瓶体积。

当气体样品中待测组分浓度较低时，可采用富集法采集，避免了采集体积大、携带不方便的问题。富集法使大量的气体样品通过吸收液或固体吸收剂得到吸收富集，使原来浓度较小的气体组分得到浓缩，以利于分析测定。

具体的富集取样方法包括固体吸附法、溶液吸附法、低温浓缩法等。

2）液体样品

液体样品主要包括水样、饮料样品、油料、各种溶剂、生物体液等。采集容器最常用的是带有磨口或具备其他密封措施的玻璃瓶。对某些液体样品的采集，如湖泊水，应先确定采样位置和采样水位深度。对含有悬浮物的液体，应在不断搅拌下于不同深度取出若干份样本混合，以弥补其不均匀性。当液体样品中待测组分含量很低时，也可以采用吸附富集的方法采集。在采集现场让一定量的样品流过吸附柱，然后将吸附柱密封待下一步制备分析。

3）固体样品

固体样品有矿石、土壤、煤炭、各种食品等，采样工具包括钢锹、钢尖镐、采样铲、竹夹等，采样容器一般是带盖采样桶或内衬塑料的采样袋。固体样品通常均匀性较差，硬度和颗粒大小相差较大。

取样时，可先从物料的不同部位合理采取有代表性的一小部分原始试样，然后将原始样品通过破碎、过筛和缩分等程序，得到分析样品。

原始试样的采集量可按切乔特经验公式计算：

$$Q = Kd^2$$

式中，Q 为采集试样的最小质量，kg；d 为试样中最大颗粒的直径，mm；K 为表征物料特性的缩分系数。K 值通常在 0.05 ～ 1 之间，如均匀铁矿：K 为 0.02 ～ 0.3；不均匀铁矿：K 为 0.5 ～ 1.0；煤矿：K 为 0.3 ～ 0.5。

原始试样的采集量一般较大(约 1～10 kg)，且颗粒不均匀，需要通过多次破碎和缩分等步骤，将其制成 100～300 g 粒径均匀的分析试样。

(1) 试样的破碎。破碎一般分为粗碎、中碎和细碎。粗碎是用颚式破碎机或球磨机将试样粉碎至通过 4～6 目网筛。中碎是用盘式碎样机将粗碎后的样品磨碎，使其能通过 20 目网筛。细碎则利用盘式碎样机或研钵进一步细磨，至能通过所需的筛网为止。我国标准筛网的筛号与相应的孔径如表 4.1 所示。

表 4.1　标准筛号及其孔径

筛号/目	5	10	20	40	60	80	100	120	200
筛孔直径/mm	4.00	2.00	0.83	0.42	0.25	0.177	0.149	0.125	0.074

由于试样中粗颗粒和细颗粒的组成往往不同，因此过筛时未通过的粗粒应进一步破碎，直至全部通过筛网，而不能将其随意弃去，否则会影响分析试样的代表性。

(2) 试样的缩分。试样每经一次破碎后，都需要将试样混匀后进行缩分。缩分的目的是使破碎的试样减少，同时保证缩分后试样的组成及含量和原始试样一致。在条件允许时，最好使用分样器进行缩分。如果没有分样器，可用“四分法”进行人工缩分。

四分法是将已破碎的试样充分混匀后，堆成圆锥形，略微压平，从锥心的中心按十字形将其分为四等份，弃去任意对角的两份，收集留下的两份混匀。缩分的次数和缩分后的试样量不是随意的。每次缩分时，其最小的质量也应符合采样公式，如此反复处理至所需的分析试样量为止。

二、分析试样的消解制备

在实际分析工作中，除干法分析外，通常要先将试样分解，把待测组分定量制成溶液后再进行测定，即试样的消解。一个良好的消解方法应满足以下要求：

(1) 试样分解完全；

(2) 待测组分不损失；

(3) 尽量避免引入干扰杂质。

根据试样性质和测定方法不同，常用的消解方法有溶解法、熔融法、烧结法、灰化法以及近年来发展的微波消解法等。

1. *溶解法*

溶解法是采用适当的溶剂，将试样分解的方法。常用的溶剂有水、酸、碱、混合酸以及各种有机溶剂等。

溶剂的选择原则是：能溶于水的先用水溶解，不溶于水的酸性物质用碱溶剂，碱性物质用酸溶剂，还原性物质用氧化性溶剂，氧化性物质用还原性溶剂。下面介绍几种常用的溶剂。

1) 水

水是最重要的溶剂之一，碱金属盐类、大多数碱土金属盐类、硝酸盐类等可溶性的无机盐以及低级醇、多元酸、糖类、氨基酸等可溶性的有机物都可以直接用蒸馏水溶解制成溶液。

2) 酸

酸是溶解无机试样最常用的溶剂，包括多种无机酸及混合酸，常用的酸溶剂有以下几种。

(1) 盐酸：具有强酸性，弱还原性，Cl^- 具有一定的配合能力，能与 Fe^{3+}、Sn^{4+} 等金属离子形成配合物。电位序在氢之前的金属、大多数金属氧化物和碳酸盐都可溶于盐酸中。盐酸常用来溶解赤铁矿、菱铁矿、辉锑矿、软锰矿等样品。在高温下某些氯化物具有挥发性，如硼、砷、锑等的氯化物，因此，在用盐酸溶解这类试样时，必须注意可能带来的挥发损失。

(2) 硝酸：具有强酸性和强氧化性，几乎所有的硝酸盐都溶于水，除铂、金和某些稀有金属外，浓硝酸几乎能溶解所有的金属及其合金。铁、铝、铬等金属与硝酸作用会在表面形成氧化膜，产生“钝化”现象。锡、锑与硝酸作用生成溶解度很小的酸（偏锡酸、偏锑酸）。硝酸常用于溶解铜、银、铅、锰等金属及其合金，铜、铅、锡、镍、钼等的硫化物及砷化物等。

(3) 硫酸：具有强酸性，热浓硫酸有强氧化性和脱水能力，可使有机物碳化。除碱土金属及铅外，其他金属的硫酸盐都溶于水。常用于分解铬、铁、钴、镍等金属，萤石(CaF_2)、独居石(稀土和钍的磷酸盐)等矿物，以及分解样品中的有机物等。硫酸的沸点较高(338℃)，当硝酸、盐酸、氢氟酸等低沸点酸的阴离子对测定有干扰时，常加硫酸并蒸发至冒白烟除去。

(4) 磷酸：PO_4^{3-} 具有一定的配合能力，Fe^{3+}、Mo^{6+} 等在酸性溶液中能与 PO_4^{3-} 形成无色配合物。热的浓磷酸具有很强的分解能力，许多难溶性的矿石，如铬铁矿、钛铁矿、铌铁矿、金红石等均能被磷酸分解，是钢铁分析中常用的溶剂。

(5) 高氯酸：热的浓高氯酸具有很强的氧化性和脱水性，常用于溶解不锈钢、镍铬合金、汞的硫化物以及铬矿石等。高氯酸的沸点为 203℃，蒸发至冒烟时，可驱除低沸点酸。热浓的高氯酸遇到有机物或某些还原性物质时会发生爆炸，当试样中含有机物或还原性物质时，应先用浓硝酸破坏，然后加入高氯酸分解。

(6) 氢氟酸：酸性较弱，但 F^- 有很强的配位能力，能与 Fe^{3+}、Al^{3+}、Ti^{4+}、Zr^{4+}、W^{5+}、Nb^{5+} 等离子形成配离子而溶于水。用 HF 来溶解试样时，通常在铂皿或聚四氟乙烯器皿(温度低于 250℃)中进行。HF 对人体有害，使用时应注意安全。

(7) 混合酸：最常用的混合酸为王水和逆王水。王水是 HNO_3 与 HCl 按 1∶3(体积比)混合，逆王水则是 HNO_3 与 HCl 按 3∶1(体积比)混合，两者都具有强的氧化性。王水常用于分解金、钼、钯、铂、钨等金属，铋、铜、镍、钒等合金以及各种硫化物矿石。逆王水用于分解银、汞、钼等金属及硫化物矿石。

3) 碱性溶剂

主要为 NaOH 或 KOH 溶液。20%～30%的 NaOH 或 KOH 溶液可用来分解铝、锌等金属及它们的氢氧化物或氧化物，也可用于溶解钨、钼等酸性氧化物。

4) 有机溶剂

主要用于有机物的溶解，有时有些无机化合物也需溶解在有机溶剂中再测定，或利用它们在有机溶剂中溶解度的不同进行分离。

根据相似相溶原理，极性有机化合物易溶于甲醇、乙醇、乙腈等极性有机溶剂，非极性有机化合物易溶于氯仿、苯、环己烷等非极性有机溶剂。二甲基亚砜(DMSO)是一种重要的非质子极性溶剂，可与水互溶，其溶解能力非常强，可以溶解大部分的极性和非极性有机物，包括碳水化合物、聚合物以及肽等。

2. *熔融法*

熔融法是将试样与熔剂混合后，在高温下发生多相分解反应，使试样组分转化为易溶于水或酸的化合物的方法。根据所用熔剂的化学性质，熔融法可分为酸熔法和碱熔法两种。

1) 酸熔法

常用的酸熔剂有焦硫酸钾($K_2S_2O_7$)、硫酸氢钾($KHSO_4$)、氟氢化钾(KHF_2)和铵盐(NH_4F、NH_4Cl、NH_4NO_3 或它们的混合物)，适用于碱性或中性氧化物的分解。在 300℃以上时，$K_2S_2O_7$ 与 Fe_2O_3、TiO_2、Al_2O_3、Cr_2O_3、ZrO_2 等混合熔融，生成可溶性硫酸盐，可用于分解铝、铁、钛、铬、锆、铌等金属的氧化物及硅酸盐，煤灰，炉渣，中性或碱性耐火材料等。

例如，Fe_2O_3 在 $K_2S_2O_7$ 中的分解反应为：

$$Fe_2O_3 + 3K_2S_2O_7 = Fe_2(SO_4)_3 + 3K_2SO_4$$

$KHSO_4$ 加热脱水后可生成 $K_2S_2O_7$，其分解作用与 $K_2S_2O_7$ 一致。

KHF_2 和铵盐熔剂均为弱酸性熔剂。KHF_2 熔融时，F^- 具有配合作用，主要用于熔融分解硅酸盐、稀土和钍的矿石等。铵盐熔剂一般在 110～350℃下熔融分解铜、铅、锌的硫化物，铁矿，镍矿和锰矿等。

2）碱熔法

常用的碱熔剂有 Na_2CO_3、K_2CO_3、NaOH、KOH、Na_2O_2 和它们的混合物等，适用于酸性试样的分解。Na_2CO_3 的熔点为 850℃，K_2CO_3 的熔点为 890℃，Na_2CO_3 与 K_2CO_3 按 1∶1 形成的混合物的熔点为 700℃左右，常用于分解硅酸盐、酸性炉渣等。分解硫、砷、铬的矿样时，采用 Na_2CO_3 中加入少量氧化剂（如 KNO_3 或 $KClO_3$）的混合熔剂，使它们分解并氧化为 SO_4^{2-}、AsO_4^{3-}、CrO_4^{2-}。

例如，Na_2CO_3 与钠长石（$Al_2O_3 \cdot 2SiO_2$）的分解反应：

$$Al_2O_3 \cdot 2SiO_2 + 3Na_2CO_3 = 2NaAlO_2 + 2Na_2SiO_3 + 3CO_2 \uparrow$$

为分解完全，熔融时需要加入过量的熔剂，用量一般为试样的 6～12 倍。由于熔剂对坩埚腐蚀较严重，熔融时应注意正确选用坩埚材料，减少坩埚损坏，同时尽量避免引入坩埚杂质，保证分析的准确度。例如，以 $K_2S_2O_7$ 为熔剂时，可采用铂或石英坩埚，而以铵盐为熔剂时，其熔融温度为 110～350℃，一般采用瓷坩埚。高熔点的 Na_2CO_3 或 K_2CO_3 碱性熔剂一般在 900～1200℃下铂坩埚中溶解试样。

3. 烧结法

烧结法又称半熔法。该法是在低于熔点的温度下，将试样与熔剂混合加热反应。与熔融法相比，烧结法的温度较低，不易损坏坩埚而引入杂质，但加热所需时间较长，可以在瓷坩埚中进行。常用的熔剂有 Na_2CO_3 - MgO（或 ZnO）（1∶2）、Na_2CO_3 - NH_4Cl、$CaCO_3$ - NH_4Cl 等。

例如，以 Na_2CO_3 - ZnO 为熔剂，用烧结法分解煤或矿石中的硫。Na_2CO_3 起熔剂的作用，ZnO 起疏松和通气的作用，使空气中的氧将硫化物氧化为硫酸盐。用水浸取反应产物时，SO_4^{2-} 形成钠盐进入溶液中，SiO_3^{2-} 大部分析出为 $ZnSiO_3$ 沉淀。又如测定硅酸盐中的 K^+、Na^+ 时，可采用 $CaCO_3$ - NH_4Cl 熔剂分解硅酸盐。烧结温度为 750～800℃时，反应产物仍为粉末状，但 K^+、Na^+ 已转化为氯化物，可用水浸出。

4. 灰化法

灰化法常用于有机试样或生物试样的分解，分解方式分为湿法和干法两类。

1）湿法

湿法又称湿式消化或湿式煮解。湿法通常以硝酸和硫酸混合物作为溶剂，与试样混合置于克氏烧瓶中加热煮解。在消化过程中，有机物被氧化成二氧化碳、水及其他挥发性产物，余留的无机成分转化为相应的盐或酸。此法适用于测定有机物中的金属、硫、卤素等元素。为了达到更好的消化效果，还可使用硝酸、高氯酸和硫酸的混合溶剂（体积比 3∶1∶1）。使用高氯酸消化时，应特别注意，高氯酸不能直接加入有机试样中，可先加入过量的硝酸，以防止高氯酸引起爆炸。

2）干法

干法又称干法灰化，是将有机试样在一定温度下加热或燃烧，使试样分解、灰化，留下的残渣用适当的溶剂溶解。由于干法无须熔剂，避免了外部杂质的引入，空白值低，适合于有机物中微量无机元素的分析测定。

根据灰化条件的不同，干法灰化主要有：氧瓶燃烧法、定温灰化法和低温灰化法。氧瓶燃烧法是在充满 O_2 的密闭瓶内，用电火花引燃有机试样，瓶内放置适当的吸收剂以吸收燃烧产物。该法广泛用于有机物中卤素、硫、磷、硼等元素的测定，也可用于有机物中部分金属元素，如 Hg、Zn、Mg、Co 等的测定。

定温灰化法是将试样置于蒸发皿中或坩埚内，在空气中，于一定温度范围（500～550℃）内加热分解、灰化，所得残渣用适当溶剂溶解后进行测定。此法常用于测定有机物和生物试样中的无机元素，如 Sb、Cr、Fe、Na、Sr、Zn 等。

低温灰化法是通过电激发产生的活性氧游离基来分解有机试样。氧游离基的活性很强，在低温下（100℃）即可使试样分解，可以最大限度地减少挥发损失，用于生物试样中 Be、Cd、Te 和 As 等易挥发元素的测定。

5. *微波消解法*

微波消解是近年发展起来的一种重要的样品处理制备技术。与传统的消解技术相比，微波消解法具有消解时间短、消解效率高、试剂用量少、杂质干扰少以及易实现自动化的优点，广泛用于环境、生物、地质和冶金试样的测定。

微波是波长在 0.1 mm～1 m 范围内的电磁波，具有较强的穿透能力，是一种特殊的能源。与常规的“由表及里”的外加热方式不同，微波加热是一种“内加热”，即试样与适当溶剂的混合物在微波产生的交变磁场作用下，发生介质分子极化。极化分子在高频磁场中交替排列，导致分子高速振荡，产生剧烈的振动和碰撞，使分子获得高能量，致使试样内部的温度迅速升高。试样表层因分子间的剧烈碰撞，不断被搅动而破裂，促使试样迅速分解。由于微波可以穿入试样的内部，在试样的不同深度同时产生热效应，使加热更快速、更均匀，大大缩短了消解的时间，提高了消解效率。例如，锆英石用微波消解在 2 h 之内即可分解完成，而用传统的高压消解法则需 1～2 天。又如，经典的氨基酸水解是在 110℃水解 24 h，而用微波在 150℃下消解氨基酸样品，不但能够切断大多数肽键，还可将时间缩短至 10～30 min，而且不会造成丝氨酸和苏氨酸的损失。

微波消解中常用的试剂一般为酸，如 HNO_3、HCl、HF 等，这些试剂均为良好的微波吸收体。试样加酸后，不能立即进行微波加热，需观察加酸后试样的反应。若反应激烈，则需要先放置一段时间，等待激烈反应过后再进行微波消解。

微波加热的快慢及消解时间的长短，不仅与微波的功率有关，还与试样组成、浓度以及所用试剂的种类和用量有关。要把一个试样在较短的时间内消解完全，应选择合适的酸、微波功率与时间。

第三节　有效数字及其处理规则

在分析测试中，常涉及大量数据的记录、处理和计算。正确记录、科学处理对分析结果的表达至关重要。因此，有必要了解有效数字的概念、修约规则和运算规则，避免数据在记录和计算过程中出现随意性和不合理的情况，影响分析结果的准确度。

一、有效数字的概念

有效数字是指在分析工作中实际能测量到的数字。在测量过程中，分析结果所表达的不仅仅是试样被测组分的含量，还反映了测量的准确程度。因此，实验数据记录中保留几位数字不是任意的，而是要根据测量仪器、分析方法的准确度来决定。例如，在进行滴定操作中，读得滴定体积为25.62 mL。在这个四位数字中，前三位数字都是很精确的，第四位数是估读出来的，被称为可疑数字。一般有效数字的最后一位数字有±1个单位的误差。这四位数字都是有效数字，它不仅表明了具体的滴定体积，也表明了测量的精度为±0.01 mL。

由于有效数字位数与测量仪器精度有关，实验数据中任何一个数都是有意义的，数据的位数不能随意增加或减少，如分析天平称量某物质为0.250 0 g(分析天平能准确至0.1 mg)，不能记录为0.250 g或0.25 g。确定有效数字位数时应遵循以下几条原则。

(1) 在记录测量数据时，只允许在测量值的末位保留1位可疑数字。

(2) 数字1～9均为有效数字，数字0是否是有效数字，要看它在数据中所处的位置。当0位于数字1～9之前，如0.006 7 g，前3个0不是有效数字，只起定位作用；当0位于数字1～9之间，如25.03 mL，0是有效数字；当0位于数字1～9之后，如1.600 0 g，0也是有效数字，它除了表示数量值外，还表示该数值的精确程度。

(3) 变换单位时，有效数字的位数必须保持不变。例如：0.003 5 g应写成3.5 mg；1.0 L应写成1.0×10^3 mL。

(4) 在分析化学计算中，常常会遇到一些非测量所得的自然数，如测量次数、计算中的倍数、分数关系、化学计量关系等，这类数字为非测量值，可认为是无限多位有效数字，运算过程中不能由它来确定计算结果的有效数字的位数。

(5) 对于pH及pK等对数值，其有效数字仅取决于小数部分数字的位数，而其整数部分的数值只代表原数值的幂次。例如：pH = 11.25，对应的H^+浓度$c_{H^+} = 5.6\times10^{-10}\ mol\cdot L^{-1}$，有效数字是2位而非4位。

二、有效数字的修约规则

从误差传递原理可知，凡通过运算所得的分析结果，其误差总比各测量值的误差大。计算结果的有效数字位数受到各测量值(特别是误差最大的测量值)的有效数字位数限制。因此，对有效数字位数较多(即误差较小)的测量值，须将其多余的数字(称为尾数)舍弃，这个过程称为“数字修约”，其基本原则如下。

1. 采用"四舍六入五留双"的规则进行数字修约

当测量值尾数小于 4 时，舍弃；大于 6 时，进位；等于 5，且 5 后面数字为"0"时，则根据 5 前面的数字是奇数还是偶数，采取"奇进偶舍"的方式进行修约，使被保留数的末位数字为偶数；若 5 后的数字不为"0"，则此时无论 5 前面是奇数或是偶数，均应进位。

例如，将以下测量值修约为 4 位有效数字：16.024 2，16.026 2，16.015 0，16.025 0，16.025 1。其结果为：16.02，16.03，16.02，16.02，16.03。

2. 禁止分次修约

修约数字时，只允许对原始测量值一次修约至所需位数，不能分次修约，否则会得出错误的结果。例如将 5.314 9 修约为 3 位有效数字，不能先修约成 5.315，再修约为 5.32，应该一次修约为 5.31。

三、有效数字的运算规则

不同位数的有效数字进行运算时，其结果的有效数字位数的保留与运算类型有关。

1. 加减法

几个数相加减时，其和或差的有效数字应以各数中小数点后位数最少的数字为准，即以其绝对误差最大者为准。例如：

$$0.0532+26.54+1.0767=?$$

上式 3 个数据中，小数点后位数最少者是 26.54，其绝对误差最大，故应以 26.54 为准，结果应保留到小数点后第 2 位，即

$$0.0532+26.54+1.0767=27.67$$

2. 乘除法

几个数相乘除时，所得的积或商的有效数字应以各数中有效数字位数最少者为准，即以相对误差最大者为准。例如：

$$14.82\times0.0212\times1.9643=?$$

上式 3 个数据中，0.021 2 的有效数字位数最少，故应以 0.021 2 为准，最后结果保留 3 位有效数字，即

$$14.82\times0.0212\times1.9643=0.617$$

3. 几项规定

(1) 在运算中，首位数字大于或等于 8 时，如 9.01、8.75，它们的相对误差绝对值约为 0.1%，与 10.05、11.65(4 位有效数字)数值的相对误差绝对值接近，故在运算中可看成 4 位有效数字。

(2) 在进行大量数据运算时，为防止误差迅速累积，对所有参加运算的数据可先多保留 1 位有效数字(称为安全数)，但运算的最后结果仍按上述原则取舍。使用计算器进行运算时，可以先计算后修约，正确保留最后计算结果的有效数字位数。

(3) 在计算分析结果时，高含量(>10%)组分的测定，一般要求保留4位有效数字；含量在1%～10%之间通常要求保留3位有效数字；含量小于1%的组分只要求保留2位有效数字。分析中各类误差、偏差的计算，一般保留1～2位有效数字。

第四节　实验数据的采集和处理

为了得到准确的结果，实验数据的正确采集和科学处理是分析测试工作必不可少的两个重要环节。

一、实验数据的采集

实验数据的采集通常有自动采集和人工采集两种方式。自动采集一般采用与计算机联用的技术，根据程序进行实时采集。在以化学反应手段为主的化学实验中，大多采用的是人工采集。即通过测定，记录相应的实验数据。在人工实验数据采集中应保证实验数据的完整、客观和真实。通常应注意以下几个方面。

(1) 要养成记录所有原始数据的良好习惯。如，在记录滴定消耗的体积时，应按以下方式记录：

初读数 /mL	0.02
末读数 /mL	25.68
滴定体积 V/mL	25.66

而不能只记下：V=25.66 mL。

(2) 所记录的实验数据应准确、清晰，不得随意涂改，也不得使用铅笔、橡皮和涂改液等。若看错刻度或读错数据，需要修正时，应在原数据旁写上正确数据，加以说明，并保留原数据备查。如：在读取滴定管读数时将23.86错看成23.36，这时不可以直接将3涂改成8，而应将原数据用一条横线划去，在旁边写上正确的数据，并对造成修改的原因加以说明，即按以下方式改正：

23.86
V=~~23.36~~ mL(看错)

(3) 实验数据应及时记录在实验预习报告本上，不要凭记忆或随手记在小纸条上，否则万一遗忘或遗失都将造成不可挽回的损失。

(4) 有些实验应注意记录有关的实验条件，如温度、大气压、湿度、仪器、校正值等。记录数据时还应注明其实验内容(标题)及所用单位。对一些重要的实验现象也应予以记录。

二、实验数据的处理

实验得到的数据包含了许多信息，所以需要对这些数据用科学的方法进行归纳与整理，提取出有用的信息。对实验数据进行处理，首先要剔除不可靠的数据，然后用列表或作图的方法将实验数据以一定的规律表达出来，再根据测定的目的、要求进行数据处理，最后报告结果或对测定结果进行分析和评价。

1. 可疑位的取舍

在实验采集到的数据中，若个别数据差异较大，就要将实验数据进行整理和分析。如果数据是由于过失造成的，比如试样溶解时有溶液溅出、滴定过量等，则这一数据必须弃去。若非这种情况，则对可疑值不能随意取舍。统计学处理可疑值的方法很多，下面介绍 Q 检验法。

（1）将实验数据从小到大排列：$X_1, X_2 \cdots\cdots X_n$，其中，$X_n$ 设为可疑值；

（2）计算 Q 值：

$$Q=\frac{X_n-X_{n-1}}{X_n-X_1} \text{ 或 } Q=\frac{X_2-X_1}{X_n-X_1}$$

（3）根据测定次数和要求的置信度查 Q 值表；

（4）将计算所得 $Q_{计}$ 值与查表（见表 4.2）所得 $Q_{表}$ 值相比较，若 $Q_{计} > Q_{表}$，则该可疑值应舍去，否则应保留。

表 4.2　Q 值表

测定次数 n		3	4	5	6	7	8	9	10
置信度	90%	0.94	0.76	0.64	0.56	0.51	0.47	0.44	0.41
	96%	0.98	0.85	0.73	0.64	0.59	0.54	0.51	0.48
	99%	0.99	0.93	0.82	0.74	0.68	0.63	0.60	0.57

2. 数据列表

将实验所得的数据以表格的形式按对应关系一一列出，这样具有简单、直观的特点，使人一眼便可看出实验测量的数据所反映出的结果，同时也便于对数据进行处理和运算。列表时需注意以下几个方面。

（1）每一个表都应有简明完备的名称。

（2）在表的每一行或每一列的第一栏，要详细地写出名称、单位等，数据应尽量化为最简单的形式，一般为纯数。

（3）在每一列中数字排列要整齐，位数和小数点要对齐，有效数字的位数要合理。

（4）原始数据可与处理的结果写在一张表上，在表下写明分析结果计算公式。

3. 数据作图

有些实验数据具有连续变化的规律，将这些实验数据用作图的方式表达出来，可以更加形象和直观地表示出其规律性和特征，并可以从图中求得最大或最小值、转折点、斜率、截距、内插值、外推值等。作图时应遵循以下规则。

（1）通常采用 mm 方格纸为作图纸，在作图时，一般以自变量为横坐标，因变量为纵坐标，且应在相应坐标轴旁标明所代表的变量的名称及其单位。

(2) 在确定标度时，坐标标度应取容易读数的分度，如1、2、5的倍数，切忌采用3、7、9的倍数。坐标分度的设置要正确反映数据的有效数字，使从图中读出的物理量的精度与测量的精度一致。坐标起点不一定从“0”开始，应充分合理地利用图纸的全部面积。

(3) 将数据点以○、×、△、□等符号标注于图中，符号的中心所在即表示读数值，符号的面积大小要与测量误差相适应。若在一幅图上作多条曲线，应采用不同符号来区分，并在图上注明。

(4) 用直尺或曲线板将各数据点连成光滑的线，所作的直线或曲线应尽可能通过所有数据点，若不能完全通过，应尽量使曲线两边的数据点个数大致相等。

(5) 作图纸几何面积不应太大或太小，以图线能清晰展示又不太浪费为准则。若所作图形为直线，应使直线与横坐标的夹角为45°左右。

(6) 写上数据曲线图的标题，并注明各曲线包含的相应内容和实验条件。

随着计算机的普及和广泛应用，现在可运用计算机的作图软件方便快捷地进行处理。但在利用计算机作图时，同样也要遵循以上规则。

第五节　Origin软件在分析化学实验数据处理中的应用

在化学实验数据处理中，如果使用手工作图，同一组实验数据，不同的操作者处理，得到的结果很可能不同；即使同一操作者在不同的时间处理，结果也不完全一致。而且，有些实验数据处理起来非常烦琐，手工作图往往耗费几个小时的时间，处理过程中稍有不慎，就会导致整个结果错误。Origin软件可以准确地完成化学实验中不同类型的数据处理，结果的精确度高，绘出的图形细致、美观，而且使用方便，无须编程，整个处理过程简单、直观。

一、Origin软件的使用方法

Origin是美国OriginLab公司推出的一个在Windows操作平台下用于数据分析和绘图的工具软件。Origin软件目前的最新版本为Origin 8.6，版本不同，功能略有不同，但基本功能是相似的，本文介绍的为通用使用方法。使用Origin软件作图的一般步骤如下。

1. 数据输入

当Origin启动或新建一个文件时，默认设置是一个工作表（WorkSheet）窗口，该窗口缺省为A(X)、B(Y)两列，分别代表自变量和因变量。实验数据可以手动输入到工作表中，也可以从其他文件导入到工作表中。

2. 制图

在工作表窗口中选定用来作图的数据列或数据范围，点击“绘图（Plot）”菜单中的预制图形模式，如绘制吸收曲线则应选择折线图（Line），绘制标准曲线则应选择散点图（Scatter），之后再做线性拟合。

3. 图形编辑

前面得到的图形存在很多缺陷，如坐标轴刻度不美观、无坐标说明等，需要进一步对其进行格式的编辑。对坐标轴的编辑基本可以通过打开坐标轴对话框来实现:双击坐标轴,或右击坐标轴,选择快捷菜单命令"Scale"→"Tick Labels"或"Properties"。对坐标说明文本的编辑可以通过双击坐标说明文本框直接进行修改或右击坐标说明文本框,选择快捷菜单命令"Properties",打开坐标说明文本对话框来实现。图形标题、实验条件描述等内容可以通过添加文本框来标注在图形上:左击左边工具栏中"T"图标,然后在要添加标注的地方点击,输入文字。曲线编辑可在"绘图细节(Plot Details)"对话框中进行:双击要编辑的数据曲线或图例中的曲线标志;或在图形区域右键选择快捷菜单命令"绘图细节(Plot Details)"。

4. 图形输出利用

在图形窗口激活状态下,点击"编辑(Edit)"菜单,选择"复制页面(Copy Page)",将当前绘图窗口中绘制的整个页面拷贝至 Windows 系统的剪贴板,这样就可以在其他应用程序如 Word 中进行粘贴等操作。

二、Origin 软件用于分析化学实验数据处理

1. 线性拟合

分析化学实验经常采用标准曲线法对未知试样溶液浓度进行分析,"线性拟合"是经常用到的数据图形处理手段。其方法如下:在工作表窗口中输入实验测得的数据,选定用来作图的数据列或数据范围,点击"绘图(Plot)"菜单中的"散点图(Scatter)",得到数据图形。此时若发现个别数据点偏离严重或有的数据不希望参与拟合统计,这些数据最好也不要删除,可采用掩蔽的方式将其排除在拟合统计的范围之外。掩蔽法既可以有效地保证原始数据的完整性,又不影响数据的统计分析。数据点掩蔽方法如下:在绘图窗口中单击右键,从跳出的下拉菜单中选择"掩蔽(Mast)"→"点(Point by Point)",此时鼠标箭头变成方形数据点选择模式,双击欲掩蔽的数据点会发现数据点的原有颜色发生了变化,表明掩蔽成功。在"工具(Tools)"菜单下选择"线性拟合(Linear Fit)",在弹出的工具箱上设置好各个选项(或用缺省值),然后点击"拟合(Fit)"键,在绘图窗口中就会给出拟合出来的直线。从"视图(View)"中选择"结果日志(Results Log)",在弹出的窗口中可查看拟合参数,如回归系数、直线的斜率和截距等。在线性拟合工具箱下端"Find Y"中输入 Y 值,点击"Find X",即可以内插法确定相应的 X 值。

2. 在同一张图上绘制多条线

在分析化学实验中,经常遇到需要将多组数据呈现在一幅图上的情况,例如邻苯二甲酸存在下的蒽醌含量的测定、双波长分光光度法都需要在同一张图上绘制多条吸收曲线,以便排除干扰选取合适的入射波长。下面以邻苯二甲酸存在下的蒽醌含量的测定为例,讲述如何在同一张图上绘制多条线。

打开 Origin 7.5,将蒽醌和邻苯二甲酸酐的吸收曲线数据分别输入到工作表中的 A(X)、B(Y1)、C(Y2)、D(Y3)列中。双击 C 列标签,在弹出的数据表格式化窗口中修改列标识(Plot Designation)为 X,点击"确定(OK)"返回数据表,此时整个数据表的列名称变为 A(X1),B(Y1),C(X2),D(Y2)。按住鼠标左键拖动选定工作表中的 A、B、C 和 D 列,点击工具栏上"绘图(Plot)"→"折线图(Line)",蒽醌和邻苯二甲酸酐的吸收曲线就被同时绘制在

同一张图上。双击图线打开“绘图细节(Plot Details)”对话框，对曲线进行适当编辑，如：改变“数据点连接线类型”让曲线变得平滑美观，改变“线型风格”让多组数据线区别开来，改变“线宽”让图线粗细更符合要求。另外，改变图例说明或添加文本对两条曲线加以说明。同时对坐标轴、坐标说明文本进行必要的编辑以使图形更规范，以便后期输出利用。最后，点击左侧工具栏中的屏幕读取工具 ⌖ ，读出邻苯二甲酸酐存在下蒽醌含量测定的适宜入射波长。

3. 二次微商法确定电位滴定终点

在分析化学所有实验数据处理方法中，最为烦琐的是电位滴定分析中的二次微商法确定电位滴定终点。若按传统的手工计算及作图方法，均难以避免计算烦琐、容易出错及手工绘图麻烦等缺点。利用 Origin 强大的计算绘图功能，可以将实验结果轻松处理。下面以 $AgNO_3$ 标准溶液滴定 NaCl 和 NaI 混合溶液为例，讲述如何利用二次微商法确定电位滴定终点。

打开 Origin 7.5，在工作表中输入实验所得数据，选中所要绘图的数据，点击工具栏上“绘图(Plot)”→“折线图(Line)”，即可绘制出一条滴定曲线。点击工具栏上的“分析(Analysis)”→“微积分(Calculus)”→“微分(Differentiate)”可以对滴定曲线进行微商处理，点击一次为一次微商，再点击一次为二次微商。利用工具栏上的屏幕读数工具 ⌖ ，读出二次微商曲线上 Y=0 时对应的 X 值即为滴定终点的体积。

第五章　化学分析实验

化学分析法是以化学反应为基础的分析方法，主要包括滴定分析法和重量分析法，通常用于待测组分质量分数在1%以上的中高含量组分的分析测定。本章主要介绍了化学分析实验中的基本操作实验，以及滴定分析法和沉淀重量分析法中涉及的常用实验项目。

第一节　化学分析基本操作

实验一　分析天平的称量练习

一、实验目的

(1) 了解分析天平的构造，学习分析天平的正确操作方法。

(2) 初步掌握直接称量法、减量称量法的操作方法。

(3) 学会正确读数及正确运用有效数字。

二、仪器与试剂

(1) 仪器：分析天平，台秤，锥形瓶(250 mL)，干燥器，称量瓶，小玻璃棒。

(2) 试剂：NaCl 固体。

三、实验内容

1. 直接称量法

称取一小玻璃棒的质量，准确至小数后第四位，称出质量并记录后与标准值核对。

2. 减量称量法

称取三份 NaCl 于锥形瓶中，质量为 0.4～0.6 g，准确至小数点后第四位。

四、数据记录

1. 直接称量法

(1) (　)号玻璃棒。

（2）玻璃棒的质量为（　）g。

2. 减量称量法

	Ⅰ	Ⅱ	Ⅲ
称取瓶＋NaCl 的质量/g（倒出前）			
称取瓶＋NaCl 的质量/g（倒出后）			
NaCl 的质量/g			

五、思考题

（1）在称量的数据记录中，如何正确运用有效数字？

（2）在称量样品时若要求称量误差不大于±0.1%，则直接称量时应至少要称取多少克？减量称量时应至少要称取多少克？

实验二　容量仪器的校准

一、实验目的

（1）初步学习滴定管、容量瓶和移液管的使用方法。

（2）掌握分析天平的称量操作。

（3）了解容量仪器校准的意义，掌握容量仪器的校准方法。

二、量器校准原理

滴定分析法所用的量器主要有三种：滴定管、移液管和容量瓶。测量溶液体积可用不同的量器，滴定管和移液管所表示的容积，是指放出液体的体积，称为量出式容器，在仪器上常以 A 标记；容量瓶所表示的容积是指它容纳液体的体积，称为量入式容器，在仪器上常以 E 标记。

严格地讲，容量仪器的容积不一定与它所标示的体积（mL）完全一致。因此，在准确度要求很高的分析中，必须对以上三种量器进行校准。

校准容量仪器的方法通常有两种。

1. 相对校准

当要求两种容量器皿有一定的比例关系时，可采用相对校准的方法。例如用 25 mL 移液管量取液体的体积应等于 250 mL 容量瓶容纳体积的 1/10。

2. 绝对校准

绝对校准是测定容量器皿的实际容积，常采用称量法。即在分析天平上称量容器容纳或放出纯水的质量。查得该温度时纯水的相对密度 ρ，根据公式 $V=m/\rho$，将纯水的质量换算成纯水的体积。但是玻璃容器和水的体积均受温度的影响，称量时也受空气浮力的影

响,故校准时应考虑下列三种因素:

(1) 水的相对密度受温度的影响;

(2) 在空气中称量时受空气浮力的影响;

(3) 玻璃的膨胀系数随温度变化的影响。

将上述三种因素考虑在内,可以得到一个总校准值,由总校准值得出表 5.1 所示数据。

表 5.1 充满在 1 mL(20℃)玻璃器皿中的纯水质量

(在空气中用黄铜砝码称量)

温度/℃	1 mL 水的质量/g	温度/℃	1 mL 水的质量/g	温度/℃	1 mL 水的质量/g
10	0.998 39	17	0.997 66	24	0.996 38
11	0.998 32	18	0.997 57	25	0.996 17
12	0.998 23	19	0.997 35	26	0.995 93
13	0.998 14	20	0.997 18	27	0.995 69
14	0.998 04	21	0.996 96	28	0.995 44
15	0.997 93	22	0.996 80	29	0.995 18
16	0.997 80	23	0.996 60	30	0.994 91

利用表 5.1,可以方便地将水的质量换算成测试温度下的体积。例如:在 21℃时由滴定管放出 10.03 mL 水,其质量为 10.04 g。查表 5.1 可知 21℃时 1 mL 水的质量为 0.996 96 g,因此,其实际容积为

$$V_t = 10.04/0.99696 = 10.07(\text{mL})$$

故该滴定管从 0～10 mL 刻度这一段容积的误差为 10.07－10.03 ＝0.04(mL)。按同样方法可以计算出滴定管各部分容积的误差值。

三、仪器

分析天平,酸式滴定管(50 mL),容量瓶(250 mL),移液管(25 mL),具塞锥形瓶(50 mL),普通温度计(0～50℃或 0～100℃),透明胶纸。

四、实验内容

1. 滴定管的校准

准备一只洗净且外部擦干的具塞 50 mL 锥形瓶,在分析天平上称出其质量(称准至 0.001 g),记录数据。将待校准的滴定管充分洗净,加水调至滴定管“零”刻度处,记录滴定管初始读数。然后以每分钟不超过 10 mL 的流速放出 10 mL 水(不必恰等于 10 mL,但相差也不应大于 0.1 mL),置于此锥形瓶中,记录滴定管的读数。将锥形瓶玻璃塞盖上,称出它的质量,并记录,两次质量之差即为放出水的质量。

滴定管以 10 mL 作为一个量程段,每个量程段都需做校准。同时测量水温,查表 5.1,

求出各段滴定管体积的校准值。以滴定管读数为横坐标，校准值为纵坐标，绘制滴定管校准曲线。滴定管校准记录格式参见表5.2。

表5.2 滴定管校准

滴定管读数/mL	读出的体积/mL	(瓶+水)的质量/g	水的质量/g	实际体积/mL	校准值/mL
(初始读数)		(空瓶)			

(水的温度________℃，1 mL水的质量________g)

2. 移液管和容量瓶的相对校准

在实验中，移液管与容量瓶配合使用，在这种情况下，只需要知道它们之间的体积相对比例关系。因此，只需做移液管与容量瓶体积的相对校准即可。

校准的方法是：取洗净、干燥的250 mL容量瓶1只，用25 mL移液管准确移取纯水10次，放入容量瓶中。然后观察容量瓶中液面最低点是否与标线相切，如不相切，用透明胶纸另做标记，使用时即用此记号。

经相互校准后的移液管和容量瓶必须配套使用。

五、思考题

(1) 称量水的质量时，应称准至小数点后第几位数字？为什么？

(2) 将纯水从滴定管放入容量瓶内时应注意哪些问题？

(3) 滴定管校正时，为什么要用具塞锥形瓶？

(4) 影响容量器皿校正的主要因素有哪些？

第二节 酸碱滴定

实验三 酸碱标准溶液的配制和体积的比较

一、实验目的

(1) 了解标准溶液的配制方法。

(2) 掌握滴定管的正确使用和准确地确定终点的方法。

(3) 熟悉甲基橙和酚酞指示剂的使用和终点的颜色变化。

(4) 学习正确记录数据和结果处理的方法。

二、实验原理

标准溶液是指已知准确浓度的溶液。一般采用下列两种方法配制。准确称取一定量的物质溶解后定量转移入容量瓶,即可求出标准溶液的准确浓度,这种方法称直接法。适用这个方法配制标准溶液的物质必须符合基准物质的要求。很多物质的标准溶液不能用直接法配制,可先配制接近于所需要浓度的该种物质的溶液,然后用基准物来标定其浓度,这种方法称间接法。本实验用间接法配制酸碱标准溶液。

三、仪器和试剂

(1) 仪器:酸式滴定管,碱式滴定管,台秤,烧杯(150 mL),锥形瓶(250 mL),试剂瓶(500 mL),量筒(10 mL 或 100 mL)。

(2) 试剂:NaOH,盐酸(6 mol・L^{-1}),0.1%甲基橙指示剂,1%酚酞指示剂。

四、实验内容

1. 0.1 mol・L^{-1} HCl 溶液的配制

用量筒量取盐酸 9.0 mL,倾入洗净的溶液瓶中,用蒸馏水稀释到 500 mL,塞上瓶塞,摇匀,贴上标签。

2. 0.1 mol・L^{-1} NaOH 溶液的配制

用小烧杯在台秤上称取固体 NaOH 2 g,加蒸馏水使 NaOH 全部溶解,将溶液倾入洗净的溶液瓶中,用蒸馏水稀释至 500 mL,以橡皮塞塞住瓶口,充分摇匀,贴上标签。

3. 酸碱标准溶液体积的比较

1) 滴定管的准备

将两支滴定管(一支酸式,一支碱式)洗涤干净,用 0.1 mol・L^{-1} HCl 溶液淋洗酸式滴定管三次,每次 5~10 mL,以除去滴定管壁及活塞上的水分。然后将 HCl 溶液装入酸式滴定管中,赶出尖嘴部分的气泡,调至近零刻度(初始读数),静止 1 min 后准确读数,并记录。

同样,用 0.1 mol・L^{-1} NaOH 溶液淋洗碱式滴定管三次。然后将 NaOH 溶液装入碱式滴定管中,排出乳胶管段的气泡,调至近零刻度(初始读数),静止 1 min 后准确读数,并记录。

2) 酸碱标准溶液体积的比较

从碱式滴定管中放出 20~30 mL NaOH 溶液于 250 mL 锥形瓶中,加入 2 滴甲基橙指示剂。用 0.1 mol・L^{-1} HCl 溶液滴定,不断旋摇锥形瓶使溶液混合均匀。当接近计量点时(滴入 HCl 溶液后,红色在瓶中呈圆形消失的速度越来越慢时),则必须一滴一滴地滴入甚至半滴半滴地滴入,直到溶液由黄色变为橙色。再将锥形瓶移至装碱溶液的滴定管下慢慢滴入碱液,使再现黄色,然后再以酸溶液滴定至橙黄色,练习至达到当加入一滴或半滴 HCl 溶液后溶液的颜色就由黄色突变为橙色,能较为熟练地判断滴定终点为止。准确读取两滴定管的读数，并记录。

如上操作重复滴定两次。根据滴定结果计算 HCl 溶液与 NaOH 溶液的体积比，即求出 V_{HCl}/V_{NaOH} 和相对平均偏差。

再以酚酞为指示剂用 NaOH 溶液滴定 HCl 溶液，将所得结果与甲基橙为指示剂的结果进行比较，得出结论。

以甲基橙为指示剂的实验数据记录及结果处理格式参见表 5.3。

表 5.3　酸碱标准溶液体积的比较

	Ⅰ	Ⅱ	Ⅲ
V_{HCl} 终读数/mL			
V_{HCl} 初始读数/mL			
V_{HCl}/mL			
V_{NaOH} 终读数/mL			
V_{NaOH} 初始读数/mL			
V_{NaOH}/mL			
V_{HCl}/V_{NaOH}			
平均值			
相对平均偏差/%			

五、思考题

（1）为什么 HCl 和 NaOH 标准溶液不能用直接法准确配制？

（2）配制酸碱标准溶液时，试剂只用量筒量取或用台秤称取，这样做是否太马虎？

（3）两支滴定管使用前为什么要用所盛溶液洗三次？锥形瓶是否也要用所盛溶液洗三次？为什么？

实验四　NaOH 标准溶液浓度的标定

一、实验目的

（1）学会标准溶液浓度的标定方法。

（2）进一步熟练称量和滴定操作。

（3）进一步学习正确的记录实验数据和分析结果处理的方法。

二、实验原理

NaOH 标准溶液是采用间接法配制的，其准确的浓度必须依靠基准物进行标定。标定

NaOH 溶液的基准物很多，如邻苯二甲酸氢钾、草酸。

以邻苯二甲酸氢钾为例，邻苯二甲酸氢钾是一种二元弱酸的共轭碱，它的酸性较弱 $K_a=2.9\times10^{-6}$。以它为基准物标定 NaOH，化学计量点时的反应产物是邻苯二甲酸钾钠，在水溶液中显微碱性，因此可用酚酞作指示剂。标定反应如下：

$$KHC_8H_4O_4+NaOH = KNaC_8H_4O_4+H_2O$$

三、仪器与试剂

(1) 仪器：分析天平，碱式滴定管，锥形瓶(250 mL)，量筒(100 mL)。

(2) 试剂：$0.1\ mol\cdot L^{-1}$ NaOH 标准溶液，0.1%酚酞指示剂。

四、实验内容

从称量瓶中用减量法准确称取邻苯二甲酸氢钾三份，每份为 0.4～0.6 g，置于 250 mL 锥形瓶中，各加 50 mL 蒸馏水，使之溶解。加酚酞指示剂 1～2 滴，用欲标定的 NaOH 溶液滴定，近终点时要逐滴或半滴加入，直至溶液由无色突变为粉红色，并在 30 s 内不褪色即为终点，读取读数。用同样方法滴定另外两份邻苯二甲酸氢钾。

根据邻苯二甲酸氢钾的质量和所消耗 NaOH 标准溶液的体积，计算 NaOH 标准溶液的浓度。

求出三份测定结果的相对平均偏差，应小于 0.3%。

五、思考题

(1) 如何计算称取基准物邻苯二甲酸氢钾的质量范围？称得太多或太少对标定有何影响？

(2) 溶解基准物时加入的 50 mL 水，是否需要准确量取？为什么？

(3) 用邻苯二甲酸氢钾标定 NaOH 溶液时，为什么用酚酞而不用甲基橙作指示剂？

实验五　HCl 标准溶液浓度的标定

一、实验目的

(1) 进一步掌握标准溶液浓度的标定方法。

(2) 熟练掌握称量和滴定操作。

二、实验原理

采用间接法配制 HCl 标准溶液，然后用无水碳酸钠或硼砂作基准物，标定 HCl 标准溶液的浓度。以无水碳酸钠为基准物标定 HCl 时，标定反应如下：

$$Na_2CO_3+2HCl = 2NaCl+H_2O+CO_2\uparrow$$

滴定至化学计量点时，溶液的 pH 值为 3.9，可采用甲基橙作指示剂。

三、仪器与试剂

(1) 仪器：分析天平，酸式滴定管，锥形瓶(250 mL)，量筒(100 mL)。

(2) 试剂：0.1 mol·L^{-1} HCl溶液，0.1%甲基橙指示剂。

四、实验内容

用减量法准确称取无水碳酸钠三份(其质量按消耗20～30 mL 0.1 mol·L^{-1} HCl计算)，置于3只250 mL锥形瓶中，各加水50 mL使之溶解。加甲基橙1滴，用欲标定的HCl溶液滴定，直至滴加半滴HCl溶液恰使溶液由黄色转变为橙色时即为终点。读取读数，并记录。

用同样方法滴定另外两份Na_2CO_3溶液。

根据Na_2CO_3的质量和所消耗HCl标准溶液的体积，计算HCl标准溶液的浓度。

求出三份标定结果的相对平均偏差，应小于0.3%。

五、思考题

(1) 如何计算称取基准物Na_2CO_3的质量范围？称得太多或太少对标定有何影响？

(2) 用Na_2CO_3作基准物标定HCl溶液时，为什么选用甲基橙指示剂？用酚酞可以吗？为什么？

(3) 溶解Na_2CO_3基准物时所加的50 mL水是否要准确？为什么？

实验六　醋酸溶液中HAc含量的测定

一、实验目的

(1) 掌握强碱滴定弱酸的滴定过程、突跃范围以及指示剂的选择原理。

(2) 学习食用白醋中HAc含量测定的方法。

二、实验原理

醋酸为有机弱酸($K_\alpha^\theta=1.8\times10^{-5}$)，与NaOH反应的反应式为：

$$HAc+NaOH = NaAc+H_2O$$

反应产物为弱酸强碱盐，滴定突跃在碱性范围内，可选用酚酞等碱性范围变色的指示剂。

三、仪器与试剂

(1) 仪器：分析天平，碱式滴定管，锥形瓶(250 mL)，量筒(100 mL)。

(2) 试剂：0.1 mol·L^{-1} NaOH标准溶液，0.1%酚酞指示剂。

四、实验内容

准确移取食用白醋 25.00 mL 置于 250 mL 容量瓶中，用蒸馏水稀释至刻度，摇匀。用 25 mL 移液管取 3 份上述溶液，分别置于 250 mL 锥形瓶中，加入酚酞指示剂 2 滴，用 NaOH 标准溶液滴定至微红色在 30 s 内不褪即为终点。计算每 100 mL 食用白醋中含醋酸的质量。

平行测定 3 份，分析结果的相对平均偏差应小于 0.2%。

五、思考题

(1) 测定食用白醋含量时，为什么选用酚酞为指示剂？能否选用甲基橙或甲基红为指示剂？

(2) 酚酞指示剂由无色变为微红时为终点，变红的溶液在空气中放置后又会变为无色的原因是什么？

实验七　混合碱的测定

一、实验目的

(1) 掌握双指示剂法测定混合碱各组分含量的原理和方法。

(2) 掌握双指示剂法确定滴定终点的方法。

二、实验原理

混合碱是 Na_2CO_3 与 NaOH 或 Na_2CO_3 与 $NaHCO_3$ 的混合物。欲测定试样中各组分的含量，可采用两种不同的指示剂来测定，即所谓"双指示剂法"。

本实验所用的双指示剂是酚酞和甲基橙。在混合碱试液中先加入酚酞指示剂，用 HCl 标准溶液滴定至红色恰好褪去。此时试液中所含 NaOH 完全被中和，Na_2CO_3 也被滴定成 $NaHCO_3$，反应式如下：

$$NaOH + HCl = NaCl + H_2O$$

$$Na_2CO_3 + HCl = NaCl + NaHCO_3$$

此时消耗 HCl 标准溶液的体积为 V_1。再加入甲基橙指示剂，继续用 HCl 标准溶液滴定至溶液由黄色变为橙色即为终点。此时 $NaHCO_3$ 全被中和，生成 H_2CO_3，后者分解为 CO_2 和 H_2O，反应式如下：

$$NaHCO_3 + HCl = NaCl + CO_2\uparrow + H_2O$$

此时消耗 HCl 标准溶液的体积为 V_2。根据 V_1 和 V_2 可以判断出此混合碱的组成，并计算出各自的含量。

当 $V_1 > V_2$ 时，试液为 NaOH 与 Na_2CO_3 的混合物。

当 $V_1 < V_2$ 时，试液为 Na_2CO_3 与 $NaHCO_3$ 的混合物。

三、仪器与试剂

(1) 仪器:酸式滴定管,移液管(25 mL,公用),锥形瓶(250 mL)。

(2) 试剂:0.1 mol·L^{-1} HCl标准溶液,0.1%甲基橙指示剂,1%酚酞指示剂。

四、实验内容

用移液管吸取混合碱液试样25 mL置于250 mL锥形瓶中,加酚酞指示剂1滴,用HCl标准溶液滴定,滴定至酚酞恰好褪色为止,记下HCl标准溶液的耗用量V_1。在此溶液中再加1滴甲基橙指示剂,此时溶液呈黄色,继续用HCl标准溶液滴定至溶液呈橙色即为终点,记下HCl标准溶液的耗用量V_2。

根据V_1和V_2的大小,判断此混合碱的组成,并分别求出各自含量。

五、思考题

(1) 如何判断混合碱液的组成(即NaOH、Na_2CO_3和$NaHCO_3$三种组分中含哪两种)?如何计算它们的含量?

(2) 欲测定混合碱的总碱度,应选择何种指示剂?

实验八 硫酸铵肥料的分析测定

一、实验目的

(1) 掌握酸碱滴定法的应用。

(2) 掌握甲醛法测定氨含量的原理和方法。

二、实验原理

硫酸铵肥料中的主要成分是铵盐(NH_4^+)。NH_4^+是NH_3的共轭酸,由于NH_4^+的离解常数($K_a^\theta=5.6\times10^{-10}$)太小,因此不能用标准碱溶液直接滴定,通常用蒸馏法和甲醛法间接测定。本实验采用甲醛法测定。

将铵盐和甲醛作用,按化学计量关系生成酸,它包括H^+离子和质子化的六次甲基四胺,其反应式如下:

$$4NH_4^+ + 6HCHO = (CH_2)_6N_4H^+ + 6H_2O + 3H^+$$

生成的酸可用标准碱溶液测定。按化学计量关系生成的六次甲基四胺是一种极弱的有机碱,使溶液显微碱性,可采用酚酞作指示剂,又由于上述反应是可逆的,在酸性溶液中反应不能定量完成,只有滴定到微碱性才能保证反应进行完全。

三、仪器与试剂

(1) 仪器:分析天平,碱式滴定管,锥形瓶(250 mL),移液管(25 mL)。

(2) 试剂:0.1 mol·L^{-1} NaOH标准溶液,40%甲醛溶液,1%酚酞指示剂。

四、实验内容

1. 甲醛溶液的处理

甲醛常含有微量酸,应事先用碱液中和。可取原装瓶中的甲醛清液倒于烧杯中,用水稀释一倍,加入1滴酚酞指示剂,用0.1 mol·L^{-1} NaOH溶液滴定至甲醛溶液呈淡红色。

2. 试样中氨含量的测定

准确称取样品1.4~1.6 g,置于小烧杯中用少量水溶解,定量转移至250 mL容量瓶中,用水稀释至刻度线,塞紧瓶塞,摇匀。平行移取25 mL三份,分别置于250 mL锥形瓶中,各加水25 mL,加入10 mL 1∶1的甲醛溶液,充分摇匀,静置10 min后,再加酚酞指示剂2滴,用0.1 mol·L^{-1} NaOH标准溶液滴定至粉红色,经30 s不褪色为止,记下读数,并计算试样中氨的百分含量。

五、思考题

(1) 本实验加甲醛的目的是什么?

(2) 本实验中所用的甲醛溶液为什么要预先以酚酞为指示剂用NaOH中和至淡红色?

第三节 配位滴定

实验九 EDTA标准溶液的配制和标定

一、实验目的

(1) 掌握配位滴定法的原理,了解配位滴定的特点。

(2) 学会EDTA标准溶液的配制和标定方法。

(3) 了解金属指示剂的特点,熟悉铬黑T指示剂的使用和终点颜色的变化。

二、实验原理

乙二胺四乙酸(EDTA)是一种有机氨羧螯合剂,能与大多数金属离子形成1∶1型配合物,计量关系简单,故常用作配位滴定的标准溶液。乙二胺四乙酸难溶于水,在分析实际中通常使用的是溶解度较大的含两份结晶水的乙二胺四乙酸二钠盐。

一般不采用直接法配制EDTA标准溶液,而是先配成大致浓度的溶液,然后进行标定。标定EDTA溶液的基准物有Zn、ZnO、$CaCO_3$、Bi、Cu、$MgSO_4 \cdot 7H_2O$、Ni、Pb等。一般选用与被测物具有相同组分的物质作基准物,这样,标定和测定的条件较一致,可减少系统误差。本实验采用ZnO作基准物,用HCl溶解后,制成锌标准溶液,然后以铬黑T作指示剂,用氨缓冲溶液调节溶液的 pH 值为 10 左右，用 EDTA 溶液滴定，溶液颜色由酒红色变为蓝色为滴定终点。

三、仪器与试剂

（1）仪器：分析天平，滴定分析器具。

（2）试剂：乙二胺四乙酸二钠（A. R），ZnO 基准物质（G. R）（800℃灼烧至恒重），1∶1 HCl 溶液，1% 铬黑 T 指示剂（固体指示剂：称取 1 g 铬黑 T 与 100 g 干燥 NaCl 研磨均匀，装入瓶中备用），$NH_3 \cdot H_2O-NH_4Cl$ 缓冲溶液（pH=10），1∶1 氨水溶液。

四、实验内容

1. 0.01 mol·L^{-1} EDTA 溶液的配制

用小烧杯在粗天平上称取乙二胺四乙酸二钠 1.9 g，溶于 100 mL 温水中，稀释至 500 mL 储存瓶内，摇匀，备用。

2. 锌标准溶液的配制

准确称取基准 ZnO 0.20～0.25 g 于 100 mL 烧杯中，逐滴加入蒸馏水使之湿润，加入 1∶1 HCl 溶液 2.5～3 mL，同时用玻璃棒小心搅拌，使 ZnO 溶液完全，然后定量转移入 250 mL 容量瓶中，用水稀释至刻度，摇匀，备用。

3. EDTA 标准溶液的标定

用 25 mL 移液管吸取上述 250 mL 容量瓶中的锌标准溶液于 250 mL 锥形瓶中，加 50 mL 水，滴加 10% 氨水至开始出现白色沉淀，这时溶液的 pH 值为 7～8，再加 5 mL $NH_3 \cdot H_2O-NH_4Cl$ 缓冲溶液，铬黑 T 指示剂少许，然后用 EDTA 标准溶液滴定。溶液颜色由酒红色转变为蓝色，即到达滴定终点，记下读数（V_{EDTA}）。平行滴定三次，根据消耗的 EDTA 的体积和 ZnO 的质量计算 EDTA 溶液的准确浓度。

五、思考题

（1）为什么使用乙二胺四乙酸二钠配制 EDTA 标准溶液而不是乙二胺四乙酸？

（2）用 ZnO 配制锌标准溶液时，能否用水溶解？

（3）在标定过程中，滴加 10%氨水出现白色沉淀，再加缓冲溶液后沉淀又消失，试解释这一现象。

（4）在滴定时为什么要加缓冲溶液？以铬黑 T 作指示剂，标定 EDTA 时为什么要控制溶液的酸度为 pH=10？

实验十　水的总硬度的测定

一、实验目的

（1）了解水的总硬度测定的意义和常用的表示方法。

(2) 掌握用配位滴定法测定水的硬度的原理和方法。

二、实验原理

自来水、河水和井水等水中通常含有较多的钙盐和镁盐，水的总硬度是表示水中所含 Ca^{2+}、Mg^{2+} 的总量，因而总硬度的测定实际上是钙、镁总含量的测定。水的硬度是衡量水质的一项重要指标，尤其工业用水的硬度对生产影响很大，它是形成锅炉中的锅垢和影响产品质量的主要因素之一。

水的总硬度的测定一般采用配位滴定法。在 pH=10 的缓冲液中，以铬黑 T 作指示剂，用 EDTA 直接滴定水中 Ca^{2+}、Mg^{2+} 的总量。水样中的 Fe^{3+}、Al^{3+}、Cu^{2+}、Pb^{2+}、Zn^{2+} 等干扰离子可用三乙醇胺掩蔽。

水的硬度的表示方法世界各国各不相同，表 5.4 列出了一些国家水硬度的换算关系。我国采用 $mmol \cdot L^{-1}$ 或 $mg \cdot L^{-1}$ ($CaCO_3$) 为单位表示水的硬度。水的总硬度的计算式如下：

$$水的总硬度(mmol \cdot L^{-1}) = \frac{c_{EDTA} \times V_{EDTA}}{V_{水样}} \times 1\,000$$

表 5.4 各国硬度单位换算表

硬度单位	中国硬度/($mmol \cdot L^{-1}$)	德国硬度	法国硬度	英国硬度	美国硬度
1 $mmol \cdot L^{-1}$	1.000 00	2.804 0	5.005 0	3.511 0	50.050
1 德国硬度	0.356 63	1.000 0	1.784 8	1.252 1	17.348
1 法国硬度	0.199 82	0.560 3	1.000 0	0.701 5	10.000
1 英国硬度	0.284 83	0.798 7	1.425 5	1.000 0	14.255
1 美国硬度	0.019 98	0.056 0	0.100 0	0.070 2	1.000

三、仪器与试剂

(1) 仪器：分析天平，滴定分析器具。

(2) 试剂：0.01 $mol \cdot L^{-1}$ EDTA 标准溶液，1∶1 HCl 溶液，1%铬黑 T 指示剂(称取 1 g 铬黑 T 与 100 g 干燥 NaCl 研磨均匀，装入瓶中备用)，$NH_3 \cdot H_2O - NH_4Cl$ 缓冲溶液(pH=10)，(1∶2)三乙醇胺溶液。

四、实验内容

用移液管准确移取 100.00 mL 水样于 250 mL 锥形瓶中，加入 1～2 滴 HCl 溶液使溶液酸化，煮沸数分钟以除去 CO_2。冷却后加入 3 mL 三乙醇胺溶液，5 mL $NH_3 \cdot H_2O - NH_4Cl$ 缓冲溶液(pH=10)及少许铬黑 T 指示剂，并充分摇匀，然后用 EDTA 标准溶液缓慢滴定，滴定至溶液颜色由酒红色转变为蓝色为止，记下读数(V_{EDTA})。平行测定三份。计算水样的总硬度，以 $mmol \cdot L^{-1}$ 为单位表示结果。

五、思考题

(1) 水的总硬度是指水中哪些金属盐类的含量?

(2) 为什么要除去 CO_2?

(3) 本实验滴定时要慢慢进行，何故?

(4) 本实验实际测得的是钙、镁总量，若要分别测定钙和镁，应如何控制 pH 和使用什么指示剂?

实验十一 工业硫酸铝中铝的测定

一、实验目的

(1) 了解返滴定的基本方式。

(2) 掌握置换滴定法测定铝的原理和方法。

二、实验原理

由于 Al^{3+} 容易形成一系列的多核氢氧基配合物，如 $[Al_2(H_2O)_6(OH)_3]^{3+}$、$[Al_3(H_2O)_6(OH)_6]^{3+}$ 等，因此 Al^{3+} 与 EDTA 的反应速度缓慢，需要加入过量 EDTA 并加热煮沸，络合反应才比较完全，所以不宜采用直接滴定法，而宜采用返滴定法或置换滴定法。返滴定法是通过加入定量且过量的 EDTA 标准溶液，调节 $pH \approx 3.5$，煮沸数分钟，使 Al^{3+} 与 EDTA 完全反应，然后调节溶液 pH 值为 5～6，用铜盐标准溶液返滴定过量的 EDTA，得到铝的含量。

返滴定法测定铝仅适合纯铝样品的测定，因为所有能与 EDTA 形成稳定配合物的离子都对测定产生干扰。工业硫酸铝常含有铁等杂质，往往采用置换滴定法以提高测定的选择性，即在用铜盐标准溶液返滴定过量的 EDTA 后，加入过量的 NH_4F，加热煮沸，利用 F^- 与 Al^{3+} 生成更稳定的配合物的性质，置换出与 Al^{3+} 物质的量相等的 EDTA，再用铜盐标准溶液滴定释放出来的 EDTA，从而得到铝的含量。

三、仪器与试剂

(1) 仪器：分析天平，滴定分析器具。

(2) 试剂：$0.01\ mol \cdot L^{-1}$ EDTA 标准溶液，$CuSO_4 \cdot 5H_2O$(固体)，1∶1 HCl 溶液，1∶1 H_2SO_4 溶液，0.1% PAN 指示剂(0.1% PAN 乙醇溶液)，0.1%百里酚蓝指示剂(0.1%的 20%乙醇溶液)，1∶1 $NH_3 \cdot H_2O$，NH_4F(固体)，20%六亚甲基四胺缓冲溶液，工业硫酸铝(固体)。

四、实验内容

1. $0.01\,mol\cdot L^{-1}$ $CuSO_4$ 标准溶液的配制

称取 1.3 g $CuSO_4\cdot 5H_2O$，加 2～3 滴 1∶1 H_2SO_4 溶液，加水溶解，并稀释至 500 mL，摇匀，待标定。

2. $CuSO_4$ 标准溶液浓度的标定

准确吸取 EDTA 标准溶液 25 mL 于 250 mL 锥形瓶中，加 10 mL 20%六亚甲基四胺缓冲溶液，加热至 80～90℃，取下，加 2～3 mL PAN 指示剂，用 $CuSO_4$ 标准溶液滴定至呈稳定的紫红色，记下 $CuSO_4$ 溶液的用量，并计算其浓度。

3. 铝的测定

准确称取工业硫酸铝约 1.3 g 于 100 mL 烧杯中，加 1∶1 盐酸 10 mL，加水约 50 mL 溶解，转移入 250 mL 容量瓶中，稀释至刻度，摇匀，得到供测定的样品试液。

准确吸取上述试液 25 mL 于 250 mL 锥形瓶中，加 $0.02\,mol\cdot L^{-1}$ EDTA 标准溶液 30 mL，加百里酚蓝指示剂 5 滴，再滴加 1∶1 氨水至恰呈黄色(pH 值约为 3)，煮沸 2 min，取下，加入 20%六亚甲基四胺缓冲溶液 10 mL 和 PAN 指示剂 2～3 mL，趁热用 $CuSO_4$ 标准溶液滴定到溶液呈稳定的紫红色，不计读数(注意滴定管内再装入硫酸铜标准溶液到刻度零附近)。于滴定后的溶液中加入固体 NH_4F 1～2 g，加热煮沸 2 min(必要时补加 8 滴 PAN 指示剂)，再用 $0.02\,mol\cdot L^{-1}$ $CuSO_4$ 标准溶液滴定至紫红色。记下 $CuSO_4$ 标准溶液的用量，算出样品中铝的百分含量。

五、思考题

(1) 对于含杂质较多的铝样品，不用置换滴定而用返滴定法测定，将导致结果偏高还是偏低？为什么？

(2) 标定 $CuSO_4$ 标准溶液时，加入六亚甲基四胺缓冲溶液以后为何还要加热至 80～90℃？

(3) 测铝时加 30 mL $0.02\,mol\cdot L^{-1}$ EDTA 溶液，是否必须精确加入？为什么？

(4) 加百里酚蓝和滴加氨水的目的是什么？

(5) 测铝时，当 $CuSO_4$ 标准溶液滴定到第一次终点时，为什么不需记录 $CuSO_4$ 溶液的读数？如果终点滴定过量，对测定有何影响？此时有什么办法可以补救？

(6) 加 NH_4F 的目的是什么？NH_4F 的量加得太多或太少对测定有什么影响？

实验十二　铅、铋混合液中 Pb^{2+}、Bi^{3+} 的连续滴定

一、实验目的

(1) 理解用控制溶液酸度的方法提高 EDTA 选择性的原理，掌握用 EDTA 溶液进行连续滴定多种金属离子混合溶液的方法。

(2) 熟悉二甲酚橙指示剂的应用和终点颜色的变化。

二、实验原理

Pb^{2+}、Bi^{3+}均能与EDTA形成稳定的1∶1配合物，其lg$K$分别为18.04和27.94，由于两者的lg$K$相差很大，因此可利用酸效应，控制溶液不同的酸度，进行连续滴定，分别测定它们的含量。

测定中均以二甲酚橙(XO)为指示剂，其溶液颜色随酸度的不同而改变，在pH<6.3时呈黄色，pH>6.3时呈红色。二甲酚橙与Pb^{2+}、Bi^{3+}形成的配合物都呈紫红色，其稳定性均比EDTA与Pb^{2+}、Bi^{3+}形成的配合物要小，所以测定时pH应控制在6.3以下。

在Pb^{2+}、Bi^{3+}混合溶液中，首先调节溶液的pH≈1，以二甲酚橙为指示剂，Bi^{3+}与指示剂形成紫红色配合物(Pb^{2+}在此条件下不会与二甲酚橙形成有色配合物)，用EDTA标准溶液滴定Bi^{3+}，当溶液颜色由紫红色恰变为黄色，即为滴定Bi^{3+}的终点。在滴定Bi^{3+}后的溶液中，加入六亚甲基四胺溶液，调节溶液pH=5～6，此时Pb^{2+}与二甲酚橙形成紫红色配合物，溶液再次呈现紫红色，然后用EDTA标准溶液继续滴定，当溶液由紫红色恰转变为黄色时，即为滴定Pb^{2+}的终点。

三、仪器与试剂

(1) 仪器：分析天平及滴定分析器具。

(2) 试剂：0.02 mol·L^{-1} EDTA标准溶液，0.1 mol·L^{-1} HNO_3溶液，0.2%二甲酚橙溶液，20%六亚甲基四胺缓冲溶液，Pb^{2+}、Bi^{3+}混合液(溶液的pH值调节为1左右)。

四、实验内容

1. Bi^{3+}的测定

用移液管准确吸取已调好pH值的25 mL试液三份，分别置于3只250 mL锥形瓶内，加10 mL 0.1 mol·L^{-1} HNO_3溶液和3滴0.2%二甲酚橙指示剂，用EDTA标准溶液滴定，在离终点1～2 mL前可以滴得快一些，近终点时则应慢些。每加1滴，摇匀并观察是否变色，直至溶液由紫红色突变为亮黄色，即为滴定Bi^{3+}的终点。记录所消耗的EDTA体积，计算出混合液中Bi^{3+}的含量，以g·L^{-1}为单位表示。

2. Pb^{2+}的测定

在滴定Bi^{3+}离子后的溶液中补加2滴二甲酚橙指示剂，逐滴加入20%六亚甲基四胺缓冲液至溶液由黄色变成紫红色，再过量加入5 mL(此时溶液的pH值为5～6)，然后用EDTA标准溶液滴定，溶液再次由紫红色变为亮黄色，即为滴定Pb^{2+}的终点。记录所消耗的EDTA体积，计算出混合液中Pb^{2+}的含量，以g·L^{-1}为单位表示。

五、思考题

(1) 滴定Pb^{2+}、Bi^{3+}离子时溶液酸度控制在什么范围？怎样调节？为什么？

(2) 能否在同一份试液中先滴定Pb^{2+}离子，然后滴定Bi^{3+}离子？

(3) 二甲酚橙指示剂的作用原理如何？为什么滴定Pb^{2+}、Bi^{3+}离子都可以用二甲酚橙？

第四节　氧化还原滴定

实验十三　硫代硫酸钠标准溶液的配制与标定

一、实验目的

（1）掌握 $Na_2S_2O_3$ 标准溶液的配制方法和保存条件。

（2）理解碘量法的测定原理，并掌握用基准 KIO_3 标定 $Na_2S_2O_3$ 溶液的方法。

（3）学会碘量瓶的使用和熟悉用淀粉指示剂正确判断终点的方法。

二、实验原理

结晶硫代硫酸钠（$Na_2S_2O_3 \cdot 5H_2O$）一般都含有少量 S、Na_2SO_4、Na_2CO_3 及 NaCl 等杂质，同时还容易风化和潮解，因此不能直接配制准确浓度的溶液，通常用 $Na_2S_2O_3 \cdot 5H_2O$ 配制标准溶液，再用基准物标定。

$Na_2S_2O_3$ 溶液不稳定，容易与空气中的氧气、溶解在水中的 CO_2 作用，还会被微生物分解，导致溶液浓度的变化。为了减少水中的 CO_2 和 O_2 并杀灭水中的微生物，应用新煮沸后冷却的蒸馏水配制溶液。由于 $Na_2S_2O_3$ 在酸性条件下易分解使溶液混浊，故在 $Na_2S_2O_3$ 溶液中常加入少量 Na_2CO_3，保证溶液呈微碱性并抑制细菌生长。光照能促进 $Na_2S_2O_3$ 溶液的分解，因此配好的 $Na_2S_2O_3$ 溶液应贮于棕色瓶中，放置在暗处，经 7～14 天后再标定。长期保存时，应每隔一定时期，重新加以标定。

标定 $Na_2S_2O_3$ 溶液常采用 KIO_3、$KBrO_3$、$K_2Cr_2O_7$ 等基准物质，用碘量法进行标定。在酸性溶液中，KIO_3 与过量的 KI 反应析出定量的 I_2，析出的 I_2 再以淀粉为指示剂，用标准 $Na_2S_2O_3$ 溶液滴定，根据所消耗的 $Na_2S_2O_3$ 溶液的体积即可算出 $Na_2S_2O_3$ 溶液的浓度。反应式如下：

$$IO_3^- + 5I^- + 6H^+ = 3I_2 + 3H_2O$$

$$I_2 + 2S_2O_3^{2-} = S_4O_6^{2-} + 2I^-$$

三、仪器与试剂

（1）仪器：分析天平，滴定分析器具。

（2）试剂：$Na_2S_2O_3 \cdot 5H_2O$（固体），Na_2CO_3（固体），KIO_3（固体）基准试剂，$1\ mol \cdot L^{-1}$ H_2SO_4，20% KI，0.5%淀粉溶液。

四、实验内容

1. $0.1\ mol \cdot L^{-1}$ $Na_2S_2O_3$ 溶液的配制

称取 12.5 g $Na_2S_2O_3 \cdot 5H_2O$ 于 400 mL 烧杯中，加入 200 mL 新煮沸并冷却的蒸馏水，

待完全溶解后，加入约0.1 g Na_2CO_3，然后用新煮沸并冷却的蒸馏水稀释至500 mL，保存于棕色瓶中。在暗处放置7～14天后标定。

2. $Na_2S_2O_3$ 溶液的标定

准确称取在130～140℃烘干至恒重的 KIO_3 基准试剂0.8～1.0 g，于100 mL烧杯中，加少量蒸馏水溶解后，移入250 mL容量瓶中，用蒸馏水稀释至刻度，摇匀。用移液管吸取上述 KIO_3 标准溶液25 mL于250 mL锥形瓶中，加20% KI 5 mL，1 $mol \cdot L^{-1}$ H_2SO_4 2.5 mL，立即用待标定的 $Na_2S_2O_3$ 溶液滴定至淡黄色，加入0.5%淀粉溶液5 mL，继续用 $Na_2S_2O_3$ 溶液滴定至蓝色恰好消失，即为终点。根据消耗的 $Na_2S_2O_3$ 溶液的体积及 KIO_3 的质量，计算 $Na_2S_2O_3$ 溶液的准确浓度。

五、思考题

（1）在配制 $Na_2S_2O_3$ 标准溶液时，所用的蒸馏水为何要先煮沸并冷却后才能使用？

（2）为什么可以用 KIO_3 作基准物来标定 $Na_2S_2O_3$ 溶液？为提高准确度滴定中应注意些什么？

（3）溶液被滴定至淡黄色，说明了什么？为什么在这时才可以加入淀粉指示剂？

实验十四　硫酸铜中铜含量的测定

一、实验目的

（1）掌握间接碘量法测定铜的原理和方法。

（2）进一步了解氧化还原滴定法的特点。

二、实验原理

在酸性溶液中，Cu^{2+} 与过量KI反应生成碘化亚铜沉淀，并析出与铜量相当的碘：

$$2Cu^{2+} + 4I^- = 2CuI\downarrow + I_2$$

$$I_2 + I^- = I_3^-$$

再用 $Na_2S_2O_3$ 标准溶液滴定析出的 I_2，由此可计算出铜含量。

由于碘化亚铜沉淀表面容易吸附 I_3^-，使测定结果偏低，且终点不明显。通常需在终点到达之前加入硫氰酸钾，使CuI沉淀（$K_{sp}^{\theta}=1.1\times10^{-12}$）转化为溶度积更小的CuSCN沉淀（$K_{sp}^{\theta}=4.8\times10^{-15}$）：

$$CuI + SCN^- = CuSCN\downarrow + I^-$$

CuSCN更容易吸附 SCN^-，从而释放出被吸附的 I_3^-，因此测定反应更趋完全，滴定终点变得明显，减少误差。

三、仪器与试剂

（1）仪器：分析天平，滴定分析器具。

(2) 试剂:$CuSO_4 \cdot 5H_2O$(样品),1 mol·L^{-1} H_2SO_4,20% KI(水溶液),10% KSCN(水溶液),0.5%淀粉溶液,0.1 mol·L^{-1} $Na_2S_2O_3$ 标准溶液。

四、实验内容

准确称取三份 0.6 g 左右的 $CuSO_4 \cdot 5H_2O$ 样品,分别置于 3 个已标号的 250 mL 锥形瓶中,各加 5 mL 1 mol·L^{-1} H_2SO_4,100 mL 水,5 mL 20% KI 溶液,立即用 $Na_2S_2O_3$ 标准溶液滴定至呈现浅黄色,然后加入 5 mL 0.5%淀粉溶液,继续滴定至浅蓝色,再加入 10 mL 10%KSCN 溶液,混合后溶液又转为深蓝,最后用 $Na_2S_2O_3$ 标准溶液滴定到蓝色刚刚消失为止,此时溶液呈 CuSCN 的米色悬浮液。记下读数($V_{Na_2S_2O_3}$)并计算 $CuSO_4 \cdot 5H_2O$ 样品中 Cu^{2+} 的百分含量。

五、思考题

(1) 在实验反应终了时,$CuSO_4 \cdot 5H_2O$ 中的 Cu^{2+} 会成为什么?

(2) 为什么加入 KI 后还要加入 KSCN? 如果在酸化后立即加入 KSCN 溶液,会产生什么影响?

(3) I_2 在淀粉溶液中呈什么颜色? I^- 在淀粉溶液中呈什么颜色?

(4) 加入 KSCN 溶液混合后,溶液又转为深蓝色,何故?

(5) 已知 $\varphi^{\theta}_{Cu^{2+}/Cu^{+}}=0.159\ V$, $\varphi^{\theta}_{I_2/I^-}=0.545\ V$,为什么在本实验中 Cu^{2+} 却能氧化 I^- 为 I_2?

实验十五 高锰酸钾标准溶液的配制和标定

一、实验目的

(1) 掌握 $KMnO_4$ 标准溶液的配制和保存方法。

(2) 掌握用 $Na_2C_2O_4$ 作基准物标定高锰酸钾溶液的原理、方法及滴定条件。

二、实验原理

高锰酸钾试剂中常含有少量 MnO_2 和其他杂质,由于它的强氧化性,易与水中的有机物及空气中的尘埃等还原性物质作用,$KMnO_4$ 本身还能自行分解,见光分解得更快。因此,$KMnO_4$ 溶液的浓度容易改变,不能用准确称量高锰酸钾来直接配制准确浓度的 $KMnO_4$ 溶液。

为了配制较稳定的 $KMnO_4$ 溶液,可称取稍多于理论量的 $KMnO_4$,溶于一定体积的水中,加热煮沸,冷却后贮于棕色瓶中,在暗处放置数天,使溶液中可能存在的还原性物质完全氧化。然后过滤除去析出的 MnO_2 沉淀,再进行标定。使用长期放置的 $KMnO_4$ 标准溶液前应重新标定其浓度。

$KMnO_4$ 溶液的标定常采用 $Na_2C_2O_4$ 作基准物。$Na_2C_2O_4$ 不含结晶水,容易精制。

$KMnO_4$ 在酸性溶液中和 $Na_2C_2O_4$ 的反应如下：

$$2MnO_4^- + 5C_2O_4^{2-} + 16H^+ \xlongequal{} 2Mn^{2+} + 10CO_2\uparrow + 8H_2O$$

反应在最初滴定时较慢，待溶液中产生 Mn^{2+} 后，由于 Mn^{2+} 的催化作用使反应加快。滴定温度应控制在 75～85℃，不应低于 60℃，否则反应速度太慢，但温度太高，草酸又将分解。

由于 MnO_4^- 为紫红色，Mn^{2+} 为无色，因此滴定时可利用 $KMnO_4$ 本身的颜色指示滴定终点。

三、仪器与试剂

（1）仪器：分析天平，滴定分析器具。

（2）试剂：$KMnO_4$（固体），$Na_2C_2O_4$（基准物，于 105～110℃干燥 2 h，置于干燥器中备用），1 mol·L^{-1} H_2SO_4。

四、实验内容

1. 0.02 mol·L^{-1} $KMnO_4$ 溶液的配制

在粗天平上称取纯 $KMnO_4$ 1.6～1.7 g，放于 1000 mL 烧杯中，加水 500 mL。将此溶液加热溶解，并煮沸 1 h，然后放置冷却，2～3 天后再用玻璃纤维或石棉或有微孔玻璃底的漏斗将溶液过滤，滤液保存于棕色瓶中。

2. 0.02 mol·L^{-1} $KMnO_4$ 溶液的标定

准确称取于 105～110℃干燥至恒重的 $Na_2C_2O_4$ 基准物 1.3～1.6 g，置于一只干净小烧杯内，用少量水使之溶解，移入 250 mL 容量瓶中，再用蒸馏水稀释至容量瓶的刻度线，盖上塞子，摇匀。用 25 mL 移液管从容量瓶中吸取 25 mL 溶液于 250 mL 锥形瓶中，各加入 25 mL 的 1 mol·L^{-1} H_2SO_4，加热至 70～80℃，然后用已配制的 0.02 mol·L^{-1} $KMnO_4$ 溶液滴定至淡粉红色，30 s 不褪色（终点温度不应低于 60℃）。记下读数（V_{KMnO_4}）并计算 $KMnO_4$ 溶液的准确浓度。

五、思考题

（1）配制 $KMnO_4$ 标准溶液时，应注意些什么？

（2）用 $KMnO_4$ 溶液滴定 $Na_2C_2O_4$ 时，为什么先要将 $Na_2C_2O_4$ 溶液加热到 70～80℃？

（3）本实验的滴定速度应如何掌握为宜？为什么第一滴 $KMnO_4$ 溶液加入后红色褪去很慢，以后褪色较快？

（4）滴定管中的 $KMnO_4$ 标准溶液应怎样准确地读取读数？

（5）本实验中应该使用酸式滴定管还是碱式滴定管？为什么？

实验十六　亚铁铵矾含量的测定

一、实验目的

掌握用高锰酸钾标准溶液测定亚铁铵矾含量的基本原理和方法。

二、实验原理

亚铁铵矾的主要成分是硫酸亚铁铵，硫酸亚铁铵是一种复盐，其分子式为$(NH_4)_2Fe(SO_4)_2 \cdot 6H_2O$。在硫酸酸性条件下，$KMnO_4$ 能将亚铁盐氧化成高铁盐，利用 $KMnO_4$ 自身做指示剂指示终点，反应式如下：

$$MnO_4^- + 5Fe^{2+} + 8H^+ = Mn^{2+} + 5Fe^{3+} + 4H_2O$$

由于在滴定过程中生成黄色的 Fe^{3+} 离子对终点颜色有干扰，可加入适量 H_3PO_4，使之与 Fe^{3+} 生成无色的 $FeHPO_4^+$ 而得到掩蔽，同时也增加了滴定终点的敏锐度。

三、仪器与试剂

(1) 仪器：分析天平，滴定分析器具。

(2) 试剂：0.02 mol·L^{-1} $KMnO_4$ 标准溶液，浓 H_2SO_4，1 mol·L^{-1} H_2SO_4，84% H_3PO_4。

四、实验内容

准确称取三份 1 g 左右的亚铁铵矾样品，分别放于三只 250 mL 锥形瓶中，各用 10 mL 热的 H_2SO_4(取 2.5 mL 浓 H_2SO_4 溶解于 7.5 mL H_2O 中)溶解之，放冷后，稀释至 30 mL，分别加入 20 mL 1 mol·L^{-1} H_2SO_4、1～1.5 mL 84% H_3PO_4，摇匀，用已标定好的 0.02 mol·L^{-1} $KMnO_4$ 标准溶液滴定至淡粉红色，根据所消耗的 $KMnO_4$ 标准溶液体积(V_{KMnO_4})计算样品中$(NH_4)_2Fe(SO_4)_2 \cdot 6H_2O$ 的质量分数。

五、思考题

(1) 用 $KMnO_4$ 法测定铁时，能否用盐酸代替硫酸作介质？

(2) 为什么用 $KMnO_4$ 溶液滴定 Fe^{2+} 之前要加入 H_3PO_4？加入多少量合适？

(3) 装过 $KMnO_4$ 溶液的滴定管，为什么应立即洗净？

实验十七　碳酸钙中钙含量的测定

一、实验目的

(1) 掌握氧化还原法间接测定钙含量的原理和方法。

(2) 学习沉淀分离的基本知识和掌握沉淀、过滤及洗涤等操作。

二、实验原理

高锰酸钾法测定钙含量是一个氧化还原间接测定的方法，它利用 Ca^{2+} 与草酸根能生成难溶的草酸钙沉淀，将沉淀滤出并洗去剩余的 $C_2O_4^{2-}$ 后，溶于稀硫酸中，再用 $KMnO_4$ 标准溶液滴定与 Ca^{2+} 相当的 $C_2O_4^{2-}$，根据所消耗的 $KMnO_4$ 标准溶液体积，便可间接地测得 Ca^{2+} 的含量，主要反应如下：

$$Ca^{2+} + C_2O_4^{2-} = CaC_2O_4 \downarrow$$

$$CaC_2O_4 + H_2SO_4 = H_2C_2O_4 + CaSO_4$$

$$5H_2C_2O_4 + 2MnO_4^- + 6H^+ = 2Mn^{2+} + 10CO_2 \uparrow + 8H_2O$$

在本实验中，生成完全的 CaC_2O_4 沉淀是获得准确结果的关键，同时为便于过滤，应尽量使沉淀颗粒粗大。所以必须适当控制沉淀 Ca^{2+} 的条件。一般是在酸性溶液中，加入沉淀剂 $(NH_4)_2C_2O_4$（此时 $C_2O_4^{2-}$ 浓度很小，主要以 $HC_2O_4^-$ 形式存在，故不会有 CaC_2O_4 沉淀生成），再滴加稀氨水逐渐中和溶液中的 H^+，使 $C_2O_4^{2-}$ 浓度缓缓增大，逐渐生成 CaC_2O_4 沉淀。CaC_2O_4 是弱酸盐沉淀，其溶解度随溶液酸度增大而增加，在 pH=4 时，CaC_2O_4 的溶解损失可以忽略。所以最后控制溶液的 pH 值为 4.2～4.5，这样，既可使 CaC_2O_4 沉淀完全，又不致生成 $Ca(OH)_2$ 或 $(CaOH)_2C_2O_4$ 沉淀，沉淀完全后再经陈化便可获得纯净的、颗粒粗大的 CaC_2O_4 晶形沉淀。

三、仪器与试剂

（1）仪器：分析天平，滴定分析器具。

（2）试剂：0.02 mol·L^{-1} $KMnO_4$ 标准溶液，6 mol·L^{-1} HCl 溶液，0.25 mol·L^{-1} $(NH_4)_2C_2O_4$ 溶液，0.1%$(NH_4)_2C_2O_4$ 溶液，6 mol·L^{-1} 氨水溶液，1 mol·L^{-1} H_2SO_4 溶液，0.1%甲基橙指示剂，0.1 mol·L^{-1} $AgNO_3$ 溶液。

四、实验内容

准确称取碳酸钙样品两份，每份质量为 0.16～0.20 g，置于 400 mL 烧杯中，加少量水润湿，盖上表面皿，从烧杯嘴处缓缓滴加 6 mL 6 mol·L^{-1} 盐酸溶液。同时轻轻摇动烧杯，使样品溶解。等到样品完全不再产生气泡后，用洗瓶洗下表面玻璃和烧杯壁上的附着物，加热煮沸，冷却后加入 35 mL 0.25 mol·L^{-1} $(NH_4)_2C_2O_4$ 溶液（若有沉淀生成，说明溶液的酸度不足，则应滴加盐酸将沉淀溶解。但注意勿加大量的盐酸，否则用氨水调 pH 值时，用量较大）。然后用水稀释溶液到 100 mL，加入甲基橙 1～2 滴，在水浴上加热到 70～80℃，以每秒钟 1～2 滴的速度滴加 6 mol·L^{-1} 氨水到红色恰转黄色为止。盖上表面皿，放置过夜陈化（或者继续在水浴上加热陈化 30 min，同时用玻璃棒搅拌，冷却）。陈化后的溶液用倾泻法过滤。然后用冷的 0.1%$(NH_4)_2C_2O_4$ 溶液洗涤 3～4 次，再用冷的蒸馏水洗涤，直至滤液中不含 $C_2O_4^{2-}$ 和 Cl^- 为止（在洗涤接近完成时收集 1 mL 滤液以 $AgNO_3$ 溶液检验）。注意在过滤和洗涤的过程中应尽量使沉淀留在烧杯中。

洗涤后，把带有沉淀的滤纸小心展开并贴在原存放沉淀所用烧杯的内壁上（沉淀向杯内），用 50 mL 1 mol·L^{-1} H_2SO_4 溶液用滴管把沉淀从滤纸上洗到烧杯里，然后稀释溶液到 100 mL，加热到 70～80℃，用 $KMnO_4$ 标准溶液滴定到恰呈粉红色，再把滤纸推入溶液中，用玻璃棒搅拌，如果溶液褪色，继续用 $KMnO_4$ 滴定，直至出现粉红色，并在 30 s 内不消失，即为滴定终点。记录消耗的 $KMnO_4$ 用量，算出碳酸钙中钙的质量分数。

五、思考题

(1) 沉淀 CaC_2O_4 时,为什么要采用先在酸性溶液中加入沉淀剂 $(NH_4)_2C_2O_4$,然后再滴加氨水中和的办法使 CaC_2O_4 沉淀析出?加入甲基橙指示剂的目的是什么?

(2) CaC_2O_4 沉淀生成后为什么要陈化?

(3) 洗涤 CaC_2O_4 沉淀时,为什么先用稀的 $(NH_4)_2C_2O_4$ 溶液洗,然后再用蒸馏水洗?为什么要洗到滤液中不含 $C_2O_4^{2-}$ 和 Cl^-?怎样判断是否洗尽 $C_2O_4^{2-}$ 和 Cl^-?

(4) 若将带有沉淀的滤纸在滴定之初便浸入溶液中,用 $KMnO_4$ 标准溶液滴定,这样操作对结果将会产生什么影响?

第五节 沉淀滴定

实验十八 氯化物中氯含量的测定

一、实验目的

(1) 学习 $AgNO_3$ 标准溶液的配制和标定方法。

(2) 掌握沉淀滴定法中莫尔法的方法、原理及其应用。

二、实验原理

对于可溶性氯化物中氯含量的测定常采用莫尔法。此法是在中性或弱碱性溶液中,以 K_2CrO_4 为指示剂,用 $AgNO_3$ 标准溶液进行滴定。由于 AgCl 溶解度比 Ag_2CrO_4 小[$K_{sp}^{\theta}(AgCl)=1.56\times10^{-10}$,$K_{sp}^{\theta}(Ag_2CrO_4)=9\times10^{-12}$],因此滴定时首先析出 AgCl 沉淀,当 AgCl 定量沉淀后,则微过量的 $AgNO_3$ 即与 CrO_4^{2-} 离子生成砖红色的 Ag_2CrO_4 沉淀而指示终点到达,反应式如下:

$$Ag^+ + Cl^- \longrightarrow AgCl\downarrow(白色)$$

$$2Ag^+ + CrO_4^{2-} \longrightarrow Ag_2CrO_4\downarrow(砖红色)$$

滴定溶液最适宜的酸度是 pH=6.5~10.5。如果有铵盐存在,应控制溶液的酸度为 pH=6.5~7.2。为减小终点误差、提高滴定的准确度,应控制 K_2CrO_4 指示剂的浓度,一般 K_2CrO_4 的浓度应控制在 $0.005\ mol\cdot L^{-1}$ 为宜。

三、仪器与试剂

(1) 仪器:分析天平,滴定分析器具。

(2) 试剂:$AgNO_3$,NaCl,5% K_2CrO_4。

四、实验内容

1. 0.1 mol · L^{-1} $AgNO_3$ 标准溶液的配制

称取 8.5 g $AgNO_3$ 溶于不含 Cl^- 的水中，将溶液转入棕色试剂瓶中，稀释至 500 mL，置暗处保存，以防见光分解。

2. 0.1 mol · L^{-1} $AgNO_3$ 标准溶液的标定

准确称取 NaCl 基准物若干克（自己计算）置于 250 mL 锥形瓶中，加 25 mL 水，1 mL 5% K_2CrO_4 溶液，在不断摇动下，用 $AgNO_3$ 标准溶液滴定至白色沉淀中出现砖红色，即为终点。根据 NaCl 的质量和消耗的 $AgNO_3$ 溶液的体积，计算 $AgNO_3$ 标准溶液的浓度。

3. 氯含量的测定

准确称取一定量氯化物试样于 150 mL 烧杯中，加水溶解后，定量转移到 250 mL 容量瓶中，用水稀释至刻度，摇匀。

用移液管吸取 25.00 mL 上述试液于 250 mL 锥形瓶中，加水 25 mL，1 mL 5% K_2CrO_4 指示剂，在不断摇动下，用 $AgNO_3$ 标准溶液滴定至白色沉淀中呈现砖红色，即为终点。

根据 $AgNO_3$ 标准溶液的浓度及消耗体积，计算氯化物试样中氯的百分含量。

五、思考题

(1) 用莫尔法测定氯的含量时，溶液 pH 值应控制在什么范围内？为什么？若有 NH_4^+ 存在时，其控制的 pH 值范围有何不同？为什么？

(2) 为什么要控制 K_2CrO_4 指示剂的用量？

(3) 分析莫尔法测定氯含量的误差的主要来源。

实验十九 硫酸铵含量的测定

一、实验目的

(1) 掌握用硫酸钡沉淀滴定法测定硫酸铵含量的原理和方法。

(2) 了解沉淀滴定法的沉淀条件和终点判断方法。

二、实验原理

用硫酸钡沉淀滴定法测定硫酸铵的含量。此法是在弱酸性溶液中，用茜素红 S 吸附指示剂，用 $BaCl_2$ 标准溶液进行滴定。为了增加沉淀的比表面，实验中加入乙醇，以降低 $BaSO_4$ 的溶解度，同时快速滴定至 90%，以形成大量晶核，尽量使沉淀的表面积增大，有利于终点变色的敏锐。反应式如下：

$$Ba^{2+} + SO_4^{2-} = BaSO_4 \downarrow$$

$$BaSO_4 \cdot Ba^{2+} + 2FI^- = BaSO_4 \cdot Ba(FI)_2 \text{（粉红）}$$

三、仪器与试剂

（1）仪器：分析天平，滴定分析器具。

（2）试剂：$BaCl_2 \cdot 2H_2O$，0.2%茜素红 S 指示剂，95%乙醇溶液，10% HCl，0.1 mol · L^{-1} HCl 溶液。

四、实验内容

1. 0.1 mol · L^{-1} $BaCl_2$ 标准溶液的配制

准确称取 0.1 g 左右的 $BaCl_2 \cdot 2H_2O$（基准试剂）于 100 mL 烧杯中，加水溶解，滴入 10% HCl 2 滴，然后移入 250 mL 容量瓶中，用水稀释至刻度，摇匀。

2. 硫酸铵含量的测定

用移液管准确移取 25 mL 待测试液，放入 250 mL 锥形瓶中，加茜素红 S 指示剂 6 滴，逐滴加入 0.1 mol · L^{-1} HCl 溶液，使溶液从紫色变为黄色，再加乙醇溶液 15 mL，然后用 0.1 mol · L^{-1} $BaCl_2$ 标准溶液快速滴定至其用量的 90%以上（对未知样品先进行预先试验），再逐滴滴入至微红色为终点，计算硫酸铵的含量，以 g · L^{-1} 为单位表示。

五、思考题

（1）在本实验中为什么要加入乙醇溶液？

（2）分析沉淀滴定法误差的主要来源。

第六节　滴定分析拓展实验

实验二十　有机化合物中氮含量的测定——克达尔法

一、实验目的

（1）巩固克达尔法定氮理论。

（2）掌握克达尔定氮仪的操作方法。

二、实验原理

含氮有机物在催化剂的作用下，用浓硫酸分解，使试样所含的氮转变为硫酸氢氨，反应液在半微量克氏定氮仪中，用氢氧化钠碱化，析出的氨借水蒸气蒸馏带出，用饱和硼酸吸收后，以酸标准液滴定所生成的硼酸二氢氨，从而计算出试样中的含氮量。

主要有以下四个反应。

（1）硫酸硝化：有机氮$\xrightarrow[\text{加热煮解}]{\text{浓硫酸、催化剂}}$硫酸氢氨＋…

(2) 碱化蒸馏：$NH_4HSO_4 + 2NaOH \xrightarrow{\text{水蒸气蒸馏}} Na_2SO_4 + NH_3\uparrow + 2H_2O$

(3) 硼酸吸收：$NH_3 + H_3BO_3 \longrightarrow NH_4H_2BO_3$

(4) 酸标准液滴定：$H^+ + H_2BO_3^- \longrightarrow H_3BO_3$

三、仪器与试剂

(1) 仪器：克达尔定氮仪(见图 5.1)。

(2) 试剂：40% NaOH 溶液，浓硫酸，0.025 mol・L^{-1} 盐酸标准液，饱和硼酸溶液，混合指示剂(次甲基蓝+甲基红)。

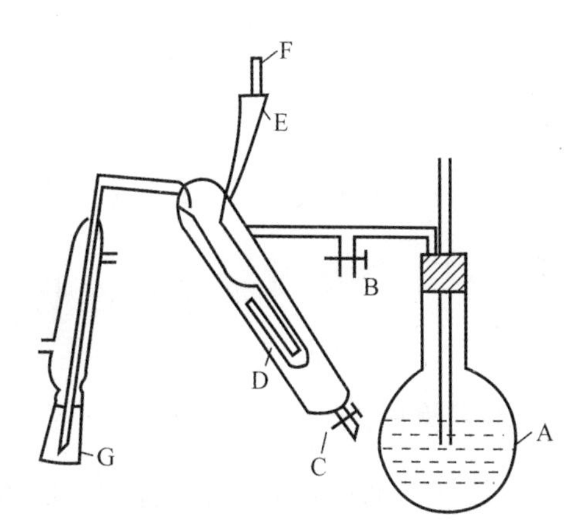

A—水蒸气发生器；B，C—弹簧夹；D—蒸馏器；E—加料漏斗；F—磨口塞；G—吸收瓶。

图 5.1 克达尔定氮装置

四、实验内容

(1) 准确称取 0.03～0.05 g 样品置于干燥洁净的 50 mL 或 100 mL 消解瓶中，加入 0.5 g 催化剂(硫酸钾、硫酸铜、硒粉混合物)及 3～4 mL 浓硫酸，在通风橱内，将煮解瓶呈 45°角斜置，用小火缓缓加热使溶解，然后强火沸腾，反应物先变黑，逐渐变草黄色，最后溶液呈透明的蓝绿色或几乎无色后，再消解 5 min，冷却，加 3 mL 水。

(2) 在消解的同时，整个装置用蒸汽洗涤 10 min。

(3) 在通气的情况下，打开 B，将消化液经加料漏斗 E 定量地转入蒸馏器 D 中(用少量水冲洗多次，直至消解瓶内洗出液不显酸性为止)，将磨口塞 F 塞好后，加 15 mL 40%的 NaOH 溶液于加料漏斗中备用。

(4) 吸收瓶 G 中加入 10 mL 饱和硼酸溶液及 4 滴混合指示剂，此时吸收液显红紫色，打开冷凝水。

(5) 将吸收瓶 G 提高到使冷凝管出口恰恰插入吸收液的液面以下，夹住 B，通入蒸汽，适当旋转磨口塞 F，慢慢地自加料漏斗 E 中加入预先装好的 40% NaOH 溶液(注意：要防止吸收液倒吸)。待 NaOH 剩下 0.5 mL 左右时，可加水冲洗 E。再慢慢放入，并始终保持磨口塞 F 液封。氨被蒸出并为硼酸液吸收，此时溶液显绿色。待吸收液的体积增至 30～40 mL 时，可使冷凝管末端高出吸收液液面，再继续蒸馏 1 min，用水冲洗冷凝管末端，并试验蒸出液是否显碱性。

(6) 关闭水蒸气发生器下面的煤气灯，用湿布包盖 A，使其冷却，使 D 管内的残留液倒吸出来，打开 C，放出。将冷凝管的末端插入已装有水的锥形瓶中(插至瓶底部)，再用湿布冷却 A。让水从瓶中倒吸入 D 而到 C 排出。为此反复冲洗 D 2～3 次。

(7) 用 0.025 mol・L^{-1} 标准盐酸溶液滴定吸收液，溶液由绿色经过无色至稍显蓝紫色(灰色)时即为终点。同时做空白试验。

五、结果计算

试样含氮量的计算：

$$w_N = \frac{0.01401Vc}{m} \times 100\%$$

式中，V 为所用标准盐酸溶液的体积(mL)(减去空白值)；c 为标准盐酸溶液的浓度(mol·L^{-1})；氮的摩尔质量为 0.01401 g·mol^{-1}；m 为样品的质量(g)。

六、思考题

对于难分解的含氮化合物应采取什么措施？

实验二十一　有机卤化物的测定

一、实验目的

掌握氧瓶燃烧法分解试样的原理和操作。

二、实验原理

有机含卤化合物在充满氧气的燃烧瓶中，用铂丝作催化剂，经燃烧能分解生成卤离子及部分游离卤素；生成的卤离子被氢氧化钠溶液吸收，游离的卤素在碱性溶液中被过氧化氢还原为卤离子也被氢氧化钠溶液吸收；通过测定卤离子含量，求得有机卤化物中卤素的百分含量。主要反应如下。

(1) 试样分解：有机卤化物 $\xrightarrow{\text{燃烧 } PtO_2} X^- + X_2 + H_2O + CO_2$

(2) 还原：$X_2 + 2NaOH + H_2O_2 \longrightarrow 2NaX + O_2 + 2H_2O$

(3) 滴定：$Hg^{2+} + 2X^- \longrightarrow HgX_2$

三、仪器与试剂

(1) 仪器：氧气袋，250 mL 燃烧瓶(见图 5.2)，定量滤纸(滤纸裁剪形状见图 5.3)，50 mL 酸式滴定管。

(2) 试剂：0.01 mol·L^{-1} 标准硝酸汞溶液，0.2 mol·L^{-1} 氢氧化钠溶液，30%过氧化氢溶液，1∶1 的硝酸溶液，0.2 mol·L^{-1} 硝酸溶液，95%乙醇，溴酚蓝，二苯基卡巴腙。

四、实验内容

(1) 称样：准确称取 10～15 mg 样品，置于滤纸的中央(见图 5.4)，按图 5.4 所示折好滤纸后，将其折合部分紧夹在铂丝或镍铬丝上。

(2) 燃烧分解：在分解瓶中加入 10 mL 0.2 mol·L^{-1} NaOH 溶液和 4 滴 30%的 H_2O_2 溶液为吸收液，然后通入氧气，约 30 s，点燃滤纸尾部，立即插入分解瓶，按紧瓶塞，并小心倒转，倾斜分解瓶（为安全起见，要注意拿瓶姿势，切勿对着自己脸部和其他人）。此时，样品与滤纸在铂或镍铬的催化下在氧气中充分燃烧（温度可达 1 000℃以上）。

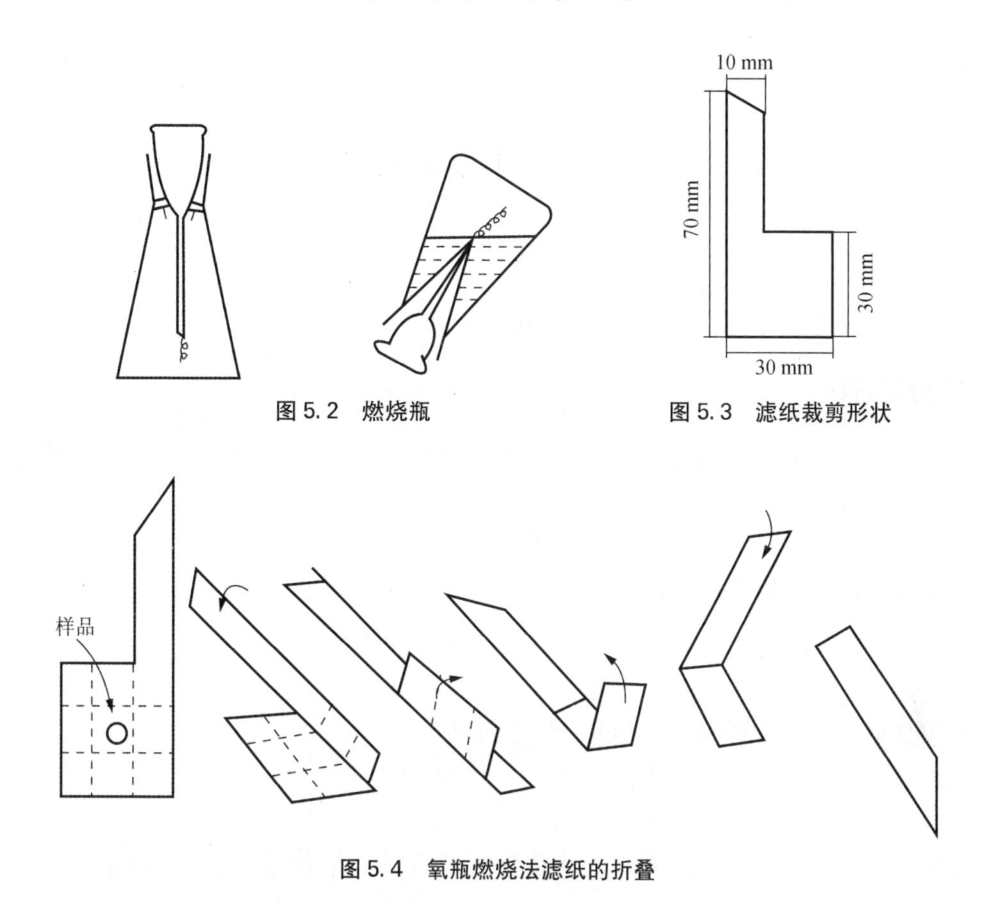

图 5.2 燃烧瓶

图 5.3 滤纸裁剪形状

图 5.4 氧瓶燃烧法滤纸的折叠

如果燃烧结束后，吸收液中残存黑色小块，表示未分解完全，必须重做。样品燃烧完毕后，将分解瓶充分振摇，至白烟消失，然后打开瓶塞（不易打开时，可向瓶颈磨口周围注入少许蒸馏水），用少量蒸馏水淋洗瓶塞、铂丝或镍铬丝及瓶壁。

(3) 滴定：将溶液煮沸到出现大泡为止，以破坏过量的 H_2O_2，冷却后，加 1 滴溴酚蓝指示剂，用 1∶1 硝酸（大约 7 滴左右）中和大部分碱，再用 0.2 mol · L^{-1} HNO_3 溶液中和至溶液刚呈黄色，然后再过量加入 1.25 mL 0.2 mol · L^{-1} 的 HNO_3 溶液（此时，pH 值约为 1.5～2.5），加入 20 mL 95%乙醇，滴入 5～10 滴二苯基卡巴腙溶液，用硝酸汞标准溶液滴定，终点时颜色由橙黄色变到樱红色。同时做空白试验。

五、结果计算

试样中卤素含量的计算：

$$w_X = \frac{2cVM}{1\,000m} \times 100\%$$

式中，M 为卤素的摩尔质量（g · mol^{-1}）；c 为硝酸汞的浓度（mol · L^{-1}）；V 为所消耗硝酸汞标液的体积(mL);m 为样品的质量(g)。

六、思考题

吸收液为何要呈碱性？在滴定时又为何将其调成酸性？

实验二十二　不饱和键的测定

一、实验目的

掌握卤素加成法测定不饱和键的原理和方法。

二、实验原理

利用溴量法测定不饱和化合物时，由于溴计量困难，一般不直接采用溴，而用溴酸钾-溴化钾溶液与酸反应，则有溴生成。其反应式为：

$$KBrO_3 + 5KBr + 6HCl \longrightarrow 6KCl + 3Br_2 + 3H_2O$$

放出的溴与不饱和化合物起加成反应：

$$>C=C< + Br_2 \longrightarrow >\underset{Br}{\underset{|}{C}}-\underset{Br}{\underset{|}{C}}<$$

过量的溴加 KI 析出 I_2，再用 $Na_2S_2O_3$ 标准溶液滴定：

$$Br_2 + 2KI \longrightarrow I_2 + 2KBr$$

$$I_2 + 2Na_2S_2O_3 \longrightarrow 2NaI + Na_2S_4O_6$$

为了使反应易于进行，常加入硫酸汞作为催化剂，为了避免取代等副反应，加成反应一般在低温暗处进行。

三、仪器与试剂

(1) 仪器：500 mL 碘量瓶，50 mL 碱式滴定管。

(2) 试剂：0.1 mol·L^{-1} 溴酸钾-溴化钾溶液，0.1 mol·L^{-1} 硫代硫酸钠标准溶液，0.2 mol·L^{-1} 硫酸汞溶液，四氯化碳，3 mol·L^{-1} 硫酸，冰醋酸，1%淀粉溶液，20% KI 溶液，2 mol·L^{-1} NaCl 溶液。

四、实验内容

精确称取 0.082 g 左右的样品，放于 500 mL 碘量瓶中，用 20 mL 水溶解(不溶于水的样品用四氯化碳溶液溶解，待全溶后加入 30 mL 冰醋酸)。然后精确加入 0.1 mol·L^{-1} 溴酸钾-溴化钾溶液 25 mL(一般过量 10%～15%)，沿瓶壁加入 3 mol·L^{-1} 硫酸 8～10 mL，盖好瓶塞。轻轻转动使混合均匀，2～3 min 后溴即完全析出。然后利用转动瓶塞的方法由瓶口加入 0.2 mol·L^{-1} 的硫酸汞溶液 10 mL，放暗处，并振荡约 10 min(难加成的样品要长些)，反应完全后，以加硫酸汞的方式加入 2 mol·L^{-1} 氯化钠溶液 15 mL，随即加入 20%的碘化钾溶液10 mL，振荡半分钟，打开瓶塞并用水洗净。然后用0.2 mol·L^{-1}硫代硫酸钠标准溶液滴定，滴定至淡黄色，加1%的淀粉溶液2 mL，继续滴定至蓝色消失。

用四氯化碳作溶剂时，因碘被吸收，近终点时应用力振荡，至碘全部释出并被滴定为止。

同时做空白试验。

五、结果计算

$$\text{不饱和化合物的质量分数} = \frac{(V_1 - V_2)cM}{2\,000mn} \times 100\%$$

式中，V_1为空白试验消耗硫代硫酸钠标准溶液的体积(mL)；V_2为滴定样品消耗的硫代硫酸钠标准溶液的体积(mL)；c为硫代硫酸钠标准溶液的浓度(mol·L^{-1})；M为样品的摩尔质量(g·mol^{-1})；m为样品质量(g)；n为不饱和键的个数。

六、思考题

为何用转动瓶盖的方法加入硫酸汞等溶液？

实验二十三　羰基的测定

一、实验目的

掌握羟胺法测定羰基化合物的基本原理和操作方法。

二、实验原理

盐酸羟胺与醛、酮反应生成肟。其反应为：

$$\begin{matrix} R \\ \quad\diagdown \\ \quad\quad C{=}O \\ \quad\diagup \\ R_1 \\ (R) \end{matrix} + H_2NOH\cdot HCl \rightleftharpoons \begin{matrix} R \\ \quad\diagdown \\ \quad\quad C{=}NOH \\ \quad\diagup \\ R_1 \\ (R) \end{matrix} + H_2O + HCl$$

反应释出的酸，可以用溴酚蓝作指示剂，用标准的碱溶液滴定，从而计算醛或酮的含量。

本法应用范围较广，但最大的缺点是滴定终点很不明显，故必须同时做一份空白试验以对照终点时的颜色，指示剂的浓度不宜太大，同时为了保持指示剂的浓度一致，可把溴酚蓝指示剂预先加到盐酸羟胺试剂中。

三、仪器与试剂

(1) 仪器：250 mL碘量瓶，50 mL碱式滴定管。

(2) 试剂:0.012 mol·L^{-1} 盐酸羟胺醇溶液,0.4%溴酚蓝,0.5 mol·L^{-1} NaOH 标准溶液。

四、实验内容

在一个250 mL烧杯中,加入约100 mL盐酸羟胺醇溶液,用NaOH中和游离酸,至蓝绿色(不计NaOH溶液的体积)。然后用移液管移取25.00 mL于250 mL碘量瓶中,加入0.3～0.4 g醛或酮样品(大约15滴左右,以使盐酸羟胺溶液过量一倍为宜),摇匀后,在室温放置10 min,用0.5 mol·L^{-1} 氢氧化钠标准溶液滴定至蓝绿色。以空白试验中溶液的颜色作为观察终点时的颜色标准。

五、结果计算

$$\text{羰基化合物的质量分数} = \frac{VcM}{1000mn} \times 100\%$$

式中,V 为样品溶液所消耗氢氧化钠标准溶液的体积(mL);c 为氢氧化钠标准溶液的浓度(mol·L^{-1});M 为样品的摩尔质量(g·mol^{-1});m 为样品质量(g);n 为样品分子中羰基的个数。

六、思考题

在滴定过程中可否加入蒸馏水?

实验二十四　氨基化合物的测定

一、实验目的

(1) 掌握重氮化法测定芳伯胺类化合物的原理和操作。
(2) 了解使用外指示剂确定反应终点的注意事项。

二、实验原理

芳伯胺类化合物在无机酸存在下,能与亚硝酸作用,生成芳伯胺的重氮盐,反应完成后稍过量的亚硝酸用指示剂检出,根据亚硝酸钠标准液的消耗量计算芳伯胺的含量。

主要反应:

$$ArNH_2 + NaNO_2 + 2HCl \longrightarrow [Ar-\overset{+}{N}\equiv N]Cl^- + NaCl + 2H_2O$$

$$2KI + 2HNO_2 + 2HCl \longrightarrow I_2 + 2KCl + 2NO + 2H_2O$$

三、仪器与试剂

(1) 仪器:400 mL的烧杯,50 mL碱式滴定管。

(2) 试剂：0.1 mol · L^{-1} 亚硝酸钠标准液，25%氨水，溴化钾，6 mol · L^{-1} 盐酸溶液，淀粉-碘化钾试纸。

四、实验内容

精确称取0.5g样品，置于400 mL的烧杯中，加入50 mL蒸馏水及浓氨水3 mL，溶解后加6 mol · L^{-1} 盐酸8 mL(如样品不溶于盐酸，可先用少量的冰醋酸、碳酸钠溶液或氢氧化铵溶液溶解，然后再加入蒸馏水和盐酸)，加入溴化钾1g，易起反应的样品可不加溴化钾，然后将滴定管尖端插入液面下约2/3处，控制温度在30℃以下，用0.1 mol · L^{-1} $NaNO_2$ 标准溶液迅速滴定，随滴随搅，至近终点时将滴定管尖端提出液面，用少量水淋洗尖端，洗液并入溶液，用玻璃棒蘸1滴反应液于淀粉-碘化钾试纸上，试纸立即变蓝，继续搅拌5 min，再取1滴于试纸上，仍立即变蓝说明到达终点。

一般先预测一次，然后精测。同时做空白试验。

五、结果计算

$$\text{芳伯胺的质量分数}=\frac{(V_2-V_1)cM}{1\,000mn}$$

式中，V_1 为空白试验所消耗亚硝酸钠标准溶液的体积(mL)；V_2 为滴定样品所消耗亚硝酸钠标准溶液的体积(mL)；c 为亚硝酸钠标准溶液的浓度(mol · L^{-1})；M 为样品的摩尔质量(g · mol^{-1})；m 为样品质量(g)；n 为样品分子中参加反应的氨基个数。

六、思考题

多次用玻璃棒蘸反应液于淀粉-碘化钾试纸上观察终点到否，对实验结果有无影响？

实验二十五 有机碱的非水滴定

一、实验目的

掌握非水滴定的操作和结果计算。

二、实验原理

有机碱具有弱酸性，可用高氯酸的冰乙酸标准溶液为滴定剂，在非水条件下进行酸碱滴定，反应式如下：

$$B+HClO_4 \longrightarrow BH^+ + ClO_4^-$$

根据高氯酸的冰乙酸标准溶液消耗量计算有机碱的含量。

三、仪器与试剂

(1) 仪器：10 mL自动滴定管，100 mL锥形瓶。

(2) 试剂:0.1 mol·L^{-1} 的高氯酸-冰乙酸标准溶液,结晶紫指示剂。

四、实验内容

准确称取样品 0.1 g 左右,置于干燥的 100 mL 锥形瓶中,加 5 mL 冰醋酸,摇动使样品溶解,然后再加 2 滴结晶紫指示剂,用 0.1 mol·L^{-1} $HClO_4$ 标准溶液滴定至蓝绿色即为终点。在同样条件下进行空白试验,注意空白试验与测定样品滴定终点颜色要一致。

五、结果计算

按下式计算样品含量:

$$\text{有机碱的质量分数}=\frac{cVM}{1\,000m}\times 100\%$$

式中,V 为滴定试样消耗高氯酸-冰乙酸标准溶液的体积(扣除空白消耗)(mL);c 为 $HClO_4$ 的浓度(mol·L^{-1});M 为样品的摩尔质量(g·mol^{-1});m 为样品质量(g)。

六、思考题

实验所用的器具为什么必须干燥?

实验二十六 水中溶解氧的测定

一、实验目的

(1) 巩固氧化还原滴定分析法的原理和方法,了解氧化还原滴定分析法在环保分析中的具体应用。

(2) 掌握碘量法测定水中溶解氧的原理和方法。

(3) 了解膜电极法测定水中溶解氧的原理和方法。

二、实验原理

碘量法是基于溶解氧的氧化性能,在水样中加入硫酸锰和氢氧化钠-碘化钾溶液,生成三价锰的氢氧化锰棕色沉淀,当水中溶解氧充足时,生成四价锰的氢氧化物棕色沉淀。高价锰的氢氧化物沉淀在有碘离子存在时加酸溶解,即释放出与溶解氧量相当的游离碘,然后用硫代硫酸钠标准溶液滴定游离碘,从而测得溶解氧含量。其反应式如下:

$$Mn^{2+}+2OH^- \longrightarrow Mn(OH)_2\downarrow\text{(白色沉淀)}$$

$$2Mn(OH)_2+\frac{1}{2}O_2+H_2O \longrightarrow 2Mn(OH)_3\downarrow\text{(棕色沉淀)}$$

$$2Mn(OH)_3+2I^-+6H^+ \longrightarrow 2Mn^{2+}+I_2+6H_2O$$

$$I_2+2S_2O_3^{2-} \longrightarrow 2I^-+S_4O_6^{2-}$$

当水中溶解氧充足时,则为:

$$Mn^{2+} + 2OH^- \longrightarrow Mn(OH)_2\downarrow\text{(白色沉淀)}$$

$$Mn(OH)_2 + \frac{1}{2}O_2 \longrightarrow MnO(OH)_2\downarrow\text{(棕色沉淀)}$$

$$MnO(OH)_2 + 2I^- + 4H^+ \longrightarrow Mn^{2+} + I_2 + 3H_2O$$

三、仪器与试剂

(1) 仪器：250 mL 或 300 mL 棕色细口溶解氧瓶(见图 5.5，磨口塞打斜 45°)或用 250 mL 碘量瓶，250 mL 锥形瓶，25 mL 碱式滴定管或溶解氧专用滴定管，2 mL 刻度吸管，50 mL 移液管。

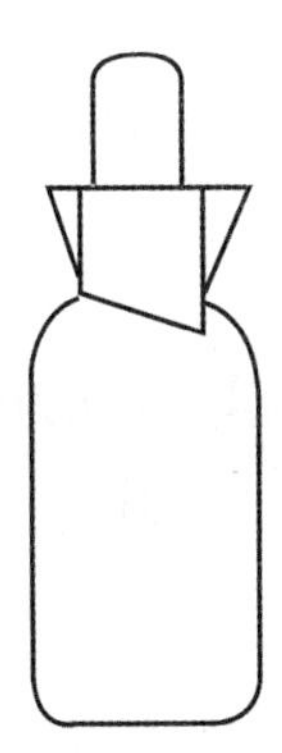

图 5.5 溶解氧瓶

(2) 试剂：

① 硫酸锰溶液：称取 480 g $MnSO_4 \cdot 4H_2O$ 或 364 g $MnSO_4 \cdot H_2O$ 溶解于蒸馏水中，过滤后稀释至 1 L。此溶液在酸性时，加入碘化钾后遇淀粉不得变蓝。

② 碱性碘化钾溶液：称取 500 g 氢氧化钠溶解在 300～400 mL 蒸馏水中，另称取 150 g 碘化钾溶于 200 mL 蒸馏水中，待氢氧化钠溶液冷却后将两种溶液合并、混合。用水稀释至 1 L。若有沉淀则放置过夜后倾出上层清液。贮于塑料瓶中，用黑纸包裹避光。

③ 浓硫酸。

④ 0.5%淀粉溶液：称取 0.5 g 可溶性淀粉，用少量水调成糊状，再用刚煮沸的水冲至 100 mL，冷却后，加入 0.1 g 水杨酸或 0.4 g 二氯化锌防腐。

⑤ 0.1 $mol \cdot L^{-1}$ 硫代硫酸钠标准溶液：将基准试剂安培瓶打破，定容稀释在容量瓶中(用新鲜去离子水或刚煮沸冷却的蒸馏水)，加入 0.2 g 碳酸钠或 5 mL 氯仿，贮于棕色瓶中，此溶液在室温下可稳定较长时间；若无基准试剂，可称 25 g 硫代硫酸钠($Na_2S_2O_3 \cdot 5H_2O$)溶于 1 L 煮沸放冷的蒸馏水中，加 0.2 g 碳酸钠，贮于棕色瓶中。此溶液临用前稀释并用重铬酸钾标准溶液标定。

四、实验步骤

1. 水样的采集

用 250 mL 碘量瓶采集水样，要注意不使水样曝气或有气泡残存在采样瓶中。可用水样冲洗采样瓶后，沿瓶壁直接倾注水样或用虹吸法将细管插入采样瓶底部，注入水样至溢流出瓶容积的 1/3～1/2 左右。

2. 溶解氧的固定(一般在取样现场固定)

用吸管插入溶解氧瓶的液面下，加入 2 mL 硫酸锰溶液，再加入 2 mL 碱性碘化钾溶液，盖好瓶塞(注意加盖时不得留有气泡)，颠倒混合数次，静置。待棕色沉淀物降至瓶内一半时，再颠倒混合一次，待沉淀物下降到瓶底。

3. 析出碘

轻轻打开溶解氧瓶塞，立即用吸管插入液面下，加入 1.5～2.0 mL 浓硫酸，小心盖好瓶塞，颠倒混合摇匀至沉淀物全部溶解为止。若溶解不完全，可继续加入少量浓硫酸，但此时不可溢流出溶液。然后放置暗处 5 min。

4. 滴定

用移液管吸取 50.00 mL 上述溶液，注入 250 mL 锥形瓶中，用 0.1 mol·L^{-1} 硫代硫酸钠标准溶液滴定到溶液呈微黄色，加入 1 mL 淀粉溶液，用硫代硫酸钠标准溶液继续滴定至恰使蓝色褪去为止，记录用量。

五、计算

(1) 溶解氧(mg/L)$=\dfrac{8\times 1000MV}{V'}$

式中，M 为硫代硫酸钠标准溶液的浓度(mol·L^{-1})；V 为滴定时所消耗硫代硫酸钠标准溶液的体积(mL)；V'为滴定时所取的水样体积(mL)。

(2) 溶解氧饱和度$=\dfrac{\text{测得的溶解氧值}}{\text{采样时的水温、大气压和盐度下的饱和溶解氧值}}\times 100\%$

六、思考题

(1) 空气中的氧气是影响溶解氧测定的重要因素，如何在采样和测定过程中避免或减少它的影响?

(2) 将溶解氧定量完全转换为碘溶液，实验中应注意哪些关键的事项?

(3) 测定时每次加试剂后均会引起溶液的溢出，如何通过操作来避免因此可能带来对实验结果的偏差?

七、注意事项

如水样中含有游离氯大于 0.1 mg·L^{-1} 时，应预先加硫代硫酸钠去除。可先用两个溶解氧瓶，各取出一瓶水样，对其中一瓶加入 5 mL 1 mol·L^{-1} 硫酸溶液和 1 g 碘化钾，摇匀。此时游离出碘，用硫代硫酸钠标准溶液以 0.5%淀粉作指示剂滴定，记下用量。然后向另一瓶水样中，加入上述测得的硫代硫酸钠标准溶液，摇匀，再按前述操作步骤进行固定和测定。

附：膜电极法(YSI-58 型溶解氧测定仪的应用)

1. 原理

YSI-58 型溶解氧测定仪系根据极谱的原理来测定溶解氧的仪器，采用了复合高分子薄膜的极谱型氧电极作为溶解氧的感应部件。图 5.6 展示了 YSI-58 型溶解氧测定仪的溶解氧电极，它以金作为阴极材料，银作为阳极材料，内部以半饱和的氯化钾溶液作为电解质溶液，在电极的顶端覆盖了一层聚四氟乙烯薄膜，这层薄膜将氯化钾电解质与被测溶液分隔开，但允许气体如溶解氧透过。当外加一个固定极化电压时，水中溶解氧透过薄膜，在阴极上还原，产生扩散电流。在两极发生如下反应：

阴极反应

$$O_2+2H_2O+4e \longrightarrow 4OH^-$$

阳极反应

$$Ag^+ + Cl^- \longrightarrow AgCl$$

此电极系统产生的稳定状态的扩散电流可用下式表示

$$i^{\infty}=nFA\frac{P_m}{L}C_s$$

式中，i^{∞}为稳定状态扩散电流；n 为电极反应中释放的电子数；A 为阴极表面积；F 为法拉第常数，96 500 C；P_m 为薄膜的渗透系数；L 为薄膜的厚度；C_s 为试样中溶解氧的浓度（$\times10^{-6}$）。

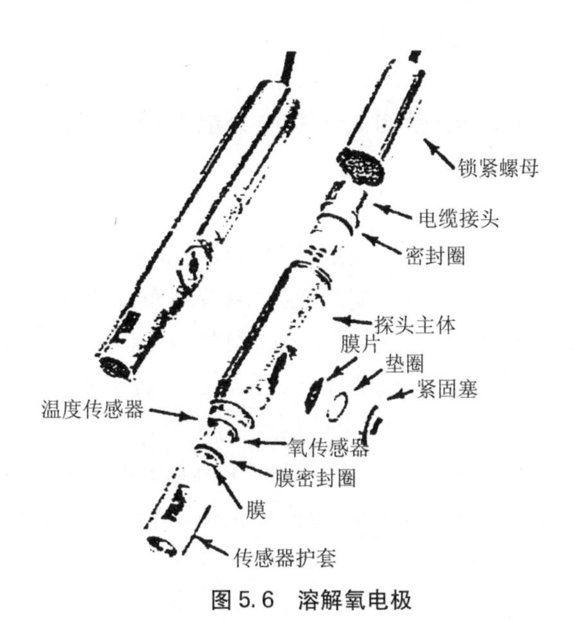

图 5.6 溶解氧电极

A、P_m、L 根据电极构造以及薄膜材料而定。当采用一定电极构造，选用一定薄膜材料时，这些均为常数，此时，扩散电流与溶解氧浓度成正比。

$$i_{\infty}=KC_s$$

电极输出的电流信号，通过一负载电阻，经放大器放大，直接显示氧浓度（$\times10^{-6}$）。

另外，该电极上设有温度探测头，可同时显示测定时的温度。

2. 仪器的使用

YSI-58 型溶解氧测定仪的面板如图 5.7 所示。

1) 仪器的准备

(1) 将仪器放在工作台上（竖直、水平或斜放均可），把电极接线端插入电极插孔 5，并旋紧。

(2) 将功能开关 3 置于“ZERO”处，调节零点调节钮 2 使数字显示为“00.0”。

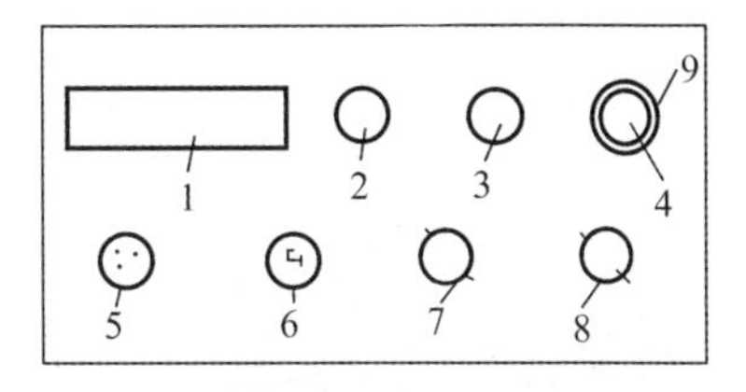

1—数字显示；2—零点调节钮；3—功能开关；4—校正旋钮；5—电极插孔；6—搅拌器接孔；7—搅拌开关；8—盐度校正钮；9—校正钮锁键。

图 5.7 YSI-58 型溶解氧测定仪面板图

(3) 如果使用本仪器所配备的搅拌器的话,将搅拌器接上(本实验不使用,故略)。

(4) 等待 15 min 使电极稳定。每次重新开机或重新接上电极后,都需有此 15 min 的等待时间。

2) 校正

溶解氧测定仪的校正是通过将电极置于一个已知氧浓度的环境中进行的。比如将电极放入一个相对湿度为 100%的空气或已知氧含量的水中,然后调节校正旋钮,使指示值等于该值即可。

校正可以采用下述几种方法。

(1) 空气校正:当水中溶解氧饱和时,液相中氧分压等于液相上面氧分压,也就是说,在平衡状态时,由水面上的空气进入水中溶解氧的速率,与氧从水中逸回空气中的速率是相等的。氧电极是感应氧分压的元件,因此,假如盛水容器与水面上空气等温,且被水饱和,那么,不管电极浸在水中或暴露在液相上空气中,氧电极将产生相对电流,空气校正技术就是建立在此原理基础上的。具体校正步骤如下。

① 将功能开关 3 置于"%"。

② 将一个湿润的棉球或布放入一无底的塑料校正瓶中,松开瓶盖约 1/2 圈,并将塑料校正瓶套在电极上,将电极置于温度不变的地方(或者用布裹住,或者采取其他隔热措施)。因为在调零和校正时的温度不一致将引起很大的误差,被测样品的温度也应尽可能一致。

③ 将功能开关 3 置于"ZERO",调节零点调节钮 2 使数字显示为"0.00",再将功能开关 3 回置到"%"处。

④ 当数字显示稳定后,从表 5.5 中查出即时压力和本地海拔高度下的校正值,松开校正钮锁键 9,调节校正旋钮 4 使数字显示为该校正值,然后再将校正钮锁键 9 锁住,以防改变。

表 5.5 不同大气压和海拔高度的校正值

大气压			海拔高度		校正值
in Hg	mmHg	kPa	ft	m	
30.23	768	102.3	−276	−84	101
29.92	760	101.3	0	0	100
29.61	752	100.3	278	85	99
29.33	745	99.3	558	170	98
29.02	737	98.3	841	256	97
28.74	730	97.3	1126	343	96
28.43	722	96.3	1413	431	95
28.11	714	95.2	1703	519	94
27.83	707	94.2	1995	608	93
27.52	699	93.2	2290	698	92

（续表）

大气压			海拔高度		校正值
in Hg	mmHg	kPa	ft	m	
27.24	692	92.2	2587	789	91
26.93	684	91.2	2887	880	90
26.61	676	90.2	3190	972	89
26.34	669	89.2	3496	1066	88
26.02	661	88.2	3804	1160	87
25.75	654	87.1	4115	1254	86
25.43	646	86.1	4430	1350	85
25.12	638	85.1	4747	1447	84
24.84	631	84.1	5067	1544	83
24.53	623	83.1	5391	1643	82
24.25	616	82.1	5717	1743	81
23.94	608	81.1	6047	1873	80
23.62	600	80.0	6381	1945	79
23.35	593	79.0	6717	2047	78
23.03	585	78.0	7058	2151	77
22.76	578	77.0	7401	2256	76
22.44	570	76.0	7749	2362	75
22.13	562	75.0	8100	2469	74
21.85	555	74.0	8455	2577	73
21.54	847	73.0	8815	2687	72
21.26	540	71.9	9178	2797	71
20.94	532	70.9	9545	2909	70
20.63	524	69.9	9917	3023	69
20.35	517	68.9	10293	3137	68
20.04	509	67.9	10673	3253	67
19.76	502	66.9	11508	3371	66

（2）化学方法校正。

① 将一个接近被空气饱和的水分成四份。其中三份用化学方法测定其中的溶解氧，取它们的平均值。如果其中一个数据与另外两个数据相差大于 0.5 mg・L^{-1}（$\times 10^{-6}$）的话，则舍去此数据，而取另外两个数据的平均值。

② 将电极放入第四份水样中，并启动搅拌器进行搅拌。

③ 将盐度校正钮 8 置于 0(FRESH)或样品的盐度近似值。

④ 如果零点发生变化,则重新调节零点。

⑤ 将功能开关 3 置于 0.01 mg・L^{-1} 处,在不断搅拌下,让电极在水样中至少保持 2 min,然后调节校正旋钮 4 至上面所测得的平均值,将电极在水样中停留 2 min,确定数值稳定即可。

如果需要可再重新校正一次。

(3) 饱和空气水的校正:在一定温度与压力下,水中饱和溶解氧为一定值,因此,可以利用经过空气饱和的水来进行校正,具体操作如下。

① 在烧杯内放入蒸馏水,在恒温下曝气至少 15 min。

② 放入电极,并启动搅拌器,将功能开关 3 置于“TEMP”,测定水温,从表 5.6 中查出相应温度下的溶解氧值。

③ 测出本地的海拔高度或确切的大气压(用压力计测出),利用表 5.5 得出该压力或海拔高度下的校正值。

表 5.6 在 101.3 kPa 的大气压力下,不同温度下的饱和溶解氧

温度/℃	溶解氧/(mg・L^{-1})	温度/℃	溶解氧/(mg・L^{-1})	温度/℃	溶解氧/(mg・L^{-1})	温度/℃	溶解氧/(mg・L^{-1})
0	14.60	12	10.76	24	8.40	35	6.93
1	14.19	13	10.52	25	8.24	36	6.82
2	13.81	14	10.29	26	8.09	37	6.71
3	13.44	15	10.07	27	7.95	38	6.61
4	13.09	16	9.85	28	7.81	39	6.51
5	12.75	17	9.65	29	7.67	40	6.41
6	12.43	18	9.45	30	7.54	41	6.31
7	12.12	19	9.26	31	7.41	42	6.22
8	11.83	20	9.07	32	7.28	43	6.13
9	11.55	21	8.90	33	7.16	44	6.04
10	11.27	22	8.72	34	7.05	45	5.95
11	11.01	23	8.56				

④ 将从表 5.6 中得到的溶解氧值乘以从表 5.5 中得到的校正值,并除以 100,即得到了饱和水样的准确的氧含量(mg・L^{-1})。

例如:21℃时,海平面或 1 kPa 大气压的溶解氧值为 8.90 mg・L^{-1},海拔高度为 1 400 ft (430 m)时的校正值为 95,则准确的校正值$=\dfrac{8.90\times95}{100}=8.45$ mg・L^{-1}。

⑤ 重新调节零点。

⑥ 检查盐度校正钮 8 是否置于“0”。调节校正旋钮 4 至刚才所得到的校正值,等待

2 min 使其稳定。如果需要，重新校正。

以上三种校正方法中，第二种操作麻烦，消耗化学试剂，条件误差情况和现场测量时，不太方便。第三种方法不太可靠，因为一般很难得到一个完全确切且稳定的饱和氧水，第一种方法是最快、最简单的校正技术，并且又有足够的精度，是一种推荐的校正方法。

3）测量

（1）在仪器准备和电极校正完毕后，将电极放入待测水样中，启动搅拌器进行搅拌。

（2）调节盐度校正钮 8 于样品的盐度值。

（3）改变功能开关 3 于 O_2“ZERO”处，如果零点发生变化须重新调节。

（4）改变功能开关 3 于需要的读数精度处（0.1 mg・L^{-1} 或 0.01 mg・L^{-1}），读取稳定的溶解氧值（mg・L^{-1}）。

（5）将功能开关 3 置于“%”，即可得到溶解氧饱和百分数。

3. 注意事项

1）流速

测量时电极浸入溶液于静止与流动两种不同状态下，读数有很大差异。电极的灵敏度随着流速增加而升高，最后到达稳定值。所以在实验室测量中，被测溶液搅拌是必要的，可以采用电磁搅拌或电机搅拌，也可以在测量时，轻微摇动电极，但是要注意搅拌不可太剧烈，不能造成空气与被测样品之间氧的交换。在连续测量的情况下，电极必须安装在流动的地方，一般最低流速在 10～30 cm/s 之间。

2）温度

在测定溶解氧时，温度的影响很大，每变化 1℃就会使电极输出电流变化约 3.5%，温度对测量精度有很大影响。尽管在仪器中可进行温度自动补偿，但是，在很宽的温度范围内，要完全进行自动补偿而又保持最高的测量精度是相当困难的。因此，在使用时，校正温度应力求与测量温度接近。

3）压力

在 YSI－58 型溶解氧测定仪的电极边上有一个很好的压力补偿孔，可以确保在深水区的精确读数。当压力达到 4.45 MPa 时（约 60 米深），压力校正仍可使读数误差在 0.5%以内。所以该电极既可以在浅水区使用，也可以在深水区使用。

4）电极薄膜的更换

电极在使用了一段时期后，由于薄膜会被污染，尤其是在测量生活污水、工业废水时，电极性能很快变化，甚至会毁坏电极；或者如果发生电解液泄漏严重时，都应经常、及时地更换电极薄膜和电解液。

实验二十七　化学需氧量(COD)的测定

一、实验目的

（1）巩固氧化还原滴定分析法的原理和方法，熟悉氧化还原滴定分析法在环保分析中的具体应用。

(2) 了解化学需氧量(COD)的基本概念及其在环境分析中的作用。

(3) 掌握重铬酸钾法测定化学需氧量的原理和方法。

二、实验原理

化学需氧量是指在一定条件下,用强氧化剂处理水样时所消耗的氧化剂的量,以氧的浓度(mg/L)表示。它是指示水体被还原性物质污染的主要指标。还原性物质包括各种有机物、亚硝酸盐、亚铁盐和硫化物等,但水体受有机物污染是极为普遍的,因此,化学需氧量可作为衡量水体中有机物相对含量的指标之一。

重铬酸钾方法是在强酸性溶液中,加入准确过量的重铬酸钾,将水样中还原性物质(主要是有机物)氧化,过量的重铬酸钾以试亚铁灵作指示剂,用硫酸亚铁铵溶液回滴,根据所消耗的重铬酸钾量算出水样中的化学需氧量。

三、仪器与试剂

(1) 仪器:

回流装置:24 mm 或 29 mm 标准磨口 500 mL 全玻璃回流装置,球形冷凝器,长度为 30 cm;加热装置:功率大于 1.5 kW 的电热板或电炉,以保证回流液充分沸腾;50 mL 酸式滴定管;250 mL 锥形瓶;10 mL、20 mL 移液管。

(2) 试剂:

① 0.041 67 mol·L^{-1} 重铬酸钾标准溶液($c_{1/6K_2Cr_2O_7}$=0.250 0 mol·L^{-1}):称取 12.258 g 优级纯重铬酸钾(预先在 105~110℃烘箱中干燥 2 h,并储存于干燥器中冷却至室温)溶于水中,移入 1 000 mL 容量瓶中,用蒸馏水稀释至标线,摇匀。

② 试亚铁灵指示剂:称取 1.49 g 邻菲罗啉($C_{12}H_8N_2 \cdot H_2O$,1,10-Phenanthroline),0.695 g 硫酸亚铁($FeSO_4 \cdot 7H_2O$)溶于水中,稀释至 100 mL,贮于棕色试剂瓶中。

③ 0.1 mol·L^{-1} 硫酸亚铁铵标准溶液:称取 39.2 g 硫酸亚铁铵[$FeSO_4 \cdot (NH_4)_2SO_4 \cdot 6H_2O$]溶于水中,加入 20 mL 浓硫酸,冷却后稀释至 1 000 mL,摇匀。临用前用重铬酸钾标准溶液标定。

标定方法:用移液管吸取 10.00 mL 重铬酸钾标准溶液于 250 mL 锥形瓶中,用水稀释至 100 mL,加 8 mL 浓硫酸,冷却后加入 2~3 滴试亚铁灵指示剂,用硫酸亚铁铵标准溶液滴定到溶液由黄色经蓝绿色刚变为红褐色为止。

硫酸亚铁铵溶液的浓度可用下式计算:

$$c(\text{mol}\cdot\text{L}^{-1}) = \frac{6c_1V_1}{V}$$

式中,c_1 为重铬酸钾标准溶液的浓度(mol·L^{-1});V_1 为吸取的重铬酸钾标准溶液的体积(mL);V 为消耗的硫酸亚铁铵标准溶液的体积(mL)。

④ 硫酸银-硫酸溶液:于 1000 mL 浓硫酸中加入 10 g 硫酸银,放置 1~2 天,不时摇动使其溶解。

⑤ 硫酸汞(结晶状)。

四、实验步骤

(1) 用移液管吸取 20.00 mL 的均匀水样于 500 mL 回流装置锥形瓶中，准确加入 10.00 mL 重铬酸钾标准溶液，再慢慢加入 30 mL 硫酸银-硫酸溶液，边加边摇，使溶液混合均匀，加入少许沸石(以防爆沸)，加热回流 2 h(溶液沸腾时开始计时)。

当水样中氯离子浓度大于 30 mg・L^{-1} 时，取水样 20.00 mL，加 0.4 g 硫酸汞和 5 mL 浓硫酸，摇匀，待硫酸汞溶解后，再依次加入 10.00 mL 重铬酸钾溶液、30 mL 硫酸银-硫酸溶液和少许沸石，加热回流 2 h。

(2) 稍冷后，用少许水冲洗冷凝器壁，然后取下锥形瓶。再用蒸馏水稀释至约 140 mL(溶液体积不应小于 140 mL，否则因酸度太大终点不明显)。

(3) 溶液冷至室温后，加 2～3 滴试亚铁灵指示剂，用硫酸亚铁铵标准溶液滴定到溶液由黄色经蓝绿色刚变为红褐色为止。记录消耗的硫酸亚铁铵标准溶液的体积。

(4) 在测定水样的同时，以 20 mL 蒸馏水代替水样，按水样测定步骤平行地进行空白实验。

五、计算

化学需氧量(O_2，mg・L^{-1})按下式计算

$$\mathrm{COD}=\frac{8\times 1000c(V_0-V_1)}{V_2}$$

式中，c 为硫酸亚铁铵标准溶液的浓度(mol・L^{-1})；V_0 为空白消耗的硫酸亚铁铵标准溶液的体积(mL)；V_1 为水样消耗的硫酸亚铁铵标准溶液的体积(mL)；V_2 为水样的体积(mL)。

六、思考题

(1) 测定 COD 有什么意义?

(2) 实验中为什么要加入硫酸银和硫酸汞?

(3) 本实验进行空白试验的目的是什么?

(4) 回流时几只烧瓶内的溶液沸腾程度不同会带来什么结果?

(5) 做空白实验时若忘记加代替水样的蒸馏水，则可能造成什么结果?

七、注意事项

(1) 反应混合物必须微沸而不能爆沸。爆沸说明溶液有局部过热，这将导致假结果。急剧过热或防爆沸粒无效也会引起爆沸。

(2) 回流过程中若溶液颜色变绿，说明水样的化学需氧量太高，需将水样适当稀释后重新测定。

(3) 水样加热回流后，溶液中重铬酸钾剩余量是加入量的 1/5～4/5 为宜。

(4) 虽然试亚铁灵的量不是决定性的，但每次滴定时加入量应尽可能保持一定。取第一次由蓝绿色变为红棕色的明显变色为终点，几分钟后可能再次出现蓝绿色。

实验二十八　磷化液中游离酸度和总酸度的测定

一、实验目的

(1) 学会磷化液中总酸度和游离酸度的测定。

(2) 理解多元酸的滴定及指示剂的选择。

二、实验原理

磷酸是三元酸，以强碱中和时有三个理论终点，其化学反应式如下：

$$H_3PO_4 + NaOH = NaH_2PO_4 + H_2O$$

$$NaH_2PO_4 + NaOH = Na_2HPO_4 + H_2O$$

$$Na_2HPO_4 + NaOH = Na_3PO_4 + H_2O$$

第一个终点可用甲基橙或溴酚蓝(pH=2.8～4.6)作指示剂；第二个终点可用酚酞(pH=8.3～10.0)作指示剂；第三步反应无适当指示剂，不能准确确定滴定终点。第一个终点滴定的是游离酸；第二个终点滴定的是磷酸二氢钠。

在磷化液中除了游离酸外尚有大量的 $Zn(H_2PO_4)_2$ 和 $Mn(H_2PO_4)_2$ 等，它们也同时被滴定。在工艺上规定，以甲基橙(或溴酚蓝)作指示剂，滴定所消耗的碱量称为游离酸度；以酚酞作指示剂，滴定所消耗的碱量称为总酸度。

三、仪器与试剂

(1) 仪器：常用定量玻璃器皿。

(2) 试剂：溴酚蓝指示剂(0.1%乙醇溶液)或甲基橙指示剂；酚酞指示剂(1%乙醇溶液)；0.1 $mol \cdot L^{-1}$ 氢氧化钠标准溶液(溶液配制和浓度标定参阅实验三和实验四)；磷化液。

四、实验内容

1. 总酸度的测定

移取 1 mL 磷化液，置于 250 mL 锥形瓶中，加水 50 mL，2～3 滴酚酞指示剂，用氢氧化钠标准溶液滴定至溶液呈淡红色，滴定所消耗的碱量记作 V_1(mL)。

2. 游离酸度的测定

移取 5 mL 磷化液，置于 250 mL 锥形瓶中，加水 50 mL，8 滴溴酚蓝指示剂，用氢氧化钠标准溶液滴定至溶液由黄绿色恰变为蓝紫色，滴定所消耗的碱量记作 V_2(mL)。

五、结果计算

$$SD_{总} = \frac{cV_1}{V_{试}}; \quad SD_{游} = \frac{cV_2}{V_{试}}$$

式中，$SD_{总}$ 为测得的磷化液总酸度($mol \cdot L^{-1}$)；$SD_{游}$ 为测得的磷化液游离酸度(mol ·

L^{-1})；c 为氢氧化钠标准溶液的浓度($mol\cdot L^{-1}$)；$V_{试}$ 为测定时移取的磷化液的体积(mL)；V_1 为测定总酸度时消耗的氢氧化钠标准溶液的体积(mL)；V_2 为测定游离酸度时消耗的氢氧化钠标准溶液的体积(mL)。

六、思考题

(1) 磷化液的主要成分是什么?

(2) 磷化液在表面处理工艺中的主要作用是什么?

七、注意事项

(1) 滴定时溶液若变浑浊，可适当补加指示剂，以便观察终点。

(2) 工艺上，游离酸度和总酸度一般用"点"表示，即用酚酞作指示剂，用 0.100 0 $mol\cdot L^{-1}$ 氢氧化钠标准溶液滴定 10 mL 磷化液所消耗的体积为总酸度的"点"数。同样以溴酚蓝作指示剂，滴定 10 mL 磷化液所消耗的体积为游离酸度的"点"数，即：

$$SD_{总}=\frac{cV_1}{V_{试}}\times 100(点)；\quad SD_{游}=\frac{cV_2}{V_{游}}\times 100(点)$$

实验二十九　酸铜镀液中铜的测定

一、实验目的

(1) 掌握氧化还原滴定法测定镀液中铜离子含量的方法。

(2) 理解测定中各种试剂的作用。

二、实验原理

在酸性溶液中，二价铜离子与碘化钾反应，析出与铜的物质的量相当的碘，用淀粉作指示剂，用硫代硫酸钠标准溶液滴定，由此可计算出酸铜镀液中铜的含量。

溶液中铁、铝离子的干扰可用氟化钠掩蔽。

三、仪器与试剂

(1) 仪器：常用定量玻璃器皿。

(2) 试剂：0.1 $mol\cdot L^{-1}$ 硫代硫酸钠标准溶液(溶液配制和浓度标定参阅实验十三)；硫酸，$\rho=1.84\ g\cdot L^{-1}$；20%碘化钾溶液；0.5%淀粉指示剂；冰醋酸；氨水；氟化钠固体；10%硫氰酸钾溶液；酸铜镀液。

四、实验内容

先移取镀液 2 mL 于 250 mL 锥形瓶中，按下述方法进行预滴定。根据硫代硫酸钠标准溶液消耗的体积确定移取镀液的体积(1～5 mL)。

准确移取适量镀液于250 mL锥形瓶中，加水50 mL，氟化钠1 g，摇匀。滴加氨水至溶液变深蓝色，再滴加冰醋酸使其变浅蓝色，过量5 mL，加碘化钾溶液10 mL，用硫代硫酸钠标准溶液滴定至淡黄色，加淀粉指示剂5 mL，继续滴定至浅蓝色，加入硫氰酸钾溶液10 mL，继续滴定至蓝色消失，即为终点。根据消耗的硫代硫酸钠标准溶液的体积，计算试样中铜的含量，用 $CuSO_4 \cdot 5H_2O$ 的含量($g \cdot L^{-1}$)表示。

五、思考题

(1) 加入氨水和冰醋酸的作用是什么？

(2) 加入硫氰酸钾的作用是什么？什么时候加入？为什么？

实验三十　焦磷酸盐溶液中铜和总焦磷酸根、正磷酸盐的连续测定

一、实验目的

(1) 掌握配位滴定法测定镀液中铜离子含量的方法。

(2) 理解镀液中总焦磷酸根、正磷酸盐含量的测定方法。

(3) 掌握连续测定的方法及相关的计算。

二、实验原理

1. 铜含量的测定

由于EDTA(乙二胺四乙酸)与铜形成的配合物比镀液中的二焦磷酸合铜稳定，所以用PAN[1-(吡啶基偶氮)-2萘酚]作指示剂，用EDTA标准溶液可直接滴定镀液中的铜含量。

2. 总焦磷酸根含量的测定

焦磷酸根在pH=3.8～4.1时，能与锌盐或镉盐进行定量反应，生成焦磷酸锌或焦磷酸镉沉淀。用PAN作指示剂，用EDTA标准溶液滴定过量的锌或镉，从而求得焦磷酸根的含量。其反应式为：

$$P_2O_7^{4-} + 2Zn^{2+} \longrightarrow Zn_2P_2O_7 \downarrow$$

3. 正磷酸盐的测定

硫酸镁溶液能与磷酸根生成磷酸铵镁沉淀，再用EDTA标准溶液滴定过量的硫酸镁，从而可求得磷酸根的含量。

三、仪器与试剂

(1) 仪器：常用定量玻璃器皿。

(2) 试剂：

① $0.02\ mol \cdot L^{-1}$ EDTA标准溶液。

② 铬黑T指示剂，固体。

③ PAN 指示剂：0.2 g PAN 溶解于 100 mL 乙醇。

④ 缓冲溶液：pH=10。

⑤ 1 mol·L^{-1} 醋酸溶液。

⑥ 溴甲酚绿指示剂：0.1 g 溴甲酚绿溶解于 0.05 mol·L^{-1} 氢氧化钠溶液中，再加水稀释至 250 mL。

⑦ 0.2 mol·L^{-1} 醋酸锌标准溶液：43.9 g 醋酸锌溶解于水，加数滴溴甲酚绿指示剂(pH=3.8～5.2)，用冰醋酸调至黄色，再加水稀释至 1 L。在 pH=10、铬黑 T 作指示剂的条件下，用 EDTA 标准溶液标定其准确浓度。

⑧ 氨水：ρ=0.89 g·cm^{-3}。

⑨ 0.05 mol·L^{-1} 硫酸镁标准溶液：准确称取 12.325 g 硫酸镁溶于水后，于 1 L 容量瓶中定容。

⑩ 精密 pH 试纸。

四、实验内容

1. 铜含量的测定

吸取镀液 1 mL 于 250 mL 锥形瓶中，加约 40℃温水 100 mL，摇匀，加 PAN 指示剂 6～8 滴，用 0.02 mol·L^{-1} EDTA 标准溶液滴定至试液由蓝紫色变至黄绿色，即为终点。计算镀液中铜的含量，以 g·L^{-1} 为单位表示。

2. 总焦磷酸根含量的测定

在上述测定过铜的试液里，加入 1 mol·L^{-1} 醋酸溶液 5 mL 左右，使溶液的 pH 值为 3.8～4.0(调整 pH 值时，需用精密 pH 试纸测试，可先加 4 mL，然后边试边加)。再准确加入醋酸锌标准溶液 25 mL，此时溶液由橙绿变紫，加沸石少量，煮沸，稍冷趁热滤入 250 mL 容量瓶中，稀释至刻度，摇匀。然后从容量瓶中准确移取滤液 50 mL 于 250 mL 锥形瓶中，加 10 mL 缓冲溶液，视情况可补加 2～3 滴 PAN 指示剂，用 EDTA 标准溶液滴定，溶液由紫色变绿色时为终点。计算焦磷酸根含量，以 g·L^{-1} 为单位表示。

此溶液可留作正磷酸盐的测定用。

3. 正磷酸盐的连续测定

在滴定焦磷酸根后的溶液中，加入一定量且过量的硫酸镁标准溶液，使其与磷酸根生成磷酸铵镁沉淀，再用 EDTA 标准溶液滴定过量的硫酸镁，从而求得磷酸根的含量。

在滴定焦磷酸根后的溶液中，准确加入硫酸镁标准溶液 20 mL，此时溶液由橙绿色变为紫红色，加入氨水 10 mL，加热至沸，使生成 $MgNH_4PO_4\cdot 6H_2O$ 结晶沉淀，再加氨水 5 mL，冷却至 30～40℃，用 EDTA 标准溶液滴定，溶液由紫红色变橙绿色时为终点。计算磷酸根含量，以 g·L^{-1} 为单位表示。

五、思考题

(1) 测定铜的含量还有哪些方法?

(2) 测定总焦磷酸根含量时，为什么要调整溶液的 pH 值为 3.8～4.0?

第七节　沉淀重量分析

实验三十一　$BaCl_2 \cdot 2H_2O$中钡含量的测定

一、实验目的

（1）掌握用硫酸钡重量分析法测定可溶性钡盐中钡含量的原理和方法。

（2）理解晶形沉淀的沉淀条件和沉淀方法。

（3）学习沉淀的过滤、洗涤、定量转移和灼烧的操作技术。

（4）了解和学会恒重操作的概念和方法。

二、实验原理

用重量分析法测定可溶性钡盐中的钡，是用稀 H_2SO_4 将 Ba^{2+} 沉淀为 $BaSO_4$，经过滤、洗涤和灼烧后，以 $BaSO_4$ 形式称量，即可求得钡的含量。

Ba^{2+} 可生成一系列难溶化合物，如 $BaCO_3$，BaC_2O_4，$BaCrO_4$、$BaHPO_4$、$BaSO_4$ 等，其中以 $BaSO_4$ 的溶解度最小（25℃时为 0.25 mg/100 mL），而且 $BaSO_4$ 的性质非常稳定，其组成与化学式相符合。$BaSO_4$ 经灼烧后，其称量形式与沉淀形式相同，所以通常以 $BaSO_4$ 沉淀形式测定钡的含量。虽然 $BaSO_4$ 的溶解度较小，但还不能满足重量分析法对沉淀溶解损失的要求，必须加入过量的沉淀剂，以降低 $BaSO_4$ 的溶解度。一般用稀 H_2SO_4 作沉淀剂，因 H_2SO_4 在高温灼烧时能挥发除去，使用时可过量 50%～100%。

三、仪器与试剂

（1）仪器：分析天平，重量分析器具，定量滤纸。

（2）试剂：$BaCl_2 \cdot 2H_2O$，2 mol・L^{-1} HCI，1 mol・L^{-1} H_2SO_4，0.1 mol・L^{-1} $AgNO_3$，2 mol・L^{-1} HNO_3。

四、实验内容

1. 称样及沉淀的制备

准确称取 $BaCl_2 \cdot 2H_2O$ 试样两份，质量均为 0.4～0.6 g，分别放入 350 mL 烧杯中，加水使其溶解，稀释至 100 mL，再加 2 mol・L^{-1} HCl 溶液 3～5 mL，加热近沸（到刚有气泡出现，切勿煮沸，以免溅出），同时另取两份 1 mol・L^{-1} H_2SO_4 溶液 3～4 mL，放于小烧杯中，各稀释至 30 mL，加热近沸，趁热将此稀 H_2SO_4 滴入钡盐溶液中，每秒钟滴 2～3 mL，并不断搅拌，加完稀 H_2SO_4，待 $BaSO_4$ 沉淀下沉，在上层清液中加入稀 H_2SO_4 溶液 1～2 滴，仔细观察是否有白色混浊（$BaSO_4$）产生。如无混浊产生，表示沉淀作用已经完全，放置陈化。

也可以将盛有沉淀的烧杯放于水浴上加热 30 min～1 h，陈化。

2. 沉淀的过滤和洗涤

参照第二章化学分析实验的基本操作，用慢速或中速滤纸倾泻法过滤。用稀 H_2SO_4（200 mL 蒸馏水加 3 mL 1 $mol \cdot L^{-1}$ H_2SO_4）洗涤 3～4 次，每次加洗涤液 20 mL 左右。然后将沉淀完全转移至滤纸上，再在滤纸上用洗瓶吹洗沉淀，直至滤液中不含 Cl^- 离子为止。

3. 空坩埚的恒重

参照第二章化学分析实验的基本操作中的方法，恒重两个瓷坩埚。

4. 沉淀的灼烧和恒重

沉淀洗净后，将洗涤液滤干，取出盛有沉淀的滤纸，折成小包，放入已恒重的瓷坩埚中，置于泥三角上，先在煤气灯上烘干、炭化和灰化，再移入高温炉中，在 800～850℃下灼烧 45 min，取出置于干燥器内冷却至室温，称量。第二次灼烧 30 min，冷却，称量。如此操作，直至恒重。计算 $BaCl_2 \cdot 2H_2O$ 中钡的含量。

五、思考题

（1）为什么要控制在一定酸度的盐酸介质中进行沉淀？

（2）烘干、灰化滤纸和灼烧沉淀时，应注意些什么？

（3）什么叫恒重？为什么空坩埚也要预先恒重？

实验三十二　钢铁中镍的测定

一、实验目的

（1）掌握用丁二酮肟重量分析法测定钢铁中镍含量的原理和方法。

（2）学会玻璃砂芯坩埚的使用方法。

二、实验原理

镍是钢铁的主要组分之一。镍在钢中主要以固熔体和碳化物形式存在，大多数含镍钢都溶于酸。

在氨性溶液中，镍与丁二酮肟沉淀剂反应，生成鲜红色沉淀。沉淀用玻璃砂芯坩埚过滤，洗涤，在 120℃下烘干至恒重，根据沉淀质量计算合金钢中镍的含量。反应式共为：

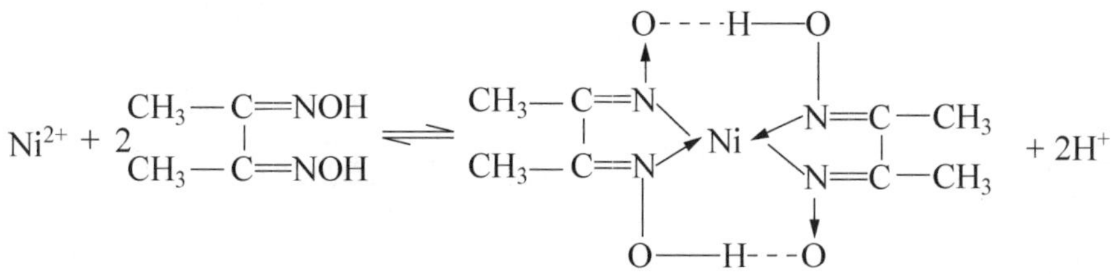

$$Ni^{2+} + 2\begin{array}{l}CH_3-C{=}NOH\\ \quad\quad\ |\\ CH_3-C{=}NOH\end{array} \rightleftharpoons \begin{array}{c} O\cdots H-O \\ \uparrow \qquad\quad | \\ \begin{array}{l}CH_3-C{=}N\\ \quad\quad\ |\\ CH_3-C{=}N\end{array} \rightarrow Ni \leftarrow \begin{array}{l}N{=}C-CH_3\\ \quad\ \ |\\ N{=}C-CH_3\end{array} \\ | \qquad\quad \downarrow \\ O-H\cdots O \end{array} + 2H^+$$

丁二酮肟是一种选择性较好的有机沉淀剂，又是有机弱酸。由上述反应可见，若 pH 值过小,将影响 Ni^{2+} 离子沉淀完全;pH 值过高的氨性溶液中,会使 Ni^{2+} 离子形成镍氨配合物,也增加了沉淀的溶解度,使 Ni^{2+} 离子沉淀不完全。因此,为使 Ni^{2+} 离子沉淀完全,应控制适当的 pH 值。丁二酮肟在水中溶解度较小,故以乙醇为溶剂配制丁二酮肟溶液。乙醇浓度不可太高,否则将增加丁二酮肟镍沉淀的溶解度而造成损失。在热溶液中进行沉淀、趁热过滤、利用热水洗涤等都可以减少丁二酮肟及其他杂质的共沉淀。

三、仪器与试剂

(1) 仪器:分析天平,G4 玻璃砂芯坩埚,抽滤瓶,烧杯,量筒等。

(2) 试剂:1.10 g·L^{-1} 丁二酮肟乙醇溶液,5%酒石酸水溶液,1∶1 盐酸溶液,1∶1 氨水,3∶100 氨水,浓硝酸,1 mol·L^{-1} $AgNO_3$ 溶液。

四、实验内容

准确称取钢样 0.2～0.6 g 置于 400 mL 烧杯中,加入 10 mL HCl,盖上表面皿,缓缓加热至作用完全。滴加浓 HNO_3,待剧烈作用停止后,煮沸以除去氮的氧化物。加入酒石酸溶液 5 mL,不断搅拌,并加入 1∶1 氨水至溶液呈弱碱性,pH＝6.5～9.0,这时溶液应完全澄清。加入 10～15 滴盐酸,用热水稀释溶液至 300 mL,加热至 70～80℃,加入 40 mL 丁二酮肟溶液。再滴加 1∶1 氨水至溶液 pH＝7.5～8.6,使丁二酮肟镍沉淀完全。放置 30～40 min,用已恒重的 G4 玻璃砂芯坩埚过滤,并用 3∶100 氨水洗涤沉淀 3～5 次,再以水洗涤至滤液中无 Cl^- 为止(检查 Cl^- 时,可以将滤液用 HNO_3 酸化,并用 $AgNO_3$ 检查)。将盛有沉淀的玻璃砂芯坩埚在 110～120℃下烘 1 h,放入干燥器内冷却 30 min,称量。再烘干、冷却、称量,直至恒重。计算试样中镍的质量分数。

五、思考题

(1) 溶解钢样时,既已加入盐酸作溶剂,为什么还要加 HNO_3? 加 HNO_3 要注意哪些问题?

(2) 沉淀丁二酮肟镍时,溶液的 pH 值应控制在什么范围? 为什么?

第六章　仪器分析实验

仪器分析法比化学分析法的操作更简便、快速、易于实现自动化，其灵敏度高，尤其适用于低组分含量的分析测定，是现代分析化学的重要组成部分。本章主要介绍了分析化学实验教学中常用的仪器分析实验项目，涵盖了光谱分析法、电化学分析法和色谱分析法。

第一节　光谱分析

实验三十三　邻菲罗啉分光光度法测定水中微量铁

一、实验目的

(1) 掌握分光光度法测定试样中微量铁的常用方法。

(2) 进一步了解朗伯-比尔定律的应用。

(3) 掌握吸收曲线的测绘方法，认识选择最大吸收波长的重要性。

(4) 熟悉分光光度计的使用方法。

二、基本原理

邻二氮杂菲(邻菲罗啉)是测定试样中微量铁的一种较好的显色剂。在 pH 值为 2～9 的溶液中，邻二氮杂菲与 Fe^{2+} 生成稳定的橙红色配合物，反应式如下：

$$Fe^{2+} + 3\,\text{phen} \rightleftharpoons [Fe(\text{phen})_3]^{2+}$$

橙红色配合物的 $\lg K_{稳}=21.3$，最大吸收波长在 $\lambda=510\text{ nm}$ 处，其摩尔吸收系数 ε 值为 1.1×10^4。

该方法可用于试样中微量 Fe^{2+} 的测定，如果铁以 Fe^{3+} 的形式存在，由于 Fe^{3+} 能与邻二氮杂菲生成淡蓝色的配合物，所以应预先加入盐酸羟胺(或抗坏血酸等)将 Fe^{3+} 还原成 Fe^{2+}：

$$4Fe^{3+} + 2NH_2OH \longrightarrow 4Fe^{2+} + N_2O + H_2O + 4H^+$$

酸度过高(pH<2)，反应较慢；酸度过低，Fe^{2+} 将水解。所以测定工作通常在 pH 值约为 5 的 HAc－NaAc 缓冲介质中进行。

铋、镉、汞、银、锌等离子与显色剂可生成沉淀，钴、铜、镍等离子与显色剂可形成有色配合物；因此这些离子共存时应注意消除它们的干扰。

三、仪器与试剂

(1) 仪器：722 型可见分光光度计。

(2) 试剂：

① 铁标准储备液溶液(含铁 100 $\mu g \cdot mL^{-1}$)。

② 铁标准溶液(含铁 10 $\mu g \cdot mL$)：准确吸取铁标准溶液(含铁 100 $\mu g \cdot mL^{-1}$)10 mL 注入 100 mL 容量瓶中，用蒸馏水稀释至刻度，摇匀。

③ 0.1%邻菲罗啉水溶液(临用现配)。

④ 5%盐酸羟胺溶液(临用现配)。

⑤ HAc－NaAc 缓冲液(pH=4.6)。

⑥ 铁的未知试样。

四、实验内容

1. 邻菲罗啉-亚铁吸收曲线的绘制

准确吸取铁标准溶液(含铁 10 $\mu g \cdot mL^{-1}$)4 mL 注入 50 mL 容量瓶中，依次加入 5 mL HAc－NaAc 缓冲液、2 mL 盐酸羟胺溶液、5 mL 邻菲罗啉水溶液，用水稀释至刻度，摇匀，放置 10 min。以去离子水作参比溶液，波长范围为 440～600 nm，用 1 cm 比色皿在 722 型可见分光光度计上测定各波长处的吸光度。以波长 λ 为横坐标，吸光度 A 为纵坐标，绘制吸收曲线(在 λ=510 nm 附近测量点需取密一些)，找出最大吸收波长 λ_{max}。

λ/nm														
吸光度 A														

最大吸收波长 λ_{max}=(　　) nm。

2. 标准曲线的绘制

准确吸取铁标准溶液(含铁 10 $\mu g \cdot mL^{-1}$)0.00 mL、2.00 mL、4.00 mL、6.00 mL、8.00 mL、10.00 mL 分别注入 6 个 50 mL 容量瓶中，每个容量瓶均加入 5 mL HAc－NaAc 缓冲液、2 mL 盐酸羟胺溶液、5 mL 邻菲罗啉水溶液后，用水稀释至刻度，摇匀，放置 10 min。选择不加铁的试剂溶液作参比，在 λ_{max} 处，用 1 cm 比色皿在 722 型可见分光光度计上分别测定标准溶液系列的吸光度 A，以显色后的 50 mL 溶液中的含铁量($\mu g \cdot mL^{-1}$)为横坐标，吸光度 A 为纵坐标，绘制测定铁的标准曲线。

$V_{铁标}$/mL						
$c_{铁}$/(μg·mL^{-1})						
吸光度 A						

3. 试样中微量铁的测定

准确吸取试样 10 mL 注入 50 mL 容量瓶中，依次加入 5 mL HAc－NaAc 缓冲液、2 mL 盐酸羟胺溶液、5 mL 邻菲罗啉水溶液后，用水稀释至刻度，摇匀，放置 10 min，以不加铁的试剂溶液作参比，在 λ_{max} 处，用 1 cm 比色皿在 722 型可见分光光度计上测定吸光度 A_x，根据测得的 A_x，从标准曲线上查出对应的铁的含量，换算成原试样中铁含量的浓度(μg·mL^{-1})。

五、思考题

(1) 参比溶液的作用是什么？

(2) 本实验中哪些溶液的量取需要非常准确，哪些则不必很准确？为什么？

(3) 溶液酸度对测定有何影响？

实验三十四 紫外光谱法测定蒽醌含量

一、实验目的

(1) 了解紫外光谱法测定蒽醌含量的原理和方法。

(2) 了解和掌握 UV1100 型紫外可见分光光度计的使用。

二、实验原理

在紫外及可见区电磁辐射的作用下，多原子分子的价电子发生跃迁，从而产生分子的吸收光谱。各种物质的分子都有其特征吸收光谱，以此来获得定性信息。而在选定波长下测量吸光度与物质浓度的关系，可对物质进行定量测定。吸收的大小可用光的吸收定律，即朗伯-比尔定律来表述：

$$A = \lg(1/T) = \lg(I_0/I) = \varepsilon bc$$

利用紫外吸收光谱进行定量分析时，必须选择合适的测定波长。蒽醌产品中往往含有副产品邻苯二甲酸酐，它们的紫外吸收光谱如图 6.1 所示。

由于在蒽醌分子结构中的双键共轭体系大于邻苯二甲酸酐，因此蒽醌的吸收峰红移比邻苯二甲酸酐大，且两者的吸收峰形状及其最大吸收波长各不相同，蒽醌在波长 251 nm 处有一强烈吸收峰($\varepsilon = 4.6\times10^4$)，在波长 323 nm 处有一中等强度的吸收峰($\varepsilon = 4.7\times10^3$)，而在 251 nm 波长附近有一邻苯二甲酸酐的强烈吸收峰 λ_{max}($\varepsilon = 3.3\times10^4$)，为了避开其干扰，选用 323 nm 波长作为测定蒽醌的工作波长。由于乙醇在 250～350 nm 无吸收干扰，因此可用乙醇为参比溶液。

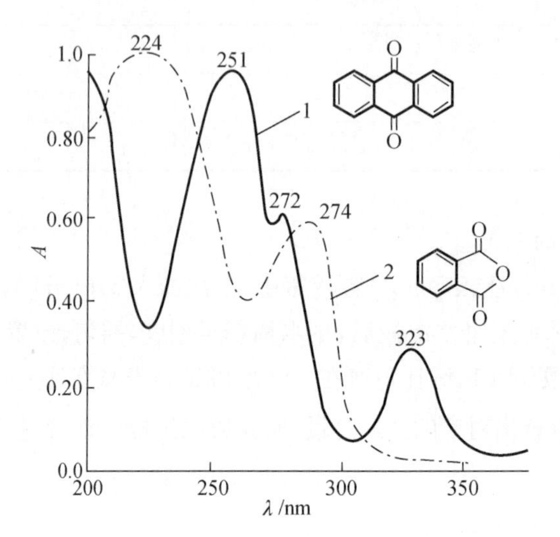

图 6.1　蒽醌(曲线 1)和邻苯二甲酸酐(曲线 2)在乙醇中的紫外吸收光谱

三、仪器与试剂

(1) 仪器:UV1100 型紫外可见分光光度计,1 cm 石英比色皿。

(2) 试剂:

① 蒽醌标准溶液:准确称取 2 mg 左右的蒽醌,加无水乙醇使之溶解后,转移至 100 mL 容量瓶中,用乙醇稀释至刻度,摇匀。

② 邻苯二甲酸酐标准溶液:准确称取 4.5 mg 左右的邻苯二甲酸酐,加无水乙醇使之溶解后,转移至 100 mL 容量瓶中,用乙醇稀释至刻度,摇匀。

③ 蒽醌试样溶液:准确称取 6.5 mg 左右的试样(含邻苯二甲酸酐),加无水乙醇使之溶解后,转移至 1 000 mL 容量瓶中,用乙醇稀释至刻度,摇匀。

四、实验内容

1. 测定波长的选择

由实验原理可知,考虑到蒽醌试样溶液中存在副产品邻苯二甲酸酐,故测定蒽醌波长一般选定 323 nm 附近(此处邻苯二甲酸酐无吸收)。

2. 吸收曲线的绘制

1) 蒽醌吸收曲线的绘制

(1) 取 2 mL 蒽醌标准溶液注入 10 mL 容量瓶中,用乙醇稀释至刻度,用 1 cm 的比色皿,以乙醇作参比,用 UV1100 型紫外可见分光光度计在波长 $\lambda=225\sim323$ nm 范围内绘制吸收曲线,求出此范围中的 λ_{max1}。

λ/nm	225	240	245	247	249	251	253	255	257	260	270	280	300
吸光度 A													

(2) 取蒽醌标准溶液于1 cm的比色皿中，以乙醇作参比，用UV1100型紫外可见分光光度计在波长λ=280～350 nm范围内绘制吸收曲线，求出此范围中的λ_{max2}。

λ/nm	280	300	310	315	317	319	321	323	325	327	329	331	335	350
吸光度A														

2) 邻苯二甲酸酐吸收曲线的绘制

取邻苯二甲酸酐标准溶液于1 cm的比色皿中，以乙醇作参比，用UV1100型紫外可见分光光度计在波长λ=240～330 nm范围内绘制吸收曲线，求出此范围中的λ_{max3}。

λ/nm														
吸光度A														

3. 蒽醌标准曲线的绘制

分别吸取蒽醌标准溶液0.0 mL、2.0 mL、4.0 mL、6.0 mL、8.0 mL、10.0 mL分别注入6个10 mL容量瓶中，各用乙醇稀释至刻度，摇匀。以乙醇作为参比，用UV1100型紫外可见分光光度计在波长λ_{max2}处(即323 nm附近)分别测定吸光度A，以吸光度A为纵坐标，以蒽醌溶液的浓度$c_{蒽醌}$为横坐标，绘制蒽醌标准曲线。

$V_{蒽醌标液}$/mL	0.0	2.0	4.0	6.0	8.0	10.0
$c_{蒽醌}/(\mu g\cdot mL^{-1})$						
吸光度A						

4. 试样中蒽醌含量的测定

取蒽醌试样溶液于1 cm比色皿中，以乙醇作参比，测定其在波长λ_{max2}处的吸光度，从蒽醌标准曲线上查出其对应的浓度，并根据样品配制情况计算蒽醌样品中蒽醌的浓度，以$\mu g\cdot mL^{-1}$为单位表示。

五、思考题

(1) 本实验中为什么要使用乙醇作参比？

(2) 为什么紫外可见分光光度计定量测定中没有加显色剂？

实验三十五 间苯二甲酸存在下对苯二甲酸的测定——双波长紫外分光光度法

一、实验目的

(1) 了解双波长分光光度法的原理和应用。

(2) 掌握分光光度法消除干扰的测定方法。

二、实验原理

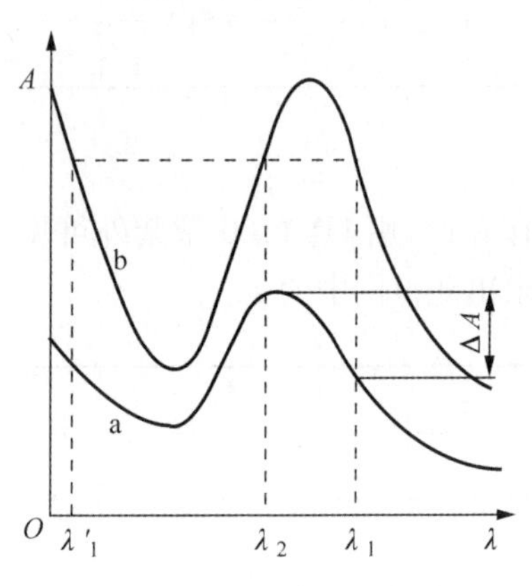

图 6.2 双波长吸收光谱示意图

若需测定吸收曲线互相重叠的两组分中某一组分含量时,可利用等吸收点的方法求得。如图 6.2 所示,要测定其中的 a 组分,必须消除 b 组分的干扰,可在 b 的吸收曲线上选择两个波长 λ_1 和 λ_2,在这两个波长处,b 组分具有相等的吸光度,即对 b 来说,不论其浓度多少,其

$$\Delta A_b = A_{\lambda_2} - A_{\lambda_1} = 0$$

这样,就可从这两个波长处测得 a 组分的吸光度差值 ΔA_a 来确定 a 的含量,因为 ΔA_a 与 a 的浓度呈线性关系,这种方法称为等吸收双波长分光光度法。

由上可知,所选择的 λ_1 和 λ_2 波长必须满足两个基本条件:

(1) 干扰组分 b 在两个波长处应具有相同的吸光度,即 $A_{\lambda_2} = A_{\lambda_1}$;

(2) 待测组分在这两个波长处吸光度的差值 ΔA 应足够大。

为了选择合适的测定波长 λ_1 和 λ_2,首先必须于同一张作图纸上绘制这两种纯组分的吸收曲线,可选择待测组分 a 的吸收峰波长为测定波长 λ_2,由此波长作一条垂直于 x 轴(波长)的直线与干扰组分 b 的吸收曲线交于某一点,再从此点作一条平行于 x 轴的直线,此直线又与 b 的吸收曲线相交于一点或几个点,交点处的波长可作为参比波长 λ_1,当 λ_1 有几个可供选择时,所选择的 λ_1 应能使待测组分获得较大的吸光度差值。若待测组分吸收峰不宜作为测定波长时,也可选择吸收曲线上其他波长作为测定波长 λ_2。

本实验要求在间苯二甲酸(干扰组分)存在下,测定对苯二甲酸含量。因为它们的吸收曲线互相重叠,所以不能选择对苯二甲酸的吸收峰处为测定波长,而只能选择吸收曲线上其他合适的波长,故要使用上述的等吸收双波长分光光度法。

三、仪器与试剂

(1) 仪器:UV1100 型紫外可见分光光度计。

(2) 试剂:

① 250 $\mu g \cdot mL^{-1}$ 对苯二甲酸溶液:准确称取 250 mg 对苯二甲酸放入小烧杯中,加 30 mL 水,滴加少量 NaOH 溶液至完全溶解,移入 1 L 容量瓶中定容。

② 200 $\mu g \cdot mL^{-1}$ 间苯二甲酸溶液:准确称取 200 mg 间苯二甲酸放入小烧杯中,加 30 mL 水,滴加少量 NaOH 溶液至完全溶解,移入 1 L 容量瓶中定容。

③ 对苯二甲酸样品溶液。

四、实验步骤

1. 对苯二甲酸系列标准溶液的配制

在5只25 mL容量瓶中，用5 mL刻度移液管分别加入0.50 mL、1.00 mL、2.00 mL、3.00 mL、4.00 mL浓度为250 μg · mL^{-1}的对苯二甲酸溶液，用去离子水稀释至刻度，摇匀，计算各稀释后溶液的浓度。

2. 对苯二甲酸和间苯二甲酸吸收光谱的绘制

分别用浓度为10 μg · mL^{-1}的对苯二甲酸溶液(临用稀释)和浓度为200 μg · mL^{-1}的间苯二甲酸溶液，在波长210～320 nm范围内，以去离子水做参比，用1 cm石英比色皿进行测定，在同一张坐标纸上绘制它们的吸收曲线。

选择合适的测定波长λ_2及参比波长λ_1(参考值:λ_2为264 nm，λ_1为277 nm)。在所选的λ_2和λ_1处必须用间苯二甲酸溶液验证其吸光度是否相等。

3. 对苯二甲酸标准曲线的绘制

将对苯二甲酸系列标准溶液分别在所选定波长λ_2及参比波长λ_1下，用去离子水为参比，测量吸光度，求出该系列标准溶液在λ_2和λ_1波长处吸光度的差值ΔA，以$\Delta A \sim c$(对苯二甲酸浓度，μg · mL^{-1})作图，绘制标准曲线。

V/mL	0.00	0.50	1.00	2.00	3.00	4.00
c/(μg · mL^{-1})						
A_{λ_2}						
A_{λ_1}						
ΔA						

4. 试样的测定

用移液管吸取未知样品溶液5 mL于50 mL容量瓶中，用去离子水定容，在选定的λ_2和λ_1下测定其吸光度值A_{x2}及A_{x1}，并求出吸光度差值ΔA_x。

五、数据处理

(1) 在同一张坐标纸上绘制对苯二甲酸溶液和间苯二甲酸溶液的吸收光谱，并从图上选择合适的测定波长λ_2及参比波长λ_1。

(2) 以对苯二甲酸系列标准溶液和间苯二甲酸溶液在测定波长λ_2及参比波长λ_1处的吸光度差值ΔA为纵坐标，对苯二甲酸溶液浓度为横坐标，绘制标准曲线。

(3) 由试液的吸光度差值ΔA_x，从标准曲线上求得未知试液中对苯二甲酸浓度，以μg · mL^{-1}为单位表示。

六、思考题

(1) 等吸收双波长分光光度法为何能消除干扰？

(2) 本实验与普通分光光度法有何异同?

实验三十六 N,N-二乙基对苯二胺分光光度法测定水中的氯含量

一、实验目的

(1) 熟悉可见分光光度计的使用方法。

(2) 掌握N,N-二乙基对苯二胺(DPD)分光光度法测定水中氯含量的基本原理和方法。

(3) 掌握含氯水样的采集和固定方法。

二、实验原理

水质中的总氯是指以游离氯或化合氯或两者共存形式存在的氯。其中,游离氯指以次氯酸、次氯酸盐离子和溶解的单质氯形式存在的氯;化合氯指以氯胺和有机氯胺形式存在的氯。

在分光光度法的定量分析中,通过将待测物质与显色剂反应,使之直接或间接生成有色物质,然后测其吸光度,进而求得待测物质的含量。因此显色反应的完全程度和吸光度的测量条件都会影响到测定结果的准确性,获得最佳显色条件和测量条件是本实验考查的重要方面。通常影响显色反应条件的因素主要有显色温度和时间、显色剂用量、显色体系酸度、干扰物质的影响及消除;影响测量条件主要是测量波长和参比溶液。

本实验以N,N-二乙基对苯二胺(DPD)为显色剂,在pH值为6.2~6.5时和存在过量碘化钾条件下,单质氯、次氯酸和氯胺等总氯与DPD反应生成红色化合物。在515 nm波长下,采用分光光度计测定其吸光度,测得总氯含量。

由于氯标准溶液不稳定且不易获得,本实验以碘分子代替氯做标准曲线。以碘酸钾为基准,在酸性条件下与碘化钾发生反应($IO_3^- + 5I^- + 6H^+ = 3I_2 + 3H_2O$),生成碘分子与DPD发生显色反应,碘分子与氯分子物质的量比例关系为1∶1。

三、仪器与试剂

(1) 仪器:722型可见分光光度计,电子分析天平,500 mL采样瓶。

(2) 试剂:

① N,N-二乙基对苯二胺(DPD)溶液:将2.0 mL硫酸溶液(1.0 mol·L^{-1})和0.2 g的EDTA二钠固体加入250 mL水中配制成混合溶液,将0.7 g DPD加入上述混合溶液中,转移至1000 mL棕色容量瓶中,加水至标线,混匀,4℃保存。若溶液长时间放置变色,应重新配制。

② 磷酸盐缓冲溶液(pH=6.5):称取24.0 g无水磷酸氢二钠或60.5 g十二水合磷酸氢二钠,以及46.0 g磷酸二氢钾,依次溶于水,加入0.8 g EDTA二钠固体,转移至1000 mL容量瓶中,加水至标线,混匀。

③ 1.006 g·L^{-1}碘酸钾标准贮备液:称取优级纯碘酸钾(120~140℃下烘干2 h)1.006 g,溶于水中,移入1000 mL容量瓶中,加水至标线,混匀。

④ 20.12 mg・L^{-1} 碘酸钾标准使用液：吸取 1.006 g・L^{-1} 碘酸钾标准储备液 10.00 mL 移入 500 mL 棕色容量瓶中，加入 10 g 碘化钾，加水至标线，混匀。临用现配。

四、实验步骤

1. 水样的采集和保存

游离氯和总氯不稳定，如样品不能现场测定，则需要对样品加入固定剂保存。在棕色采样瓶中预先加入采样体积 1%的 1.0 mol・L^{-1} NaOH 溶液，采集水样使其充满采样瓶，立即加盖并密封，避免水样接触空气，避光保存。测量水样的 pH 值，若样品呈酸性，应增加 NaOH 溶液的加入量，确保水样的 pH 值大于 12。

2. 吸收波长的确定

吸取 0.00 mL 和 8.00 mL 碘酸钾标准使用液分别注入两个 100 mL 容量瓶中，加入适量（约 50 mL）水，向各容量瓶中加入 1.0 mol・L^{-1} 硫酸溶液 1.0 mL。1 min 后，向各容量瓶中加入 1.0 mol・L^{-1} NaOH 溶液 1 mL，用水稀释至标线。

在两个 250 mL 锥形瓶中各加入 15 mL 缓冲溶液和 5.0 mL DPD，于 1 min 内将上述标准系列溶液加入锥形瓶中，混匀。以空白溶液为参比溶液，于 400～800 nm 范围内进行波长扫描，获得吸收曲线，确定最大吸收波长（λ_{max}）为实验测定波长。

3. 标准工作曲线绘制

分别吸取 0.00 mL、1.00 mL、2.00 mL、4.00 mL、6.00 mL、8.00 mL、10.00 mL 碘酸钾标准使用液至 7 个 100 mL 容量瓶中，加入适量（约 50 mL）水，向各容量瓶中加入 1.0 mol・L^{-1} 硫酸溶液 1.0 mL。1 min 后，向各容量瓶中加入 1.0 mol・L^{-1} NaOH 溶液 1 mL，用水稀释至标线。各容量瓶中溶液相当于氯的质量浓度分别为 0.00 mg・L^{-1}、0.20 mg・L^{-1}、0.40 mg・L^{-1}、0.80 mg・L^{-1}、1.20 mg・L^{-1}、1.60 mg・L^{-1}、2.00 mg・L^{-1}。

在 250 mL 锥形瓶中加入 15 mL 缓冲溶液和 5.0 mL DPD，于 1 min 内将上述标准系列溶液加入锥形瓶中，混匀。在波长 515 nm 处，以空白溶液为参比溶液，用 10 mm 比色皿测定各溶液的吸光度，于 60 min 内完成比色分析。

以各标准溶液的吸光度值为纵坐标，以其对应的氯质量浓度为横坐标，绘制标准曲线。

4. 水样中总氯的测定

在 250 mL 锥形瓶中，依次加入 15 mL 磷酸缓冲液、5.0 mL DPD 溶液、100 mL 水样和 1.0 g 碘化钾，混匀。用实验用水代替试样为空白试样，与绘制标准曲线相同条件下测定吸光度。水样平行测定三份。

五、思考题

（1）分光光度计由哪几个主要部件组成？各部件的作用是什么？

（2）DPD 溶液配制中加入 EDTA 的作用是什么？

六、注意事项

（1）实验用水为不含氯和还原性物质的去离子水或二次蒸馏水，实验用水需通过检验方能使用。

检验方法：向 250 mL 锥形瓶（1 号）中加入 100 mL 待测水和 1.0 g 碘化钾，混匀。1 min 后，加入 5.0 mL 磷酸缓冲液和 5.0 mL DPD 溶液；再向 250 mL 锥形瓶（2 号）中加入 100 mL 待测水和 2 滴 0.1 g · L^{-1} 次氯酸钠溶液。2 min 后，加入 5.0 mL 磷酸缓冲液和 5.0 mL DPD 溶液。1 号瓶中不显色，2 号瓶中应显粉红色。否则实验用水需处理以后再使用。

（2）干扰物质的影响和消除：实验方法在氧化剂的存在下存在干扰，如溴、碘、溴胺、碘胺、过氧化氢、亚硝酸根、铜离子和铁离子等。其中铜离子和铁离子的干扰可通过缓冲溶液和 DPD 溶液中的 EDTA 掩蔽；其他氧化物干扰加入亚砷酸钠溶液或硫代乙酰胺溶液消除。氧化锰和六价铬会对测定产生干扰。通过测定氧化锰和六价铬的浓度消除干扰。

（3）氯含量测定时，应注意避免强光、剧烈震动和温热。

实验三十七　水杨酸分光光度法测定水中的氨氮

一、实验目的

（1）掌握水杨酸分光光度法测定水中氨氮的原理和方法。

（2）了解凝聚沉淀法处理氨氮水样的方法。

二、实验原理

在亚硝基铁氰化钠存在下，水中的氨、铵离子在碱性溶液中与水杨酸盐和次氯酸离子反应生成蓝色化合物，其色度与氨氮含量呈正比，可在 697 nm 处用分光光度计测量吸光度。本法的最低检出浓度为 0.01 mg · L^{-1}，测定上限为 1 mg · L^{-1}。

三、仪器与试剂

（1）仪器：722 型可见分光光度计，10 mL 比色管。

（2）试剂：

① 亚硝基铁氰化钠溶液：称取 0.1 g 亚硝基铁氰化钠{$Na_2[Fe(CN)_5NO] \cdot 2H_2O$}溶解于 10 mL 水中。

② 水杨酸-酒石酸钾钠溶液：称取 50 g 水杨酸[$C_6H_4(OH)COOH$]，加入 100 mL 水中，再加入 160 mL 2 mol · L^{-1} NaOH 溶液，搅拌使之完全溶解；再称取 50 g 酒石酸钾钠，溶于水中，与上述溶液合并移入 1 000 mL 容量瓶中，加水稀释至标线，储存于加橡胶塞的棕色玻璃瓶中。

③ 次氯酸钠使用液：取次氯酸钠，用水和氢氧化钠溶液稀释成含有效氯浓度 3.5 g · L^{-1}、游离碱浓度 0.75 mol · L^{-1}（以 NaOH 计）的次氯酸钠使用液，存放于棕色滴瓶内。

④ 氨氮标准贮备液：称取 3.819 0 g 在 100℃ 干燥过的氯化铵，溶于水中，移入 1 000 mL 容量瓶中，稀释至标线。此溶液每毫升含 1.00 mg 氨氮。

⑤ 氨氮标准中间液：吸取 10.00 mL 氨氮标准贮备液于 100 mL 容量瓶中，加水稀释至标线。此溶液每毫升含 0.10 mg 氨氮。

⑥ 氨氮标准使用液：吸取 1.00 mL 氨氮标准中间液于 100 mL 容量瓶中，稀释至标线，临用现配。此溶液每毫升含 0.0010 mg 氨氮。

四、实验步骤

1. 水样的预处理

若水样浑浊，用 100 mL 具塞量筒取混合均匀的水样 100 mL，加入 2 mL 10% $ZnSO_4$ 溶液，加 0.1～0.2 mL 25% NaOH 溶液，使 pH 值为 10.5 左右，混匀，放置 10 min，待沉淀沉至底部后过滤，弃去 25 mL 初滤液，收集剩余部分滤液待测定。若水样澄清可直接按以下步骤进行。

2. 标准工作曲线的绘制

分别吸取 0.00 mL、1.00 mL、2.00 mL、4.00 mL、6.00 mL 和 8.00 mL 氨氮标准使用液于 10 mL 比色管中，用水稀释至 8.00 mL。加入 1.00 mL 水杨酸-酒石酸钾钠溶液和 2 滴亚硝基铁氰化钠，混匀。再加入 2 滴次氯酸钠使用液，加水稀释至标线，充分混匀。放置 60 min 后，在波长 697 nm 处，用 1 cm 比色皿，以空白试剂为参比测量吸光度，绘制标准曲线。

3. 水样的测定

吸取经处理后的水样（当水样中氨氮浓度高于 1.0 mg · L^{-1} 时，可适当稀释后取样）8.00 mL，加入 1.00 mL 水杨酸-酒石酸钾钠溶液和 2 滴亚硝基铁氰化钠，混匀。再加入 2 滴次氯酸钠使用液，加水稀释至标线，充分混匀。放置 60 min 后，同标准工作曲线步骤测量吸光度。由水样测得的吸光度减去空白试验的吸光度后，从标准工作曲线上查得氨氮含量，计算水样中的氨氮含量（mg · L^{-1}）。

五、思考题

（1）在水样的预处理中为什么要弃去 25 mL 初滤液？

（2）本实验测定中所加入的水杨酸-酒石酸钾钠溶液的体积是否一定要准确？为什么？

实验三十八 原子吸收分光光度法测定水中微量铜

一、实验目的

（1）了解 AA6000 型或其他型号原子吸收分光光度计的构造及使用方法。

（2）掌握用标准曲线和标准加入法测定水中铜含量的方法。

二、实验原理

原子吸收分光光度法是基于从光源辐射出具有待测元素特征谱线，通过试样蒸气时被蒸气中待测元素的基态原子所吸收，由辐射特征谱线的光强度被减弱的程度来测定待测元素含量的方法。当实验条件一定时，原子蒸气中基态原子的数目与试样浓度成正比，则 $A=Kc$，这就是原子吸收分光光度法的定量基础，可用于测定水中铜含量。本实验将采用标准曲线法和标准加入法两种方法测定水中的微量铜，对两种结果进行比较。

(1) 标准曲线法：配制好铜系列标准溶液，由稀到浓依次测量，将读得的吸光度对浓度作图，得到标准曲线。测未知溶液的吸光度，通过标准曲线可求出铜含量。

(2) 标准加入法：将待测试样分成等量的几份溶液，分别加入不同量的已知浓度的铜标准溶液，稀释到一定体积，依次测量其吸光度，绘制吸光度-浓度曲线，外推与横坐标浓度轴延长线相交，可求出试样中铜的含量。

三、仪器与试剂

(1) 仪器：AA6000 型或其他型号原子吸收分光光度计，铜空心阴极灯。

(2) 试剂：

① 铜标准储备溶液：准确称取 CuO(GR)0.1565 g，用 1∶1 的 HNO_3 溶液微热溶解，放冷移至 250 mL 容量瓶中，用 1% 的 HNO_3 稀释至刻度，此溶液含 Cu^{2+} 500 μg · mL^{-1}，作为铜的标准储备溶液。

② 铜的标准工作溶液(50 μg · mL^{-1})：吸取铜的标准储备溶液(500 μg · mL^{-1})5 mL 于 50 mL 容量瓶中，用去离子水稀释至刻度，摇匀，此为铜的标准工作溶液(50 μg · mL^{-1})。

③ 铜的样品溶液。

四、实验步骤

1. 仪器的调节

(1) 开总电源，再开测量用元素灯电源，调到适当的灯电流，预热稳定后才可测试。

(2) 选择适当狭缝，找待测元素的灵敏波长。调节电动波长扫描，配合使用手动旋钮，使信号最大(T 最大)，找出铜的灵敏波长，在 3248 Å 附近。

(3) 反复调节灯位置，调整灯架上下、左右的螺丝，使信号最大。

(4) 调灵敏度旋钮，使 T 满刻度。

(5) 状态检查置于 A(吸光度)，按“复零”使吸光度指零。

(6) 依次打开空压机、乙炔气，调节针形阀至适当流量，按动点火按钮，火焰稳定后，用去离于水调吸光度为零，即可测试。

2. 标准曲线法系列溶液的配制

(1) 取 5 个 50 mL 容量瓶，依次加入 0.50 mL、1.00 mL、1.50 mL、2.00 mL、2.50 mL 的 50 μg · mL^{-1} 铜的标准工作溶液，用去离子水稀释至刻度，摇匀。

(2) 未知试样溶液的配制：取 5.0 mL 铜的样品溶液放于 50 mL 容量瓶中，用去离子水稀释至刻度，摇匀。

3. 标准加入法系列溶液的配制

取 6 个 50 mL 容量瓶，各加入 5.00 mL 铜的样品溶液，然后依次加入 0 mL、0.50 mL、

1.00 mL、1.50 mL、2.00 mL、2.50 mL 的 50 $\mu g \cdot mL^{-1}$ 的铜标准工作溶液，用去离子水稀释至刻度，摇匀。

4. 吸光度的测量

仪器调节好后，按选定的工作条件进行测量，用去离子水调节吸光度为零，分别测量实验步骤 2、3 中所配制溶液的吸光度。

标准曲线法：

$V_{铜}$/mL	0.0	0.50	1.00	1.50	2.00	2.50	未知样
$c_{铜}$/($\mu g \cdot mL^{-1}$)							—
吸光度 A							

标准加入法：

$V_{铜}$/mL	0.0	0.50	1.00	1.50	2.00	2.50
$c_{铜}$/($\mu g \cdot mL^{-1}$)						
吸光度 A						

五、数据处理

（1）记录实验仪器的工作条件，包括工作波长、灯电流、狭缝宽度、空气和乙炔流量、燃烧器高度等。

（2）以铜的系列标准溶液的吸光度绘制标准曲线，用未知试样的吸光度求出水样中的铜含量，以 $mg \cdot L^{-1}$ 为单位表示。

（3）以铜的标准加入法工作溶液测得的吸光度绘制工作曲线，将其外推，求得水样中的铜含量，以 $mg \cdot L^{-1}$ 为单位表示，并与标准曲线法所得结果进行比较。

六、思考题

（1）原子吸收分光光度计有哪几个主要组成部分？它们的作用是什么？

（2）什么是标准曲线法？什么是标准加入法？

实验三十九　火焰原子吸收法测定人发中 Fe、Cu、Zn、Mn 的含量

一、实验目的

（1）了解原子吸收分光光度法在环保分析中的具体应用。

（2）掌握原子吸收分光光度法测定头发中微量元素含量的方法。

(3) 学会微波消解仪的使用方法。

(4) 学会头发的微波消解预处理方法。

二、实验原理

通过人发中微量元素的测定,可探讨某些疾病和环境污染程度的相关性,所以已越来越受到环境科学和分析测试等科研部门的重视。头发经硝酸-高氯酸混合酸的消解处理后,用原子吸收光谱分析测定其中的微量金属元素是较为理想的一种分析测试手段。

火焰原子吸收光度法是根据某元素的基态原子对该元素的特征谱线产生选择性吸收来进行测定的分析方法。将试样喷入火焰,该元素的化合物在火焰中离解形成原子蒸气,由光源发射的该元素的特征谱线光辐射通过原子蒸气层时,该元素的基态原子对特征谱线产生选择性吸收。在一定条件下,特征谱线光强的变化与试样中被测元素的浓度成比例。通过对吸光度的测量,便可确定试样中该元素的浓度。

微波消解是直接通过物质吸收微波能量来达到快速加热的目的,用密闭容器又能同时获得高温、高压,这样不仅能提高反应的速率,而且还可以提高试样的分解能力,以达到理想的消解效果。微波消解具有省时、节约试剂、消解完全、空白值低等优点。

三、仪器与试剂

(1) 仪器:AA6000 型原子吸收分光光度计,MDS-6 型微波消解仪。

(2) 试剂:

① 硝酸-过氧化氢的混合试剂:用优级纯的硝酸和优级纯过氧化氢以 4∶1 混合。

② 锰标准贮备溶液:准确称取光谱纯二氧化锰 1.582 3 g,用 50 mL 盐酸溶解,蒸发至干后,用去离子水溶解完全,移入 1 000 mL 容量瓶中,稀释至刻度,摇匀。此溶液浓度为 $1\ mg \cdot mL^{-1}$ 锰。

③ 铁标准贮备溶液:准确称取光谱纯三氧化二铁 1.429 2 g,用 40 mL 1∶1 盐酸加热溶解,移入 1 000 mL 容量瓶中,用去离子水稀释至刻度,摇匀。此溶液浓度为 $1\ mg \cdot mL^{-1}$ 铁。

④ 铜标准贮备溶液:准确称取 99.99%金属铜 1.000 0 g 于 250 mL 烧杯中,加入 20 mL 1∶1 硝酸,加热溶解后,再加入 10 mL 1∶1 硝酸,移入 1 000 mL 容量瓶中,用去离子水稀释至刻度,摇匀。此溶液浓度为 $1\ mg \cdot mL^{-1}$ 铜。

⑤ 锌标准贮备溶液:准确称取 99.99%金属锌 1.000 g 于 250 mL 烧杯中,加入 20 mL 1∶1 硝酸,加热溶解后,再加入 10 mL 1∶1 硝酸,移入 1 000 mL 容量瓶中,用去离子水稀释至刻度,摇匀。此溶液浓度为 $1\ mg \cdot mL^{-1}$ 锌。

⑥ 各种金属离子的标准中间溶液:将上述储备液中铜、锌、锰用去离子水稀释成 $20.0\ \mu g \cdot mL^{-1}$,铁用去离子水稀释成 $100.0\ \mu g \cdot mL^{-1}$。

⑦ 各种金属离子的标准溶液(临用配制):将上述标准中间溶液中的铜、锌、锰用去离子水稀释成 $2.0\ \mu g \cdot mL^{-1}$,铁用去离子水稀释成 $10.0\ \mu g \cdot mL^{-1}$。

四、实验步骤

1. 采样及预处理

采集枕上头发 5 g，封于塑料袋中备用。

在测定时，先用擦亮的不锈钢剪刀将头发剪成 0.5 cm 长，混合均匀后称取 1 g 试样（余样仍封于塑料袋中），用 50 mL 1%表面活性剂在烧杯中于 50℃下搅拌洗涤 30 min，然后倾去洗涤液，先用自来水冲洗，再用去离子水以倾泻法清洗 3 次。洗涤后，将发样在 90℃烘箱中干燥，冷却后待测。

2. 发样的消解

准确称取备用发样 0.20～0.30 g 放入微波消化罐内，加入硝酸-过氧化氢混合液 5 mL，旋紧瓶盖，置于微波炉内消解，设置的消解程序为：0.2 MPa，1 min，800 W；1.0 MPa，1 min，1 000 W。消解完毕，取出消解罐冷却至室温。将罐内消化液移入 10 mL 容量瓶内，用去离子水少量多次清洗消化罐，洗液并入容量瓶，再定容至 10 mL，摇匀备用。铜、铁、锰直接以此试液测定。将此溶液吸出 1.0 mL，稀释至 25 mL，留作测定锌用。同时做空白试验。

3. 测定

（1）接通原子吸收仪器外界电源。

（2）检查气路及空气压缩机工作是否正常。

（3）开启仪器总电源，预热 1～2 min，装好所测元素的空心阴极灯。同时打开计算机，点击计算机桌面上的“SpectrAA”图标，进入原子吸收分光光度计的工作界面。

（4）软件操作。

（5）灯优化（每一次换灯都需要此操作）：点击优化，选择灯优化，同时旋转灯后座上的螺丝使信号达最大。各元素测定条件见表 6.1。

表 6.1　火焰原子吸收的测定条件

元素	锌	铜	铁	锰
波长/nm	213.9	324.8	248.3	279.5
灯电流/mA	5.0	4.0	6.0	4.0
狭缝/nm	0.5	0.5	0.5	0.2
空气流量/(L · min^{-1})	3.50	3.50	3.50	3.50
乙炔流量/(L · min^{-1})	1.00	1.00	1.50	1.50
燃烧头高度/mm	5.0	5.0	5.0	5.0
扣背景情况	开	关	开	开

（6）点火测试：气路检查无误后，按点火按钮（注意！不要马上松手，一般保持 3 s 左右）。

对进样量进行优化，进样的同时调节进样量的大小以及燃烧头的高度，使进样吸收的吸光度为最大。然后，点击计算机菜单中的“Star”按钮（点击前此按钮为绿灯），进行测试。

(7) 绘制标准曲线。

按表 6.2 所列配制标准系列溶液。

表 6.2　各元素标准系列溶液的浓度

$Cu/(\mu g \cdot mL^{-1})$	0.00	0.20	0.40	0.60	0.80	1.00
$Zn/(\mu g \cdot mL^{-1})$	0.00	0.20	0.40	0.60	0.80	1.00
$Mn/(\mu g \cdot mL^{-1})$	0.00	0.20	0.40	0.60	0.80	1.00
$Fe/(\mu g \cdot mL^{-1})$	0.00	1.00	2.00	3.00	4.00	5.00

(8) 样品溶液测定:测定未知样品的吸光度,由工作曲线上查出相应的浓度,计算出发样中铜、锌、铁、锰的含量(用 $\mu g \cdot g^{-1}$ 来表示)。

(9) 结束工作:测定完毕后喷去离子水 5～10 min 清洗仪器燃烧头。

熄火:移去去离子水后,关掉乙炔钢瓶总阀,再关掉空气压缩机。切不可在熄火后继续喷溶液。气路切断后再关电源。

清理:燃烧器灯缝清理,用滤纸擦拭缝口。

退出程序,关闭计算机。

五、思考题

(1) 消解的目的是什么?

(2) 空白溶液的含义是什么? 本实验如何进行空白试验?

(3) 微量元素与人体健康有什么关系?

(4) 若不使用微波消解仪,应如何消解发样?

六、注意事项

(1) 发样消解时应严格按照操作规程进行,注意安全。

(2) 在仪器灯室架上切勿旋开锁扣,以免元素灯弹出损坏。

(3) 换灯或调试时,琴键开关应按下"T%",不得在"响应时间"各挡按下时换灯或调试,否则易打坏表头。

(4) 仪器熄火,应首先将燃气开关关闭,然后再关闭助燃气开关。切忌先断助燃气,否则有回火的危险。

(5) 如遇临时停电,须以最快速度关闭燃气阀,再将部分开关、旋钮恢复到启动前的状态,待通电后,再按仪器操作顺序重新开启。

附:MDS-6 型非脉冲式微波消解操作

(1) 插上主机电源插座,打开位于主机正面右下方的黑色电源开关,预热 30 min 后使用。

(2) 根据提示选择方案的页面,按数字键键入"00"～"29",具体如表 6.3 所示。

表 6.3　方案号对应的程序

方案	对应程序
"00"~"04"	微波消解(单罐)压力主控
"05"~"09"	微波消解(多罐)压力主控
"10"~"14"	微波消解(单罐)温度主控
"15"~"19"	微波消解(多罐)温度主控
"20"~"24"	微波萃取(单罐)温度主控
"25"~"29"	微波萃取(多罐)温度主控

若 3 s 无数字键入，则显示方案"00"；之后，在任意界面下，都可按"复位"键，重新选择方案。

(3) 选择所需程序及其设置方法：

方案"05"~"09"：微波消解(多罐)压力主控(每个方案下最多可预置 6 个升压的步骤)，以"N"表示。

按"预置"键，此时，"N"下显示"1"(为第 1 步骤)，然后按照顺序分别输入：压力"P"(MPa)、时间"t"(min)，功率"W"(有 4 个功率上限供选择："1"为 400 W；"2"为 600 W；"3"为 800 W；"4"为 1 000 W)，按"确认"键后，"N"下显示"2"(为第 2 步骤)，之后的设置方法同以上输入；当设置完所需最后一步骤按"确认"后，当前方案不需要设置时，则直接按"确认"键(若在第 6 步骤设完后按"确认"键，则程序自动结束步骤输入)，此时，在屏幕左上方出现提示："No. 00 * No. 00~04"(提示把当前所输入的程序存入第几方案)，通过数字键键入所需方案，按"确认"键后，主机就进入了待启动状态。通过如上操作，可增加新的方案或覆盖旧的方案。

注意：预置压力时，第一步骤应小于 0.5 MPa，建议为 0.2~0.5 MPa(对于未知样品或易反应的样品，先设 0.2 MPa)，功率为"1"(400 W)，时间为 2~3 min；之后，每个步骤间压力的升幅也需小于 0.5 MPa(避免升压过快，导致剧烈反应)；因最后一步骤为主要消解步骤，所以时间相应延长，中间压力步骤的时间可短些(1~2 min)；功率可任意设置，一般从低往高。

(4) 开始做样：

① 放入已装好的消解罐或萃取罐，关上炉门，按下位于主机正面右下方的"启动"键(此时程序并没有运行)，然后放下防护罩，按控制面板上的"运行"键，此时，微波开始加热，程序按照设定运行。

② 运行时，左面箭头所指的步骤为当前运行的步骤，"计时"为倒计升压、升温曲线页面显示；如需更改当前步骤运行时间，可按"改时"键，通过数字键重新输入新的时间后，按"确认"键确认(注：在按"改时"键后，微波停止加热，输入新的时间并按"确认"键后，微波再开始加热)。

③ 待程序运行结束后，主机发出提示音，此时，取出罐体，冷却。若下个样品仍为该方案，则放入罐体后，只需"启动"，再按"运行"即可，无须重新设定。

实验四十　荧光光度法测定核黄素含量

一、实验目的

（1）学习和掌握荧光光度分析法测定核黄素（即维生素 B_2，简称 VB_2）的基本原理和方法。

（2）熟悉荧光分光光度计的结构及使用方法。

二、实验原理

在紫外光或波长较短的可见光照射后，一些物质会发射出比入射光波长更长的荧光。以测量荧光的强度和波长为基础的分析方法叫作荧光光度分析法。

对同一物质而言，若 $\varepsilon lc \ll 0.05$，即对很稀的溶液，荧光强度 F 与该物质的浓度 c 有以下的关系：

$$F = 2.30 \Phi_f I_0 \varepsilon lc$$

式中，Φ_f 为荧光过程的量子效率；I_0 为入射光强度；ε 为荧光分子吸收系数；l 为试液的吸收光程；c 为试液浓度。I_0 和 l 不变时：

$$F = Kc$$

式中，K 为常数。因此，在低浓度的情况下，荧光物质的荧光强度与浓度呈线性关系。

VB_2（即核黄素）在激发波长 $\lambda = 430 \sim 440$ nm 的蓝光照射下，发出绿色荧光，其发射波长的峰值为 535 nm。VB_2 的荧光在 pH＝ 6～7 时最强，在 pH＝11 时消失。

进行荧光分析实验时首先要考虑选择激发波长和荧光发射波长，其基本原则是使测量获得最强荧光，且受背景影响小。激发光谱是指改变激发光波长测量荧光强度的变化，用荧光强度 F 对激发光波长 λ 作图所得的谱图。荧光发射光谱是将激发光波长固定在最大波长处，然后扫描发射波长，测定不同发射波长处的荧光强度，用荧光强度 F 对发射光波长 λ 作谱图。如图 6.3 所示为 VB_2 的激发光谱及荧光发射光谱示意图。

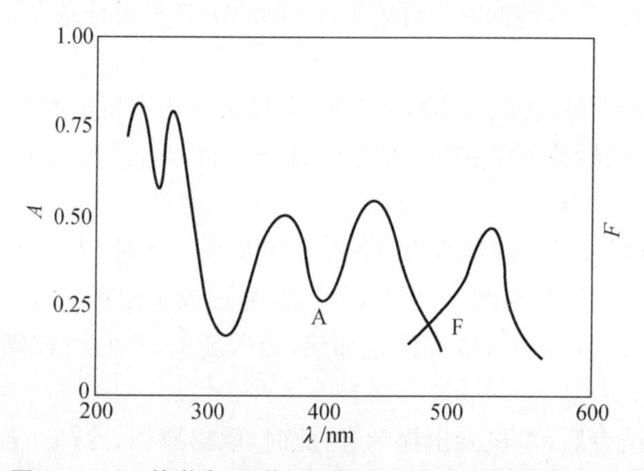

图 6.3　VB_2 的激发(吸收)光谱(A)及荧光发射光谱(F)示意图

本实验采用标准曲线法来测定 VB_2 的含量。

三、仪器与试剂

(1) 仪器:Carry Bio 荧光分光光度计,吸量管(5 mL),容量瓶(50 mL,100 mL)。

(2) 试剂:

① 10.0 $\mu g \cdot mL^{-1}$ 的 VB_2 标准溶液:准确称取 10.0 mg VB_2,将其溶解于少量的 1% HAc 溶液中,转移至 1 L 容量瓶中,用 1% HAc 稀释至刻度,摇匀。该溶液应装于棕色试剂瓶中,置阴凉处保存。

② 待测液:取市售 VB_2 一片,用 1% HAc 溶液溶解,定容成 1 000 mL,贮于棕色试剂瓶中,置阴凉处保存。

四、实验内容

1. 系列标准溶液的配制

在 5 个干净的 50 mL 容量瓶中,分别加入 1.00 mL、2.00 mL、3.00 mL、4.00 mL 和 5.00 mL VB_2 标准溶液,用蒸馏水稀释至刻度,摇匀,得到浓度为 0.20 $\mu g \cdot mL^{-1}$,0.40 $\mu g \cdot mL^{-1}$,0.60 $\mu g \cdot mL^{-1}$,0.80 $\mu g \cdot mL^{-1}$,1.00 $\mu g \cdot mL^{-1}$ 的标准系列溶液。

2. 测定波长的预扫描(初定激发波长和荧光发射波长)

开启荧光分光光度计,在光谱扫描界面,取上述配制好的 0.60 $\mu g \cdot mL^{-1}$ 标准溶液,置于石英比色皿中,合上样品室盖,进行预扫描。根据预扫描的曲线,初定最大激发波长 $\lambda_{max激}$ 和最大荧光发射波长 $\lambda_{max发}$。

3. 测定波长的精确扫描(确定激发波长和荧光发射波长)

先把荧光发射波长固定在初定的 $\lambda_{max发}$ 波长处,选择合适的波长范围,精确扫描激发波长,得到激发光谱图,从图中精确地确定最大激发波长 $\lambda_{max激}$。

然后把激发波长固定在最大激发波长 $\lambda_{max激}$ 处,精确扫描荧光发射波长,得到荧光发射光谱图,从图中精确地确定最大荧光发射波长 $\lambda_{max发}$。

4. 标准溶液测定

在光谱测定界面,将荧光分光光度计的激发波长和荧光发射波长分别固定在 $\lambda_{max激}$ 和 $\lambda_{max发}$ 处,从稀到浓依次测定上述配制好的标准系列溶液的荧光强度 F,绘制 $F \sim c$ 标准曲线。

5. 未知试样的测定

取待测液 2.50 mL 置于 50 mL 容量瓶中,用蒸馏水稀释至刻度,摇匀。用测定标准系列溶液时相同的条件,测量其荧光强度 F_x。

五、数据处理

(1) 用标准系列溶液的荧光强度绘制 $F \sim c$ 标准曲线。

(2) 根据待测液的荧光强度,从标准曲线上求得其浓度。

(3) 计算药片中 VB_2 的含量,以"mg/片"为单位表示。

六、思考题

(1) 怎样选择激发光波长和荧光波长?

(2) 荧光仪中为什么不把激发光和荧光安排在一条直线上进行测定?

实验四十一　荧光光度法测定污水中的油

一、实验目的

(1) 了解荧光光度分析法在环保分析中的具体应用。

(2) 掌握荧光光度法测定污水中油的原理和方法。

(3) 巩固和掌握水样萃取的正确操作方法。

(4) 学会荧光光度计的使用。

二、实验原理

石油中的芳烃和多环芳烃经紫外光照射后,以光致发光的形式辐射出荧光。荧光强度与样品浓度的关系如下:

$$F = K\phi I_0(1 - e^{-\varepsilon Lc})$$

式中,F 代表荧光强度,K 是仪器常数,φ 是量子化率,I_0 是激发光强,ε 是光分子吸收系数,L 是样品池光径,c 是样品浓度。

当溶液较稀时,

$$e^{-\varepsilon Lc} = 1 - \varepsilon Lc$$

则

$$F = K\phi I_0 \varepsilon Lc$$

从上面公式可以看出,在稀溶液中,当激发光强度和样品池光径不变时,样品的荧光强度和它的浓度成正比。

三、仪器与试剂

(1) 仪器:960 型荧光分光光度计,1 000 mL 分液漏斗,10 mL 比色管,25 mL、50 mL 容量瓶。

(2) 试剂:无水硫酸钠,浓硫酸,石油醚(60～90℃沸程),油标准贮备液(准确称取标准油品 0.1 g 溶于石油醚中,移入 100 mL 容量瓶中,并用石油醚稀释至刻度。此溶液含油量为 1 000 mg · L^{-1},贮于冰箱中备用),氯化钠固体。

四、实验步骤

1. 标准曲线的绘制

将油标准贮备液用石油醚逐级稀释为 40 mg · L^{-1} 的油标准液。分别吸取 0 mL、2.0 mL、4.0 mL、6.0 mL、8.0 mL、10.0 mL 油标准液至 6 支 10 mL 比色管中,用石油醚稀释至标线，其相应的浓度依次为 0 mg·L^{-1}、8.0 mg·L^{-1}、16.0 mg·L^{-1}、24.0 mg·L^{-1}、32.0 mg·L^{-1}、40.0 mg·L^{-1} 的标准系列，然后用荧光分光光度计，在激发波长为 360 nm、发射波长为 530 nm 处，用 1 cm 石英比色皿测定标准系列的荧光强度，并作荧光强度与浓度的关系曲线。

2. 水样的测定

用 500 mL 的玻璃采样瓶采取 500 mL 水样。然后将此 500 mL 水样全部倒入 1 000 mL 分液漏斗中，加入 2.5 mL 浓硫酸及 20 g 氯化钠，加盖摇匀。用 10 mL 石油醚洗采样瓶，并把此洗液移入分液漏斗内，充分振摇 3 min（注意放气），静置分层后，把下层水样放入原采样瓶中，上层石油醚放入 25 mL 容量瓶中。对水样再重复提取一次，合并提取液至 25 mL 容量瓶中，加石油醚到容量瓶标线，摇匀。若容量瓶里有水珠或混浊，可用少量无水硫酸钠脱水。

在激发波长为 360 nm、发射波长为 530 nm 处，用 1 cm 石英比色皿，以石油醚为空白，测定其荧光强度，并在标准曲线上找出相应的浓度值，计算水样中油的含量。

五、计算

$$\text{油的含量}(\mathrm{mg \cdot L^{-1}}) = \frac{cV_2}{V_1}$$

式中，c 为水样在标准曲线上相应的浓度（mg·L^{-1}），V_1 为被测水样体积（mL），V_2 为石油醚定容体积（mL）。

六、思考题

（1）哪些化合物会产生较强的荧光？

（2）石油醚相在水相的上层还是下层？

七、注意事项

（1）所使用的器皿要避免有机物的污染，分液漏斗的活塞不能涂凡士林。

（2）标准曲线绘制及样品测定所用的石油醚应同一批号，否则会由于空白值不同而产生误差。

（3）由于油与水的互溶性较差，所以取样时样品要充分摇匀。

附：960MC 型荧光光度计操作流程

开启仪器总电源开关和灯电源开关，预热 30 min 后，按图 6.4 所示流程进行定量测定操作。

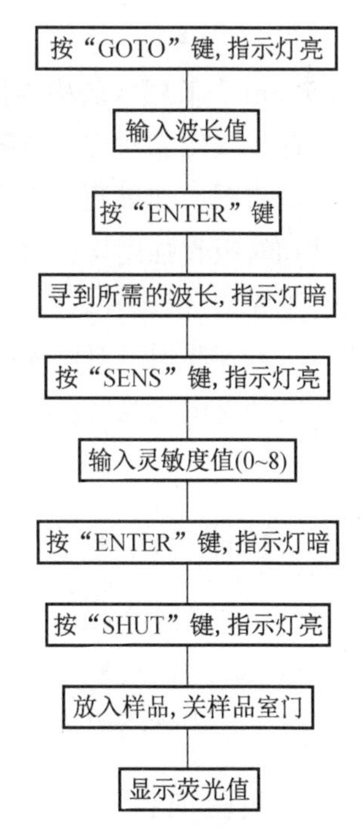

图 6.4　定量测定操作流程

实验四十二　有机化合物的红外光谱测定

一、实验目的

(1) 学习固体、液体样品的制样方法。

(2) 学习红外光谱仪的仪器调节。

(3) 学习谱图解析，了解由红外光谱鉴定未知物的一般过程。

二、实验原理

红外光谱是研究分子振动和转动信息的分子光谱，不同的化合物由不同的基团组成，因此有不同的振动方式和频率，可以通过扫描它们的红外光谱来进行化合物的定性鉴定和结构分析。定性分析常用方法有已知物对照法和标准谱图查对法。

根据实验技术和应用的不同，一般将红外光区划分为三个区域：近红外区(14 000～4 000 cm^{-1})，中红外区(4 000～400 cm^{-1})和远红外区(400～10 cm^{-1})，一般的红外光谱在中红外区进行检测。大多数基团的特征吸收集中在 4 000～1 350 cm^{-1} 区域内，因而称之为基团频率区，主要用于鉴定官能团。例如，缔合羟基(O—H)的伸缩振动频率在 3 400～3 200 cm^{-1} 范围内，羰基(C═O)的伸缩振动频率在 1 850～1 660 cm^{-1} 范围内。而 1 350～650 cm^{-1} 低频区域称为指纹区，该区域内的吸收带往往很复杂，如人的指纹一样互不相同，因此仅仅依靠对红外谱图的解析往往难以确定有机物的结构，通常还需要借助标准试样和标准谱图。如果两个化合物在相同的测定条件下测得的红外光谱，其吸收峰位置、形状及其相对吸收强度均一致，则两个化合物具有相同的结构。因此可通过比对试样与标准样的红外光谱，或比较试样的红外光谱与红外标准谱图进行定性分析。

本实验通过对固体样品苯甲酸的红外光谱测绘(KBr 压片法)和液体试样乙酸异戊酯的红外光谱测绘(液膜法)，来学习固体、液体样品的制样和测定方法，并判别各主要吸收峰的归属。

三、仪器与试剂

(1) 仪器：Nexus 670 型红外光谱仪，手压式压片机及压片模具，磁性样品架，可拆式液体池，KBr 片，红外灯，玛瑙研钵。

(2) 试剂：苯甲酸(AR)，KBr(光谱纯)，乙酸异戊酯(AR)。

四、实验内容

1. 固体样品苯甲酸的红外光谱测绘(KBr 压片法)

(1) 在干净的玛瑙研钵中加入约 150 mg 干燥的 KBr，在红外灯下研磨成细粉，颗粒粒度为 2 μm 以下。

(2) 取适量研磨好的 KBr 于干净的压片模具中，堆积均匀，用手压式压片机用力加压约 30 s，制成透明薄片，作为空白背景样品。

(3) 将空白薄片装在磁性样品架上，放入 Nexus 670 型红外光谱仪的样品室中，进行背景扫描，保存此空白背景。

(4) 取干燥的苯甲酸试样约 1 mg 于干净的玛瑙研钵中，在红外灯下研磨成细粉，再加入约 150 mg 干燥的 KBr 一起研磨至两者完全混合均匀，颗粒粒度为 2 μm 以下。

(5) 取适量的混合样品于干净的压片模具中，堆积均匀，用手压式压片机用力加压约 30 s，制成透明试样薄片。

(6) 将试样薄片装在磁性样品架上，放入 Nexus 670 型红外光谱仪的样品室中进行扫描，扣除空白背景，即得测量样品的红外光谱图。

(7) 扫谱结束后，取出样品架，取下薄片，将压片模具、试样架等用规定的溶剂擦洗干净，置于干燥器中保存好。

2. *液体试样乙酸异戊酯的红外光谱测绘(液膜法)*

用滴管取少量液体样品乙酸异戊酯，滴到液体池的一块盐片上，盖上另一块盐片(稍转动驱走气泡)，使样品在两盐片间形成一层透明薄液膜。固定液体池后将其置于红外光谱仪的样品室中扫描，扣除空白背景后即得样品的红外光谱图(直接用盐片做空白背景)。

五、结果处理

(1) 对所测谱图进行基线校正及适当平滑处理，标出主要吸收峰的波数值，储存数据后，打印谱图。

(2) 与样品的标准谱图进行对照，判别各主要吸收峰的归属。

六、思考题

(1) 用压片法制样时，为什么要求将固体试样研磨到颗粒粒度在 2 μm 以下？为什么要求 KBr 粉末干燥、避免吸水受潮？

(2) 芳香烃的红外特征吸收在谱图的什么位置？

(3) 羰基化合物谱图的主要特征是什么？

七、注意事项

(1) KBr 应干燥无水，固体试样研磨和放置均应在红外灯下，防止吸水变潮；KBr 和样品的质量比约在(100～200)∶1 之间。

(2) 可拆式液体池的盐片应保持干燥透明，切不可用手触摸盐片表面，也不能用水冲洗；每次测定前后均应在红外灯下反复用无水乙醇及滑石粉抛光，用镜头纸擦拭干净，在红外灯下烘干后，置于干燥器中备用。

第二节　电化学分析

实验四十三　离子选择性电极法测定水样中微量氟离子

一、实验目的

（1）熟悉氟离子选择性电极的结构和性能。

（2）学习用直接电位法测定氟离子浓度的方法。

（3）掌握标准曲线法和标准加入法的计算技能。

二、实验原理

离子选择性电极是一种电化学传感器，它可将溶液中特定离子的活度转换成相应的电位信号。氟离子选择性电极（见图 6.5）的敏感膜为 LaF_3 单晶膜，电极管内装有 0.1 mol·L^{-1} NaCl－NaF 组成的内参比溶液，以 Ag－AgCl 作内参比电极。测定时，用氟离子选择电极作指示电极，饱和甘汞电极作参比电极，由氟离子选择性电极与饱和甘汞电极组成的电化学电池可表示为：

$$\underbrace{Hg|Hg_2Cl_2,KCl(\text{饱和})}_{\text{甘汞电极}}\ \|\ \text{试液}\ \underbrace{|LaF_3|NaF,NaCl,AgCl|Ag}_{\text{氟离子选择性电极}}$$

在离子强度和 pH 值不变时，整个电池的电动势为：

$$E_{\text{电池}}=K'-\frac{2.303RT}{F}\lg c$$

式中，K 为常数，R 为摩尔气体常数（8.314 J·mol^{-1}·K^{-1}），T 为热力学温度，F 为法拉第常数 96 485 C·mol^{-1}。可见，在一定条件下，电池电动势与试液中的氟离子浓度的对数呈线性关系。离子选择电极定量测定的方法有标准曲线法和标准加入法。

为了保持溶液中的总离子强度不变，常在标准溶液与试样溶液中同时加入相等的足够量的惰性电解质如 NaCl 等。

在用氟离子选择性电极测定水中氟时，凡能与 F^- 生成稳定配合物或难溶沉淀的元素，如 Al、Fe、Zr、Th、Ca、Mg、稀土元素等，会干扰测定，通常可用柠檬酸钠、EDTA、DCTA、磺基水杨酸或磷酸盐等掩蔽剂加以掩蔽。

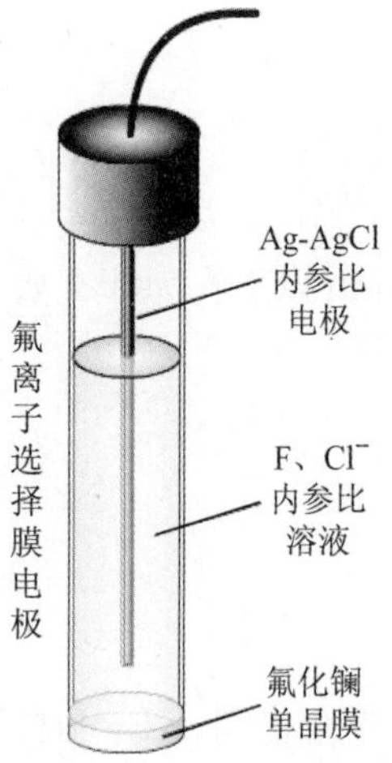

图 6.5　氟离子选择电极

氟电极对 F^- 离子的电位响应受溶液 pH 值的影响。在酸性溶液中 H^+ 离子与部分 F^- 离子形成 HF 或 HF_2^- 等在氟电极上不响应的形式，从而降低了 F^- 的浓度。在碱性溶液中，OH^- 在氟电极上与 F^- 产生竞争响应，此外 OH^- 也能与 LaF_3 晶体膜产生交换反应而使 F^- 离子浓度增加：

$$LaF_3 + 3OH^- \longrightarrow La(OH)_3 + 3F^-$$

从而干扰电位响应使测定结果偏高。因此氟离子电极最适宜在 pH=5～6 范围内的溶液中进行测定,常用缓冲溶液 CH_3COOH - CH_3COONa 来调节。

使用氟电极测定溶液中氟离子浓度时,通常是综合考虑上述几种因素,使用总离子强度调节缓冲溶液(TISAB)来控制一定的离子强度、溶液的 pH 值,以及消除共存离子的干扰。本实验的 TISAB 的组成为 NaCl、CH_3COOH - CH_3COONa 和柠檬酸钠。

三、仪器与试剂

(1) 仪器:pHS-3 酸度计,PF-1 型氟离子选择电极,231 型单液接甘汞电极,电磁搅拌器。

(2) 试剂:

① 氟标准贮备液(200 mg·L^{-1}):分析纯 NaF 于 120℃干燥 2 h,冷却后准确称取 0.442 g,溶解后于 1 000 mL 容量瓶定容,然后储存于聚乙烯塑料瓶中。

② 总离子强度调节缓冲溶液(TISAB):溶解 12 g 柠檬酸钠($Na_3C_6H_5O_7 \cdot 2H_2O$)和 58 g NaCl 于 50 mL 水中,加 57 mL 冰醋酸,以 6 mol·L^{-1} NaOH 调节 pH 值至 5.0～6.5,稀释至 1 L。

③ 含氟水样。

四、实验内容

1. 仪器准备

开启仪器,选择"mV"测量,预热仪器约 20 min,接入氟电极与甘汞电极。检查甘汞电极内 KCl 溶液是否需要添加,检查空白电位值是否符合要求(仪器使用参见第三章的 pH 计的使用)。

2. 标准曲线法

1) 标准曲线的绘制

移取 200 mg·L^{-1} 标准 NaF 贮备溶液 25 mL 于 250 mL 容量瓶中,用蒸馏水稀释至刻度,摇匀。分别从中移取 0.50 mL、1.00 mL、2.00 mL、4.00 mL、6.00 mL、8.00 mL、10.00 mL 至 50 mL 容量瓶中,各加入 10.0 mL 总离子强度调节缓冲液,用蒸馏水稀释至刻度。配制成 0.200 mg·L^{-1}、0.400 mg·L^{-1}、0.800 mg·L^{-1}、1.60 mg·L^{-1}、2.40 mg·L^{-1}、3.20 mg·L^{-1}、4.00 mg·L^{-1} 系列 NaF 标准溶液各 50 mL。将上述溶液按由稀至浓的顺序依次倒入洗净并干燥的 50 mL 塑料烧杯中,放入搅拌子,插入电极。用酸度计依次测定不同 F^- 浓度溶液的电动势 E。测定时搅拌 2 min,静置 1 min,待电位稳定后读数。

2) 水样中氟离子浓度的测定

准确移取 25.00 mL 水样于 50 mL 容量瓶中,加 10.0 mL 总离子强度调节缓冲液。用与标准曲线绘制相同的操作测定试样的电动势,记为 $E_{样}$。

测定数据记录如下:

c_{F^-}/(mg·L^{-1})	0.200	0.400	0.800	1.60	2.40	3.20	4.00	水样
E/mV								

以测得的电动势 E(mV)为纵坐标，以 F^- 浓度的对数 $\lg c_{F^-}$ 为横坐标作标准曲线。在标准曲线上找到水样所对应的浓度值，再求出水样中氟的含量(以 mg·L^{-1} 为单位)。

3. 标准加入法

准确移取 25.00 mL 水样于 50 mL 容量瓶中，加 10.0 mL 总离子强度调节缓冲液。用与标准曲线绘制相同的操作测定试样的电动势，记为 E_1。

在上述已测定电位值的水样溶液中准确加入浓度 c_s=200 mg·L^{-1}，体积 V_s=0.50 mL 的标准 NaF 溶液，继续同上的测定操作，测定溶液的电动势记为 E_2。将数据记录如下：

E_1=____ mV，E_2=____ mV，t=____℃，

c_s=____ mg·L^{-1}，V_s=____ mL，V_0=____ mL。

按下式计算水样中氟离子的含量 c_x(以 mg·L^{-1} 为单位)。

$$c_x = \Delta c\left(10^{\frac{\Delta E}{s}} - 1\right)^{-1}$$

式中，$s=\dfrac{2.303RT}{nF}$，$\Delta c=\dfrac{c_s V_s}{V_0}$，$c_s$ 为加入的标准溶液的浓度，V_s 为加入的标准溶液的体积(mL)，V_0 为试样的体积(mL)。

4. 清洗电极

实验结束后，用去离子水清洗电极至电位值与起始空白电位值相近，收入电极盒中保存。

五、结果处理

比较标准曲线法和标准加入法得到的结果，计算两次结果的相对偏差，并对两种定量方法进行讨论。

六、思考题

(1) 概括氟离子选择性电极的响应机理，并写出氟电极膜电位的表达式。

(2) 为什么要加入总离子强度调节缓冲液？总离子强度调节缓冲液由哪些组分组成？

(3) 为什么要清洗电极？本实验过程中什么时候应清洗电极？

七、注意事项

(1) 氟电极准备：氟电极在使用前于 1×10^{-3} mol·L^{-1} NaF 溶液中浸泡活化 1～2 h。用去离子水清洗电极，并测量其电位至与去离子水中的电位值相接近才可使用(约 320 mV)。

(2) 电极电位在搅拌时和静止时读数不同，测定过程中应注意使读数状态保持一致。

(3) 饱和甘汞电极在使用前应拔去加 KCl 溶液小口处的橡皮塞，以保持足够的液压差，使 KCl 溶液只能向外渗出，同时检查内部电极是否已浸于 KCl 溶液中，否则应补加饱和

KCl 溶液。电极下端的橡皮套也应取下。饱和甘汞电极使用后，应再将两个橡皮套分别套好，装入电极盒内，防止盐桥液流出。

（4）安装电极时，两支电极不要彼此接触，电极下端离杯底应有一定的距离，以防止转动的搅拌珠撞击电极下端。

（5）氟电极响应斜率在理论上为 59 mV(25℃)，但实际上由实验测得的斜率值常常与理论值略有偏离，所以在用标准加入法计算未知液浓度时，宜按实际响应斜率值代入。

实验四十四　直接电位法测定溶液的 pH 值

一、实验目的

（1）了解玻璃电极、饱和甘汞电极的构造。

（2）掌握直接电位法测定溶液 pH 值的基本原理和测量技术。

（3）掌握酸度计的校正方法和校正原则。

（4）巩固酸碱溶液 pH 值的计算方法。

二、实验原理

根据酸碱质子理论，NH_4^+、AC^- 和 $H_2PO_4^-$ 分别为弱酸、弱碱和两性物质，其溶液的 pH 值可通过计算得到。广泛 pH 试纸能粗略地估量溶液的 pH 值范围。直接电位法能更加准确地测定溶液的 pH 值。

在进行电位法 pH 值测定时，把玻璃电极与饱和甘汞电极插入试液，组成下列电池：

$$(-)\ \underbrace{\text{Ag,AgCl} \mid \text{内参比溶液} \mid \text{玻璃膜}}_{E_{\text{玻}}} \mid \underbrace{\text{试液} \parallel}_{E_{\text{液接}}} \underbrace{\text{KCl 饱和} \mid Hg_2Cl_2,\text{Hg}}_{E_{\text{SCE}}}(+)$$

$$E_{\text{电池}} = E_{\text{SCE}} - E_{\text{玻}} + E_{\text{液接}}$$

$$E_{\text{玻}} = k - 0.059\text{pH}$$

在一定条件下，$E_{\text{液接}}$ 和 E_{SCE} 为一常数，因此，电池的电动势可写为：

$$E_{\text{电池}} = K + 0.059\text{pH}\ (25℃)$$

若上式中 K 值已知，则由测得的 $E_{\text{电池}}$ 就能计算出被测溶液的 pH 值，但实际上由于 K 值不易求得，因此，在实际工作中，用已知 pH 值的标准缓冲溶液作为基准，比较待测溶液和标准溶液两个电池的电动势来确定待测溶液的 pH 值。所以在测定 pH 值时，先用 pH 标准缓冲溶液校正酸度计（亦称定位），以消除 K 值的影响。

三、仪器和试剂

（1）仪器：pHS－3C 型酸度计，玻璃电极，饱和甘汞电极，分析天平，50 mL 容量瓶，玻璃棒，广泛 pH 试纸，100 mL 小烧杯，滤纸等。

（2）试剂：氯化铵(AR)，醋酸钠(AR)，磷酸二氢钾(AR)，pH 标准缓冲溶液。

四、实验步骤

1. 溶液配制

(1) 0.15 mol・L^{-1} 氯化铵溶液的配制:准确称取 0.40 g 左右氯化铵于 100 mL 烧杯中,溶解后转移到 50 mL 容量瓶中,定容,摇匀备用。贴好标签。

(2) 0.15 mol・L^{-1} 醋酸钠溶液的配制:准确称取 0.62 g 左右醋酸钠于 100 mL 烧杯中,溶解后转移到 50 mL 容量瓶中,定容,摇匀备用。贴好标签。

(3) 0.10 mol・L^{-1} 磷酸二氢钾溶液的配制:准确称取 0.63~0.73 g 磷酸二氢钾于 100 mL 烧杯中,溶解后转移到 50 mL 容量瓶中,定容,摇匀备用。贴好标签。

2. pH 的计算和初步测定

(1) 根据酸碱质子理论,计算上述溶液的 pH 值。(已知:磷酸的 $K_{a1}=6.9\times10^{-3}$,$K_{a2}=6.2\times10^{-8}$,$K_{a3}=4.8\times10^{-13}$;醋酸的 $K_a=1.8\times10^{-5}$;氨水的 $K_b=1.8\times10^{-5}$)

(2) 将溶液倒入洗净、润洗过的 100 mL 烧杯中,用玻璃棒蘸取一滴溶液于广泛 pH 试纸上,用对比颜色的方法初测溶液 pH 值。再用精密 pH 试纸进一步估算溶液的 pH 值,平行测量三次,将结果记录在表格中。

3. 直接电位法测定溶液 pH 值

1) 酸度计的校正

玻璃电极在使用之前必须在蒸馏水中浸泡 24 h 以上。参比电极在使用之前必须拔去橡皮塞和橡皮套。甘汞电极在使用时,内电极与陶瓷芯之间是否有气泡停留,如有,则必须排除。

酸度计在使用之前需经校正,仪器校正步骤如下:

(1) 将玻璃电极与饱和甘汞电极与 pHS-3C 型酸度计相连;

(2) 打开酸度计电源开关,预热 30 min;

(3) 将选择旋钮调到 pH 挡;

(4) 调节温度旋钮,使旋钮白线对准溶液温度值;

(5) 把清洗过的电极插入 pH=6.86 的标准缓冲溶液中,调节定位调节旋钮,使仪器显示与该缓冲溶液当时温度下的 pH 值相一致(例如混合磷酸盐在 10℃时,pH=6.92);

(6) 用蒸馏水清洗电极,用滤纸吸干表面,再用 pH=4.00 或 pH=9.18 的标准缓冲溶液调节斜率旋钮到该溶液当时温度下的 pH 值(例如邻苯二甲酸氢钾在 10℃时,pH=4.00);

(7) 重复步骤(5)(6),直至不用再调节定位或斜率两调节旋钮为止,仪器完成校正。

校正原则:根据计算及广泛 pH 试纸初结果,选用与试液 pH 值相近的标准缓冲溶液校正仪器。例如:若测 pH 值为 9.0 左右的试液,应选用 pH=9.18 的标准缓冲溶液调节斜率;若测 pH 值为 5.0 左右的试液,应选用 pH=4.00 的标准缓冲溶液调节斜率。

仪器校正后,不得再转动定位调节旋钮,否则应重新进行校正工作。

2) 溶液的 pH 值测定

将电极用蒸馏水冲洗干净,用滤纸吸干。将电极插入待测溶液中,摇动烧杯,待读数稳定,记录 pH 值,平行测定三次,将结果记录在表格中。

五、数据记录及结果分析

(1) 记录氯化铵、醋酸钠和磷酸二氢钾称取的质量，并计算其浓度。

(2) 根据酸碱质子理论，写出上述氯化铵、醋酸钠和磷酸二氢钾溶液 pH 值的计算公式，计算各溶液的 pH 值，并将结果填入下表。

(3) 记录广泛 pH 试纸、精密 pH 试纸、酸度计直接电位法对各溶液 pH 值的测量结果，计算其平均值，并将结果填入下表。

<table>
<tr><th>溶液</th><th>pH 计算值</th><th colspan="3">广泛 pH 试纸测量值</th><th colspan="3">精密 pH 试纸测量值</th><th colspan="3">酸度计测量值</th></tr>
<tr><td rowspan="2">氯化铵</td><td rowspan="2"></td><td></td><td></td><td></td><td></td><td></td><td></td><td></td><td></td><td></td></tr>
<tr><td colspan="3"></td><td colspan="3"></td><td colspan="3"></td></tr>
<tr><td rowspan="2">醋酸钠</td><td rowspan="2"></td><td></td><td></td><td></td><td></td><td></td><td></td><td></td><td></td><td></td></tr>
<tr><td colspan="3"></td><td colspan="3"></td><td colspan="3"></td></tr>
<tr><td rowspan="2">磷酸二氢钾</td><td rowspan="2"></td><td></td><td></td><td></td><td></td><td></td><td></td><td></td><td></td><td></td></tr>
<tr><td colspan="3"></td><td colspan="3"></td><td colspan="3"></td></tr>
</table>

(4) 分析溶液的 pH 计算值、试纸测量值和酸度计直接电位法测量值之间的关系。

六、思考题

测定溶液 pH 值时，为什么要选用 pH 值与待测溶液的 pH 值相近的标准缓冲溶液来校正？

实验四十五 NaCl 和 NaI 混合物的电位连续滴定

一、实验目的

(1) 熟悉电位滴定的基本操作。

(2) 掌握确定电位滴定终点的方法。

(3) 了解提高测定准确度的方法。

二、实验原理

用银离子的溶液作滴定剂的电位滴定法广泛应用于卤素离子的测定，可一次取样连续测定 Cl^-、Br^-、I^- 的含量。除卤素外，它还可用于测定氰化物、硫化物、磷酸盐、砷酸盐、硫氰酸盐和硫醇等化合物的含量。

以银电极为指示电极，玻璃电极为参比电极，可用 $AgNO_3$ 溶液滴定含有 Cl^-、Br^-、I^- 的混合溶液。由于 AgI 的溶度积小于 AgBr，所以 AgI 首先沉淀。滴入 $AgNO_3$ 溶液时，溶液中[I^-]不断降低,[Ag^+]不断增加,当[Ag^+]达到可使[Ag^+][Br^-]$\geqslant K_{sp}$(AgBr)时,AgBr开始沉淀。

如果溶液中[Br^-]不是很大,则AgI几乎沉淀完全后AgBr才开始沉淀。同样,当溶液中[Cl^-]不是很大时,AgBr几乎沉淀完全后,AgCl才开始沉淀。这样即可在一次取样中连续分别测定Cl^-、Br^-、I^-的含量。若Cl^-、Br^-、I^-的浓度均为0.1 mol·L^{-1},理论上各离子的测定误差小于0.5%。然而在实际滴定中,当进行Br^-与Cl^-混合物滴定时,AgBr的沉淀往往会引起AgCl共沉淀,所以常使得Br^-的测定值偏高而Cl^-的测定值偏低。而Cl^-和I^-或I^-和Br^-混合物滴定时则可获得准确结果。

加入$Ba(NO_3)_2$或KNO_3可降低因AgX沉淀吸附X^-离子而引起的测定结果误差。

滴定终点可由电位滴定曲线(指示电极电位对滴定体积作图)来确定,也可以用一次微商法或二次微商法求得。二次微商法是一种不经绘图程序,通过简单计算即可求得终点的方法,结果比较准确。这种方法是基于在滴定终点时,二次微商值等于零。

例:用表6.4所示的一组终点附近的数据,求出滴定终点。

表6.4 一组电位滴定近终点数据

滴定剂体积 V/mL	电动势 E/V	ΔE/V	ΔV/mL	$\frac{\Delta E}{\Delta V}$	$\frac{\Delta^2 E}{\Delta V^2}$
24.10	0.183				
		0.011	0.10	0.11	
24.20	0.194				+2.8
		0.039	0.10	0.39	
24.30	0.233				+4.4
		0.083	0.10	0.83	
24.40	0.316				−5.9
		0.024	0.10	0.24	
24.50	0.340				−1.3
		0.011	0.10	0.11	
24.60	0.351				

表中,

$$\frac{\Delta^2 E}{\Delta V^2}=\frac{\left(\frac{\Delta E}{\Delta V}\right)_2-\left(\frac{\Delta E}{\Delta V}\right)_1}{\Delta V}$$

在接近终点时,加入ΔV为等量。从表6.4中$\frac{\Delta^2 E}{\Delta V^2}$的数据可知,滴定终点在24.30 mL与24.40 mL之间。

设:$(24.30+x)$ mL时,$\frac{\Delta^2 E}{\Delta V^2}=0$,即为滴定终点。则

$$\frac{24.40-24.30}{4.4+5.9}=\frac{x}{4.4}$$

解得:$x=0.04$(mL)

所以在滴定终点时,滴定剂的体积应为24.34 mL。

本实验测定混合液中氯化物和碘化物的含量,因此在滴定曲线中有两个电位突跃,可以分别确定两个化学计量点。根据各个终点所用滴定剂的体积可分别求得试液中氯化物

和碘化物的含量。

三、仪器与试剂

(1) 仪器：酸度计，银电极，玻璃电极，电磁搅拌器，10 mL 微量滴定管。

(2) 试剂：0.1 mol・L^{-1} $AgNO_3$ 标准溶液，6 mol・L^{-1} HNO_3 溶液，固体 $Ba(NO_3)_2$ 或 KNO_3，含 Cl^- 和 I^- 的未知试液。

四、实验内容

(1) 接通仪器电源，预热 20 min。

(2) 将 $AgNO_3$ 标准溶液装入滴定管，滴定前调节至 0.00 mL。

(3) 移取 10.00 mL 含 Cl^- 和 I^- 的未知试液于 100 mL 烧杯中，加 40 mL 水，3 滴 6 mol・L^{-1} HNO_3 溶液，并加入约 0.5 g 固体 $Ba(NO_3)_2$(或约 2 g KNO_3)。

(4) 插入电极，打开搅拌按钮，调节搅拌速度。按下读数开关，待指针稳定后用 $AgNO_3$ 标准溶液进行滴定。

开始时每加 0.50 mL 记录一次电动势值。当接近突跃点时，每加 0.10 mL $AgNO_3$ 溶液，记录一次 $AgNO_3$ 溶液的加入体积(mL)和对应的电动势。第一个滴定突跃点出现后以同样方式继续滴定，待第二个滴定突跃点出现后可停止滴定。

(5) 做平行测定。

五、数据记录与处理

(1) 按下表记录数据。

V_{AgNO_3}/mL	E/mV	V_{AgNO_3}/mL	E/mV	V_{AgNO_3}/mL	E/mV	V_{AgNO_3}/mL	E/mV

c_{AgNO_3} = ____ mol・L^{-1}。

(2) 根据 $AgNO_3$ 溶液的滴加体积 V 和相应的电动势值，作滴定曲线图。

确定两个滴定终点：V_1 ____ mL，V_2 ____ mL；

样品消耗 $AgNO_3$ 溶液的体积：V_{I^-} ____ mL，V_{Cl^-} ____ mL；

分别计算未知液中 I^- 和 Cl^- 的含量，以 NaI 的含量(g・L^{-1})和 NaCl 的含量(g・L^{-1})表示。

(3) 根据 $AgNO_3$ 溶液的滴加体积 V 和相应的电动势值，作一次微商曲线图。

确定两个滴定终点：V_1'____ mL，V_2'____ mL；

样品消耗 $AgNO_3$ 溶液的体积：V_{I^-}' ____ mL，V_{Cl^-}' ____ mL；

分别计算未知液中 I^- 和 Cl^- 的含量，以 NaI 的含量($g \cdot L^{-1}$)和 NaCl 的含量($g \cdot L^{-1}$)表示。

(4) 根据 $AgNO_3$ 溶液的滴加体积 V 和相应的电动势作二次微商曲线图，或用二次微商计算法确定两个滴定终点：V_1''____ mL，V_2''____ mL；

样品消耗 $AgNO_3$ 溶液的体积：V_{I^-}'' ____ mL，V_{Cl^-}'' ____ mL；

分别计算未知液中 NaI 的含量($g \cdot L^{-1}$)和 NaCl 的含量($g \cdot L^{-1}$)的含量。

(5) 比较三种滴定终点确定方法的结果并进行讨论。

六、思考题

(1) 列出未知液中 NaI 含量($g \cdot L^{-1}$)和 NaCl 含量($g \cdot L^{-1}$)的计算式。

(2) 用 $AgNO_3$ 标准溶液滴定 I^- 和 Cl^- 时为什么要加 $Ba(NO_3)_2$(或 KNO_3)?

(3) 为什么用玻璃电极作参比电极？还可用什么其他电极作参比电极？

(4) 电位滴定操作时应注意哪些方面？

七、注意事项

(1) 银电极表面易氧化而使性能下降，使用前先用细砂纸打磨，露出光滑新鲜表面即可恢复活性。

(2) 滴定后的沉淀收集在回收烧杯内。

实验四十六　恒电流库仑法测定 $Na_2S_2O_3$ 的浓度

一、实验目的

(1) 学习恒电流库仑法的原理和永停法指示终点的应用。

(2) 掌握应用法拉第定律计算被测溶液的浓度。

(3) 熟悉通用库仑仪的使用。

二、实验原理

在 pH≤8.5 的介质中，碘离子均极易以 100%的电流效率在铂电极上被氧化成碘，用这种用电产生的一定量的碘来滴定硫代硫酸钠，以消耗的电量(库仑数)按法拉第电解定律即可求出硫代硫酸钠的浓度。凡是能用碘量法测定的元素，都可以用由此生成的碘进行滴定。

两个工作电极上发生下列电化学反应：

$$2I^- = I_2 + 2e \text{(阳极)}$$

$$2H^+ + 2e = H_2 \text{(阴极)}$$

阳极产物 I_2 与待标定的 $Na_2S_2O_3$ 发生作用：

$$I_2 + 2S_2O_3^{2-} = 2I^- + S_4O_6^{2-}$$

在强酸性介质中，碘离子易被空气中的氧所氧化，硫代硫酸钠极易分解，因此溶液应避免与空气直接接触，避免由此产生的误差。

在恒电流库仑法中电解电流是恒定的，因此只要准确测定滴定开始至终点所需要的时间，就可准确测定被滴定物的量。准确地指示滴定终点是非常重要的，指示终点的方法有化学指示剂法、电位法、双铂电极法等。双铂电极法又称永停法，其在恒电流库仑法中指示终点的原理为：在两铂片电极之间加 10～200 mV 的小电压，在滴定终点之前，电解产生的 I_2 全部与 $S_2O_3^{2-}$ 反应，溶液中没有过量的 I_2，不存在可逆电对，两个铂指示电极回路中没有电流通过。当 $S_2O_3^{2-}$ 全部作用完后，稍过量的 I_2 即可与 I^- 形成可逆电对，发生下列电极反应：

$$\text{指示阳极}\quad 2I^- = I_2 + 2e$$

$$\text{指示阴极}\quad I_2 + 2e = 2I^-$$

因此在指示电极回路中立即产生一电解电流突跃，以指示终点的到达。

正式滴定前需进行预电解，以清除体系内存在的还原性的干扰物质，从而提高测定的准确度。

三、仪器与试剂

(1) 仪器：KLT-1 通用库仑仪及电解杯，电磁搅拌器。

(2) 试剂：0.1 mol·L^{-1}KI 溶液，2 mol·L^{-1}HCl 溶液，$Na_2S_2O_3$ 未知溶液。

四、实验内容

1. 电解液的配制

在随仪器配套的电解杯中，加入 5 mL 0.1 mol·L^{-1}KI 溶液、50 mL 水和 10 mL 2 mol·L^{-1} 的 HCl 溶液，摇匀，并用滴管吸取该混合溶液加到与电解液隔离的铂丝电极的内充管中。

2. 仪器的准备

开启电源前将所有琴键全部释放，“工作/停止”开关置“停止”位置，电解电流量程选择根据样品含量大小、样品量多少及分析精度选择合适的挡位，电流微调旋钮置最大值。电解电流一般先选 10 mA 挡，可根据需要选择其他挡。开启电源，仪器预热 10 min。

3. 测定

1) 预电解

接好电解电极和指示电极(黑线接铂丝电极，红线接双铂片电极，大二芯两夹子分别接两个铂片指示电极)。把电极插头插入主机的相应插孔。“补偿极化电位”置 3 的位置，按下“启动”键。终点控制方式选择电流上升法。按下“电流”“上升”键。按下“极化电位”键，调节补偿电位器使表针指在 20 左右，弹出“极化电位”键。

开启搅拌器，调节好适当的搅拌速度。将“工作/停止”开关置“工作”位置，如终点指示灯不亮，则此时开始预电解；数码显示器开始计数。电解到终点时表头指针向右突偏。红灯亮，这时仪器显示数即为所消耗的电量(毫库仑数)。如指示灯已亮，说明已是终点，则不用预电解。

2）测定

移取 1.00 mL $Na_2S_2O_3$ 未知溶液于电解杯中，同上述电解操作，记录所消耗的电量。再移取 1.00 mL $Na_2S_2O_3$ 未知溶液于电解杯中重复测定，共 3 次。

调节电流微调位置，重复测定一次。比较电流大小对测定的影响。

五、数据记录与处理

	1	2	3
电解电流/mA			
电解电量/C			

从以上 3 次相同电解电流条件下的测定结果中取两次结果相近的，求出平均消耗的电量，根据法拉第定律列出 $Na_2S_2O_3$ 未知溶液准确浓度的计算公式，并计算其结果。

同时计算两次测定结果的相对偏差。

六、思考题

（1）列出 $Na_2S_2O_3$ 未知溶液浓度的计算公式。

（2）为什么要预电解？预电解的结果如何处理？

（3）试分析测定结果的误差主要来源。

附：KLT-1 通用库仑仪

1. 仪器工作原理

仪器的设计是根据恒电流库仑法的原理，但由于电量的计算方法采用了电流对时间的积分，所以对电解电流的恒定精度不要求很高，其电量的计算采用电流对时间的积分，由于电压-频率变换采用集成电路，所以计算精度较高，其被分析物质的含量根据库仑定律计算：

$$W=\frac{Q}{96\,500}\cdot\frac{M}{n}$$

式中，Q 为电量(C)，M 为预测物质的相对分子质量，n 为滴定过程中被测离子的电子转移数，W 为预测物质的质量(g)。

随机配用的铂电解池采用了四电极系统，指示电极共三根，电解电极为两根，指示电极由两根铂片和一根有砂芯隔离的钨棒电极组成，电流法采用两根相同铂片组成，电位法由两根铂片和一根有砂芯隔离的钨棒电极组成。电解电极为一双铂片和另一根有砂芯隔离的铂丝组成，电解阴极和阳极视哪个是有用电极而定。有用电极为双铂片，为充分考虑电流效率能达 100%，所以双铂片总面积约 900 mm^2，以适应多种元素的库仑分析。

仪器由终点方式选择开关、控制电路、电解电流变换电路、电量积算电路、数字显示电路五大部分组成。仪器方框图如图 6.6 所示。

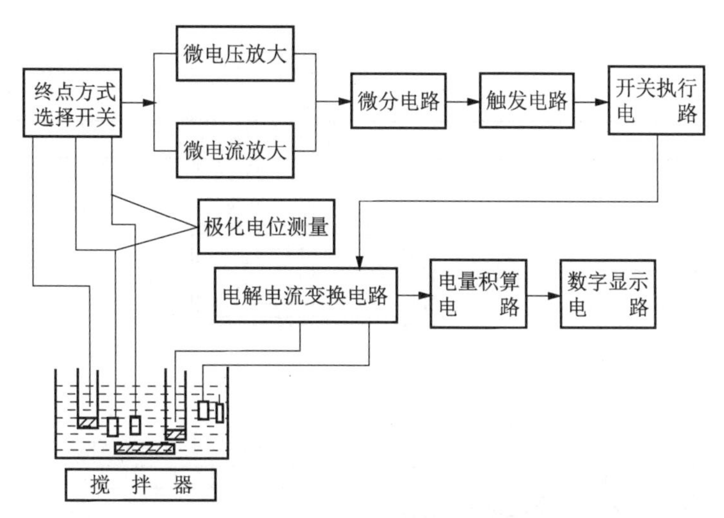

图 6.6 KLT-1 通用库仑仪方框图

2. 仪器面板与后盖板上的旋钮、开关接插件的功能说明

仪器面板如图 6.7 所示,面板名称及作用说明如下。

(1) 50 μA 表。滴定终点及等当点变化显示及极化电压显示,当按下电位或电流挡时,可观察滴定终点及等当点变化。同时,在电流法指示终点时按住“极化电位”无锁琴键,表头指示的是加在指示电极两端极化电位的大小,满表为 500 mV。

(2) 4 位 LED 显示毫库仑数。

(3) 电解指示灯。停止电解时灯亮,电解时灯灭(“工作/停止”开关在“工作”位置)。

(4) 电解按钮。当指示灯亮时表示电解停止,再电解时必须按一下电解按钮,才能重新开始电解。

(5) “工作/停止”开关。当指示灯灭电解时,此开关须置“工作”位置。在停止挡时仍不电解,实际为“电解”的双重控制。

(6) 键开关。“极化电位”键:在采用电流法指示终点时,要知道加在指示电极两端的极化电压,可在电解之前按下该键,表头指示即为极化电压大小。“电位/电流”键:为配合指示电极采用的方式选用,指示电极电位法或指示电极电流法分别与电位或电流琴键配合。“上升/下降”键:这是配合滴定终点等当点是上升还是下降选择的。“启动”键:键释放时指示信号输入端自动短路,起到保护作用,计数器不工作,并自动清零,键按下后指示回路接通,计数器工作。

(7) “补偿极化电位”钟表电位器。当工作选择键选择电位时,该电位器补偿指示电极电位,是补偿电位和指示电位之和经放大器放大后,不超过放大器的饱和电位。当工作选择键选择电流时,该电位补偿为加在指示电极两端的极化电压,长针转一圈约 300 mV。

(8) “量程选择”波段开关,选择电解电流大小,共分 50 mA、10 mA、5 mA 三挡。50 mA 挡时,电量为仪器读数乘 5 毫库仑数,10 mA、5 mA 挡时电量读数即为毫库仑数。

(9) 电源开关。

(10) 电源插座。内含保险丝管 0.5 A,通过插头与交流 220 V 电源相连,三芯中顶端为

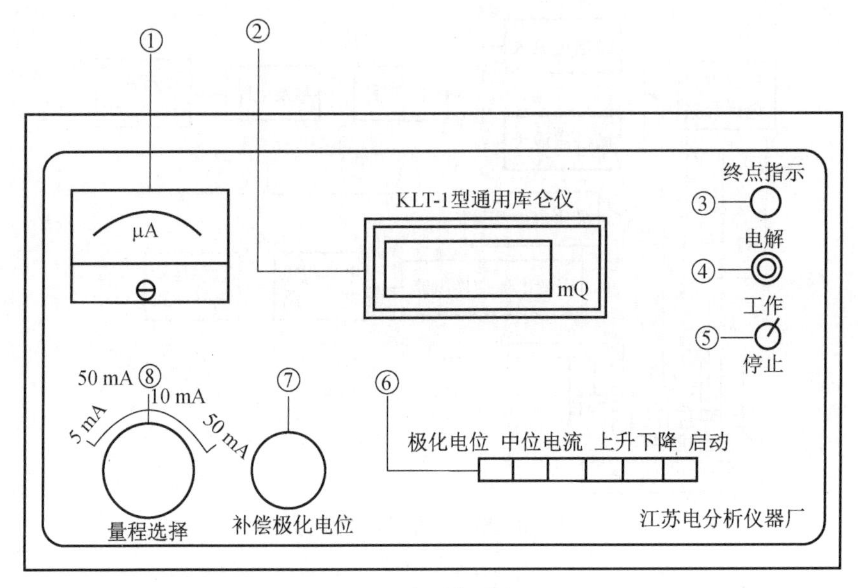

(a) 仪器前面板

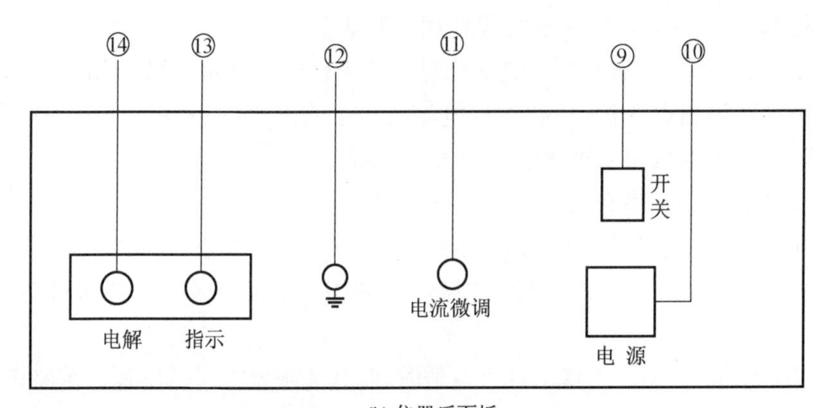

(b) 仪器后面板

图 6.7 KLT-1 通用库仑仪面板图

接地端。仪器使用时接地端必须有效接地。

(11) 电流微调。与量程配合使用,可作电流大小微调用。

(12) 大地接地端。若电源没有接地线或接地不良,地线可接此端。

(13) 指示电极插孔。通过插头与电解电极相连,周边为指示电极正极(配插头红线),中心为指示电极负极(配插头白线)。

(14) 电解电极插孔。通过插头与电解电极相连,周边为指示电极阳极(配插头红线),中心为指示电极阴极(配插头黑线)。

3. 使用仪器注意事项

(1) 仪器使用过程中需拿出电极或松开电极夹时,必须先弹出“启动”键,以保护机内器件。

(2) 电解电极及指示电极的正负极不能接错。电解电极插头为中二芯,红线为阳极,黑线为阴极；指示电极插头为大二芯，以钨棒为参考电极。

(3) 电解过程中不要换挡，否则会使误差增加。

(4) 按下“启动”键后，等当点方式选择下降(或上升)，表头指针向左(右)打表，有两种可能：电解已达终点，表针已在等当点以下，在加入样品时指针会恢复正常；或者说明指示回路没有接通，必须检查线路。

(5) 电解回路若无电流，可检查电解电流插头、夹子有无松动或脱焊现象，电极铂片与接头是否相通。

(6) 电解电流的选择：低含量时可选择小电流。如果电流太小，小于 50 mA 以下，有时终点不能停止，这主要由于等当点突变速率太小而使微分电压太小而不能关断。电流下限的选择以能关断为宜。分析高含量时为缩短分析时间可选用大电流，一般为 10 mA，如需选择 50 mA 电解电流，须先用标准样品测定电流效率能否达到 100%，即需了解电流密度是否太大。

(7) 电解至终点时，如果指示灯不亮，电解不终止，有两种可能性，一是终点自动关闭电路发生故障，滴定终点方式选择“电压下降”，这时可顺时针转动“极化、补偿电位”钟表电位器，指针向左突变。如果指示灯不亮，就是该电路发生故障，指示灯亮，则说明电路正常。二是电解终点指针下降，比正常慢，终点突跳不明显，致使微分输出电压降压，指示灯不亮，这一般是指示电极污染所致。这时可把电极重新处理或更换内充液。

(8) 电解未到终点灯亮也即电解终点发生误动作，一般有三种原因：

① 外界电压太低，一般低于 190 V 以下即会产生误动作。

② 指示参考电极钨棒及夹子接触点氧化、污染而造成接触不良。

③ 聚甲氟乙烯搅拌子破碎，铁芯接触电解液。

实验四十七　恒电流库仑法测定维生素 C 药片中的抗坏血酸

一、实验目的

(1) 熟悉库仑仪的使用方法和有关操作技术。

(2) 学习和掌握恒电流库仑法测定抗坏血酸的基本原理和计算方法。

二、实验原理

恒电流库仑法是由电解产生的滴定剂来滴定待测物质的一种电化学分析法。本实验是以电解产生的 Br_2 来测定抗坏血酸的含量。抗坏血酸与溴能发生以下氧化-还原反应：

抗坏血酸 $+Br_2$ ══ 脱氧抗坏血酸 $+2Br^{-}+2H^{+}$

上述反应能快速而又定量地进行，因此通过电解产生 Br_2 来滴定抗坏血酸。本实验用 KBr 作为电解质来电解产生 Br_2，电极反应如下。

阳极：$2Br^- = Br_2 + 2e$　使用电极(双铂片，红线)

阴极：$2H^+ + 2e = H_2\uparrow$　辅助电极(铂丝)

滴定终点用双铂指示电极法来指示。

在终点前，电解产生出的 Br_2 立即被抗坏血酸还原为 Br^-，因此溶液未形成电对 Br_2/Br^-。指示电极没有电流通过(仅有微小的残余电流)，但当达到终点后，存在过量的 Br_2，则指示电极上发生如下反应，形成 Br_2/Br^- 电对。

阳极：$2Br^- - 2e = Br_2$

阴极：$Br_2 + 2e = 2Br^-$

这时，指示电极的电流迅速增大，使电流表的指针明显偏转，指示终点到来。此指示电流信号经过微电流放大器进行放大，然后经微分电路输出一脉冲信号触发电路，再推动开关执行电路自动关断电解回路，此时终点指示红灯亮。这时仪器显示数即为所消耗电量(毫库仑数)。

若此过程中电解的电流效率为 100%，电解产生的滴定剂与被测物质的反应是完全的，而且有灵敏的确定终点的方法，那么，所消耗的电量与被测定物质的质量成正比，其量可根据法拉第定律来计算。计算式如下：

$$m = \frac{Q}{F} \cdot \frac{M}{n}$$

式中，m 为被滴定抗坏血酸的质量(mg)；Q 为电极反应所消耗的电量(本仪器所示电量单位为 mC，故 m 的单位相应为 mg)；F 为法拉第常数，$F = 96\,485$；M 为被测物抗坏血酸的相对分子质量，$M = 176.1$；n 为电极反应的电子转移数。

正式滴定前需进行预电解，以清除体系内存在的还原性的干扰物质，从而提高测定的准确度。

三、仪器与试剂

(1) 仪器：KLT-1 型通用库仑仪，电磁搅拌器，电解池装置(包括双铂工作电极、双铂指示电极)，1 mL 移液管，100 mL 量筒。

(2) 试剂：

① KBr 电解液：$V_{冰醋酸} : V_{水} = 2:1$ 的醋酸水溶液与 $0.5\ mol \cdot L^{-1}$ KBr 水溶液等体积混合。

② $0.5\ mg \cdot mL^{-1}$ 抗坏血酸标准溶液。

③ 维生素 C(VC)药片。

四、实验内容

1. 仪器的准备

开启电源前将所有按键全部释放，“工作/停止”开关置“停止”位置，电解电流量程选择根据样品含量大小、样品量多少及分析精度选择合适的挡位，电流微调旋钮置最大值。电解电流一般先选 10 mA 挡(可根据需要选择其他挡)，“补偿极化电位”反时针旋至“0”，开启电源，仪器预热 20 min。

清洗玻璃器皿，小心不要将搅拌磁子倒入下水道。

2. 样品溶液配制

准确称取一片 VC 药片，记为 m_{VC}(g)，用少量蒸馏水浸泡片刻，用玻璃棒小心捣碎，尽量溶解(药片中有少量填充料不溶)，把溶液连同残渣全部转移到 250 mL 容量瓶中，用蒸馏水定容至刻度，编号备用。

3. 测量

1) 预电解

用量筒量取 KBr 电解液 100 mL 至于电解池中，放入搅拌磁子。用滴管取电解液滴入工作阴极套管内，使其高出外部液面。将清洁的电极插入溶液，把电解池放在磁力搅拌器上，连接好电解电极和指示电极接线(黑线接铂丝电极，红线接双铂片电极，大二芯两夹子分别接两个铂片指示电极)，然后将电解池置于搅拌器上。

按下“极化电位”键和“电流”“上升”键，调节“补偿极化电位”旋钮，使“mA”表指针摆至 20(这时表示施加到指示电极上的电位为 200 mV)，然后使“极化电位”键复原弹出。

开启搅拌器，调节适当的转速。“工作/停止”开关置于“工作”位置。按下“启动”键，再按一下“电解”按钮。如终点指示灯未亮，则此时开始预电解，数码显示器开始计数。电解到终点时表头指针向右突偏。红灯亮，这时仪器显示数即为所消耗的电量(毫库仑数)。如指示灯已亮，说明已是终点，则不用预电解。释放“启动”键，使读数回零。

2) 测量

取 1.00 mL 抗坏血酸标准溶液于电解池中，插好电极，按下“启动”键，按下“电解”钮。这时指示灯灭并开始电解，即开始库仑滴定，同时显示屏上显示出不断增加的毫库仑数。电解至近终点时，可看到“mA”表指针向右偏转，指示电流不断上升，直至上升到一定值时指示红灯亮，计数停止，即滴定终点到达(这时电解池内存在少许过量的 Br_2，形成 Br_2/Br^- 可逆电对)。此时显示屏中的数值即为滴定终点时所消耗的毫库仑数，记录数据。

再移取 1.00 mL 抗坏血酸标准溶液于电解池中重复测定，共测 3 次。

取 VC 样品溶液 1.00 mL 按照上述的操作步骤再重复测定 3 次，若电解池中溶液过多，可倒去部分溶液后继续使用。

实验结束后应洗净电解池及电极，并注入蒸馏水(小心勿把转子倒掉)。

五、数据处理

根据法拉第定律和电解过程所消耗的电量，求算 VC 药片中抗坏血酸的含量，并把有关数据列入表 6.5 中。

表 6.5 恒电流库仑法测定结果

测定序号	消耗电量测定值/mC	
	抗坏血酸标样	VC 样
1		
2		
3		
测定平均值		
相对平均偏差/%		

(1) 根据参与库仑滴定的抗坏血酸标样的质量 $m_{标}$，计算电流效率 η(注：抗坏血酸的相对分子质量为 176)。

① 已知 $m_{标}=0.5\ \mathrm{mg}\cdot\mathrm{mL}^{-1}\times 1\ \mathrm{mL}=0.5\ \mathrm{mg}$

根据法拉第定律：

$$m=\frac{Q}{F}\cdot\frac{M}{n}$$

$$0.5\ \mathrm{mg}=\frac{Q_{标样理论}}{F}\cdot\frac{M}{n}$$

故 $Q_{标样理论}=$____。

②

$$\eta=\frac{I_{标样理论}}{I_{标样测得}}=\frac{Q_{标样理论}}{Q_{标样测得}}$$

(2) 根据法拉第定律，代入样品测定结果，计算药片中抗坏血酸的含量 $w(\%)$。

$$w(\%)=\frac{m_{样品抗坏血酸}\times 250}{m_{\mathrm{VC}}}\times 100\%$$

式中，

$$m_{样品抗坏血酸}=\frac{Q_{样品理论}}{F}\cdot\frac{M}{n}$$

$$=\frac{\eta Q_{样品测得}}{F}\cdot\frac{M}{n}$$

六、思考题

(1) 写出该实验中恒电流库仑法的反应式及两个工作电极上的电极反应式。

(2) 电解液中加入 KBr 和醋酸的作用是什么?

七、注意事项

(1) 溶液应新鲜配制，储备液存放在冰箱中。

(2) 为了保护仪器，在断开电极连线或电极离开溶液时，要预先弹出“启动”键。

实验四十八 卡尔·费歇尔滴定法测定水分含量

一、实验目的

(1) 掌握卡尔·费歇尔滴定法测定微量水分的原理和操作方法。

(2) 掌握永停法终点的判断。

二、实验原理

在规定的溶剂中,有水存在时,碘和二氧化硫发生氧化还原反应。碘的消耗量与水的含量有定量关系,测出碘的消耗量即能求出有机物中水的含量。主要反应为:

$$I_2+SO_2+3C_5H_5N+CH_3OH+H_2O \longrightarrow 2C_5H_5N \cdot HI+C_5H_5N \cdot HSO_4CH_3$$

终点的判断:永停点法,即终点时,电流突然增加至一最大值,并保留 1 min 以上。

三、仪器与试剂

(1) 仪器:永停点法滴定装置(见图 6.8),10 μL 注射器,2.00 mL 刻度移液管。

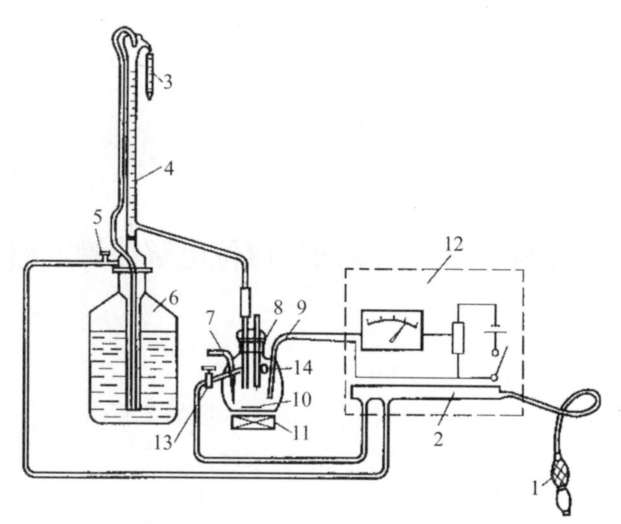

1—双连球;2,3—干燥管;4—自动滴定管;5—具塞放气口;6—试剂储瓶;7—废液排放口;8—反应瓶;9—铂电极;10—磁棒;11—搅拌器;12—电量法测定终点装置;13—干燥空气进气口;14—进样口

图 6.8 永停点法滴定装置

(2) 试剂:无水甲醇,卡尔·费歇尔试剂。

四、实验内容

1. 卡尔·费歇尔试剂的标定

加 50 mL 甲醇于反应瓶中,甲醇用量必须淹没电极,接通电源,开动磁力搅拌器,用卡尔·费歇尔试剂滴定甲醇中的微量水,滴定至电流计产生大的偏转并保持 1 min 内不变,即为终点(不必记录卡尔·费歇尔试剂的体积)。用微量注射器从进样口橡皮塞中准确注入 10 μL 纯水至反应瓶中,按上述滴定甲醇中的微量水操作进行标定。

卡尔·费歇尔试剂对水的滴定度 T(mg·mL^{-1})按下式计算:

$$T=\frac{m_{水}}{V_b}$$

式中,$m_{水}$为水的质量(mg);V_b 为滴定纯水时消耗卡尔·费歇尔试剂的体积(mL)。

2. 试样中水分的测定

按标定卡尔·费歇尔试剂的操作要求,首先用卡尔·费歇尔试剂滴去无水甲醇中的微量水(不计卡尔·费歇尔试剂的体积);然后打开进样口橡皮塞,迅速用移液管加入 2 mL 试样至反应瓶中,按标定时操作要求进行滴定。

五、结果计算

试样中水分含量计算:

$$试样含水量=\frac{T\times V}{m_{样}}\times 100\%$$

式中,T 为卡尔·费歇尔试剂对水的滴定度(mg·mL^{-1});V 为滴定样品时所消耗的卡尔·费歇尔试剂的体积(mL);$m_{样}$为样品的质量(mg)。

六、思考题

卡尔·费歇尔试剂中的甲醇、吡啶起什么作用?

实验四十九　控制阴极电位电解法测定铜

一、实验目的

(1) 了解在电解过程中阴极电位与溶液中离子浓度的关系。

(2) 掌握控制阴极电位法进行分离和测定的原理。

(3) 掌握电定量沉积技术。

二、实验原理

电流通过电解质溶液,导致电极上发生化学反应的现象,称为电解。电解时,试样中的金属离子能以金属或组成一定的化合物形式沉积在电极(常用铂电极)上,称量电极在电沉积前后的质量,可计算其含量,这一方法称为电重量法。

用控制阴极电位的方式进行电解,可以将某些离子从溶液中析出,而使另一些离子留在溶液中,以达到分离的目的,即电解分离法。

实验测定铜、铅、铋的硝酸溶液中铜的含量,在被测试样中加入酒石酸钠配合剂,由于形成配合物的稳定性不同,可使铜、铋、铅之间的分解电位差增大;此外,选择合适的 pH 值,可增加配合物的稳定性，获得铜、铋、铅的最大分解电位差。

使用盐酸羟胺为阳极去极化剂，它在阳极上的反应为：

$$2NH_2OH \longrightarrow N_2\uparrow + 2H^+ + 2H_2O + 2e$$

它使阳极电位保持稳定，防止在阳极上析出二氧化铅。

电解池以铂网为阴极，铂螺旋为阳极，为了控制阴极电位，插入饱和甘汞电极作为参比电极，用电位计测量参比电极与阴极的电位差，控制阴极电位在−0.2～−0.3 V范围，使铜沉积完全，通过称量电解前后铂网的质量，计算样品溶液中铜离子的浓度。

三、仪器与试剂

(1) 仪器：JWD-315稳压电源，铂网电极，铂螺旋电极，饱和甘汞电极，玻璃电极，磁力搅拌器，酸度计。

(2) 试剂：硝酸铜、硝酸铋和硝酸铅的样品溶液，酒石酸钠(固体)，盐酸羟胺(固体)，6 mol·L^{-1} HNO_3，6 mol·L^{-1} NaOH，丙酮。

四、实验内容

1. 电解液的配制

吸取25 mL样品溶液，置于250 mL烧杯中，加入5 g酒石酸钠，2 g盐酸羟胺，用蒸馏水稀释到约180 mL，用玻璃电极和饱和甘汞电极放于pH为4.00的标准缓冲溶液中，接上pH计进行定位，然后在缓慢搅拌的情况下，在样品溶液中逐滴加入6 mol·L^{-1}的NaOH调节pH约为5.9，此时溶液呈深蓝色。

2. 电解装置的准备

将铂网阴极在6 mol·L^{-1}的HNO_3中浸洗片刻，取出电极，用水洗净，再在丙酮中浸一下，待自然晾干后，放入红外干燥箱内烘2 min，冷却后将铂网准确称重，记下初读数。

按图6.9接好线路，将电极装入电解池，使阳极在阴极中间位置，先上下移动几次，排除附在铂网上的气泡，然后，让电极稍露出液面，再固定。

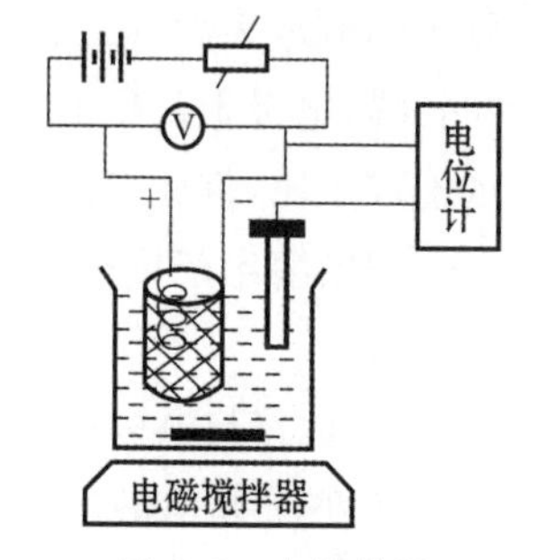

图6.9　电解装置

3. 铜的电解

电解应在搅拌下进行，先控制阴极电位为−0.2 V(对饱和甘汞电极)，不使电解电流超过1 A，10 min后，电位逐渐降低，调节稳压电源上的粗调和微调电位器，控制阴极电位为−0.35 V，此时电解电流小于100 mA，直到接近于零，然后加入少量水，使液面升高，原来露在液面上的铂阴极浸入溶液中，继续电解5 min，观察新浸入电极部分是否有铜析出，若没有，且溶液蓝色已褪尽，说明电解已经完成。

电解完成后，在不中断电流的情况下，将铂电极上移至离开电解液，浸入存有蒸馏水的烧杯中充分浸洗，然后中断电源，取下阴极，在丙酮中稍浸，取出放入红外干燥箱内烘干，冷却后将铂网准确称重，记下末读数。

4. 铂网电极处理

将铂网阴极浸入温热的 HNO_3 中，使沉积的金属全部溶解，用水洗净。

五、数据处理

记录铂网阴极在沉积铜前后的质量，并计算铜的含量，以 $mg \cdot mL^{-1}$ 为单位表示。

六、思考题

(1) 为什么控制阴极电位电解法可用于电解分离，并能准确测定某种金属离子在溶液中的含量？

(2) 实验中所用的酒石酸钠、盐酸羟胺、氢氧化钠等试剂的作用是什么？

(3) 电解完毕后，为什么必须在电极离开液面，经洗净后，方可切断电源？

实验五十　溶出伏安法测定微量金属离子

一、实验目的

(1) 掌握阳极溶出伏安法的基本原理。

(2) 熟悉电化学工作站仪器的溶出伏安测定功能。

二、实验原理

阳极溶出伏安法分为两步：第一步是预电解，通过控制电位选择性地将待测离子沉积到工作电极表面；第二步是溶出，以某种特定的扫描方式使工作电极的电位由负向正的方向扫描，电极上富集的金属重新氧化成离子回到溶液中。溶出峰的电流大小与被测离子的浓度成正比，据此可以对金属离子进行定量分析。

阳极溶出产生很大的氧化电流。对汞膜电极，峰电流为：

$$i_P = Kn^2 D_0^{2/3} \omega^{1/2} \eta^{-1/6} A v C_0 t$$

式中，n 是参与电极反应的电子数，D_0 是被测物质在溶液中的扩散系数，ω 为电解富集时的搅拌速度，η 是溶液的黏度，A 是汞膜电极的表面积，v 是扫描速度，C_0 是被测物质在溶液中的浓度，t 是电解富集时间。在实验条件一定时，i_p 与 C_0 成正比。

峰电流的大小与预电解时间、预电解时搅拌溶液的速度、预电解电位、工作电极以及溶出的方式等因素有关。为了得到再现性的结果，实验时必须严格控制实验条件。

三、仪器与试剂

(1) 仪器：CHI600 电化学工作站，玻碳汞膜电极，银/氯化银电极（或饱和甘汞参比电极），铂丝对电极。

(2) 试剂：Cd 标准溶液（$1\ \mu g \cdot mL^{-1}$），Pb 标准溶液（$1\ \mu g \cdot mL^{-1}$），$1\ mol \cdot L^{-1}$ KCl 溶液或 KNO_3 溶液，饱和 Na_2SO_3 溶液，$1\ \mu g \cdot mL^{-1}$ $HgCl_2$ 溶液，样品试液。

四、实验内容

1. 仪器准备及实验参数设定

依次将工作电极、参比电极、铂丝对电极用绿色夹子、白色夹子、红色夹子与电化学工作站连接(注意不要接错);开启计算机。然后开启电化学系统电源,启动电化学程序,在菜单中依次选择“Setup”“Technique”“Parameter”,按表 6.6 输入有关参数。

表 6.6　溶出伏安实验参数

设置初始电位	终止电位	富集电位	富集时间	静止电位	静止时间	扫描速率
−1.3 V	0.0 V	−1.2 V	120 s	−1.2 V	30 s	$0.1\ V \cdot s^{-1}$

2. 测定

将容量瓶中配好的溶液倒在电解杯中,插入三电极系统。点击“Run”键,开始扫描,得到扫描图。富集时慢速搅拌,静止时停止搅拌。

3. 标准曲线法测定

(1) 向 6 个 10 mL 容量瓶中分别加入含 Pb^{2+}、Cd^{2+} 各 $0.050\ \mu g \cdot mL^{-1}$ 的标准溶液 0.00 mL、0.40 mL、0.80 mL、1.20 mL、1.60 mL、2.00 mL,$0.5\ mol \cdot L^{-1}$ KCl 溶液 1 mL,饱和 Na_2SO_3 溶液 1 滴,$1\ \mu g \cdot mL^{-1}$ $HgCl_2$ 溶液 4 滴,用蒸馏水稀释到刻度,摇匀待用。

将配好的溶液转入电解池中,按选定条件进行阳极溶出测定,记录溶出峰电流 i_p,并按空白扣除方式分别对 Pb^{2+}、Cd^{2+} 制作标准曲线。

(2) 样品中 Pb^{2+}、Cd^{2+} 的测定:准确移取 5 mL 样品溶液于 10 mL 容量瓶中,同标准曲线制作方法配制溶液,在相同条件下测定。

4. 标准加入法测定

在上述已测定的样品溶液中用微量注射器准确加入标准溶液 15 μL(含 Cd、Pb 各 $0.1000\ \mu g \cdot mL^{-1}$),同上操作,记录加入后的溶出峰电流。

五、数据记录与处理

1. 标准曲线法测定

	Pb^{2+}	Cd^{2+}
底液峰高(i_p)		
标准溶液 1 峰高(i_p)		
标准溶液 2 峰高(i_p)		
标准溶液 3 峰高(i_p)		
标准溶液 4 峰高(i_p)		
标准溶液 5 峰高(i_p)		
样品峰高(i_p)		

做标准曲线，并分别求出样品中 Pb^{2+}、Cd^{2+} 的含量。

2. 标准加入法测定

	Pb^{2+}	Cd^{2+}
底液峰高(i_p)		
样品峰高(i_p)		
加标准液后峰高(i_p)		

用标准加入法分别计算样品中 Pb^{2+}、Cd^{2+} 的含量。

3. 比较两种方法得到的结果

比较标准曲线法和标准加入法得到的结果，对两种定量方法的适用条件和优缺点进行讨论。

六、思考题

(1) 设计用阳极溶出微分脉冲极谱法测定高纯锌中痕量铜的方法及步骤。

(2) 为什么阳极溶出伏安法的灵敏度高?

七、注意事项

(1) 本实验中样品测定浓度极低，在样品处理及操作过程中都要严格防止污染，容量仪器要清洗干净，试剂纯度要求很高，否则难以获得可靠结果。

(2) 每进行一次溶出测定后，应在扫描终止电位−0.1 V 处停扫约 30 s，使镉溶出。经扫描检验溶出曲线的基线基本平直后，再进行下一次测定。

(3) 为了防止汞膜电极被氧化，扫描终止电位应在−0.1 V 处。

附 1　CHI 电化学工作站

1. 电化学分析仪/工作站简介

CHI600B 系列电化学分析仪/工作站为通用电化学测量系统，内含快速数字信号发生器、高速数据采集系统、电位电流信号滤波器、多级信号增益 *iR* 降补偿电路，以及恒电位仪/恒电流仪(CHI660B)。电位范围为±10 V，电流范围为±250 mA，电流测量下限低于 50 pA，可直接用于超微电极上的稳态电流测量。如果与 CHI200 微电流放大器及屏蔽箱连接，可测量 1 pA 或更低的电流。600B 系列也是十分快速的仪器，信号发生器的更新速率为 5 MHz，数据采集速率为 500 kHz，循环伏安法的扫描速度为 500 $V \cdot s^{-1}$ 时，电位增量仅 0.1 mV，当扫描速度为 5 000 $V \cdot s^{-1}$ 时，电位增量为 1 mV。又如交流阻抗的测量频率可达 100 kHz，交流伏安法的频率可达 10 kHz。仪器可工作于二、三或四电极的方式，四电极对于大电流或低阻抗电解池(例如电池)十分重要，可消除由于电缆和接触电阻引起的测量误差。仪器还有外部信号输入通道，可在记录电化学信号的同时记录外部输入的电压信号，例如光谱信号等。这对光谱电化学等实验极为方便。此外仪器还有一高分辨辅助数据采集系统（24bit@10 Hz），对于相对较慢的实验可允许很大的信号动态范围和很高的信噪比。

仪器由外部计算机控制，在视窗操作系统下工作。仪器十分容易安装和使用，不需要在计算机中插入其他电路板。用户界面遵守视窗软件设计的基本规则。如果用户熟悉界面的视窗环境，则无须用户手册就能顺利对软件进行操作。命令参数所用术语都是化学工作者熟悉和常用的。一些最常用的命令都在工具栏上有相应的键，从而使得这些命令的执行方便快捷。软件还提供详尽完整的帮助系统。

仪器软件具有很强的功能，包括极方便的文件管理、全面的实验控制、灵活的图形显示，以及多种数据处理。软件还集成了循环伏安法的数字模拟器。模拟器采用快速隐式有限差分法，具有很高的效率。算法的无条件稳定性使其适合涉及快速化学反应的复杂体系。模拟过程中可同时显示电流以及随电位和时间改变的各种有关物质的动态浓度剖面图。这对于理解电极过程极有帮助。这也是一个很好的教学工具，可帮助学生直观地了解浓差极化以及扩散传质过程。

2. 仪器操作

将电极夹头夹到实际电解池上。设定实验技术和参数后，便可进行实验。实验中如果需要电位保持或暂停扫描（仅对伏安法而言），可用“Control”菜单中的“Pause/Resume”命令。此命令在工具栏上有对应的键。如果需要继续扫描，可再按一次该键。对于循环伏安法，如果临时需要改变电位扫描极性，可用“Reverse（反向）”命令，在工具栏也有相应的键。若要停止实验，可用“Stop（停止）”命令或按工具栏上相应的键。

如果实验过程中发现电流溢出（Overflow，经常表现为电流突然成为一水平直线或得到警告），可停止实验，在参数设定命令中重设灵敏度（Sensitivity）。数值越小越灵敏（1.0×10^{-6} 要比 1.0×10^{-5} 灵敏）。如果溢出，应将灵敏度调低（数值调大）。灵敏度的设置以尽可能灵敏而又不溢出为准。如果灵敏度太低，虽不致溢出，但由于电流转换成的电压信号太弱，模数转换器只用了其满量程的很小一部分，数据的分辨率会很差，且相对噪声增大。对于600和700系列的仪器，在CV扫速低于 $0.01\ V\cdot s^{-1}$ 时，参数设定时可设自动灵敏度控制（Auto Sens）。此外，TAFEL、BE和IMP都是自动灵敏度控制的。

实验结束后，可执行“Graphics”菜单中的“Present Data Plot”命令进行数据显示。这时实验参数和结果（例如：峰高、峰电位和峰面积等）都会在图的右边显示出来。你可做各种显示和数据处理。很多实验数据可以用不同的方式显示。在“Graphics”菜单的“Graph Option”命令中可找到数据显示方式的控制，例如CV可允许你选择任意段的数据显示，CC可允许 $Q-t$ 或 $Q-t_{1/2}$ 的显示，ACV可选择绝对值电流或相敏电流（任意相位角设定），SWV可显示正反向或差值电流，IMP可显示伯德图或奈奎斯特图，等等。

要存储实验数据，可执行“File”菜单中的“Save As”命令。文件总是以二进制（Binary）的格式储存，用户需要输入文件名，但不必加文件类型“.bin”。如果你忘了存数据，下次实验或读入其他文件时会将当前数据抹去。若要防止此类事情发生，可在“Setup”菜单的“System”命令中选择“Present Data Override Warning”。这样，以后每次实验前或读入文件前都会给出警告(如果当前数据尚未存的话)。

若要打印实验数据,可用“File”菜单中的“Print”命令。但在打印前,你需先在主视窗的环境下设置好你的打印机类型,打印方向(Orientation)请设置为横向(Landscape)。如果Y轴标记的打印方向反了,请用“Font”命令改变Y轴标记的旋转角度(90°或270°)。你若要调节打印图的大小,可用“Graph Options”命令调节“X Scale”和“Y Scale”。

若要切换实验技术,可执行“Setup”菜单中的“Technique”命令,选择新的实验技术,然后重新设定参数。如果要做溶出伏安法,则可在“Control”的菜单中执行“Stripping Mode”命令,在显示的对话框中设置“Stripping Mode Enabled”。如果要使沉积电位不同于溶出扫描时的初始电位(也是静置时的电位),可选择“Deposition E”,并给出相应的沉积电位值。只有单扫描伏安法才有相应的溶出伏安法,因此CV没有相应的溶出法。

一般情况下,每次实验结束后电解池与恒电位仪会自动断开。做流动电解池检测时,往往需要电解池与恒电位仪始终保持接通,以使电极表面的化学转化过程和双电层的充电过程结束而得到很低的背景电流。用户可用“Cell(电解池控制)”命令设置“Cell On between I—t Runs”。这样,实验结束后电解池将保持接通状态。

常用的软件命令,如“Open(打开文件)”“Save As(储存数据)”“Print(打印)”“Technique(实验技术)”“Parameters(实验参数)”“Run(运行实验)”“Pause/Resume(暂停/继续)”“Stop(终止实验)”“Reverse Scan Direction(反转扫描极性)”“iR Compensation(iR降补偿)”“Filter(滤波器)”“Cell Control(电解池控制)”“Present Data Display(当前数据显示)”“Zoom(局部放大显示)”“Manual Result(手工报告结果)”“Peak Definition(峰形定义)”“Graph Options(图形设置)”“Color(颜色)”“Font(字体)”“Copy to Clipboard(复制到剪贴板)”“Smooth(平滑)”“Derivative(导数)”“Semi - derivative and Semi - integral(半微分和半积分)”“Data List(数据列表)”等都在工具栏上有相应的键。执行一个命令只需按一次键,这可大大提高软件使用速度。

附2 固体电极表面处理

1. 固体电极的抛光

固体电极处理的第一步是进行机械研磨、抛光至镜面程度。通常用于抛光电极的材料有金刚砂、CeO_2、ZrO、MgO和Al_2O_3粉及抛光液。抛光时按抛光剂粒度降低的顺序依次进行研磨,对新的电极表面应先经过金刚砂纸粗磨和细磨后,再用Al_2O_3粉按照1.0 μm、0.3 μm、0.05 μm粒度在平板玻璃或抛光布上分别进行抛光。每次抛光后先洗去表面污物,再移入超声水浴中清洗,每次2~3 min,重复3次。最后用乙醇、稀酸和水彻底洗涤,得到一个平滑光洁、新鲜的电极表面。

2. 固体电极的电化学处理

固体电极经抛光后接着进行化学的或电化学的处理,尤其电化学处理是最常用的清洁、活化电极表面的手段。电化学处理常用强酸或中性电解质溶液,有时也用具有弱的络合性的缓冲溶液在恒电位、恒电流或循环电位扫描下极化,根据扫描电位终止的电位不同,可获得氧化的、还原的或干净的电极表面。电化学处理方法还能在试液中直接进行电极处理，方法简单易行。

3. 玻碳电极预处理及镀汞

将玻碳电极用蒸馏水冲洗后用滤纸擦干，在抛光粉上反复打磨，直至电极表面平滑光洁，再用蒸馏水冲洗粘在电极表面的多余抛光粉，移入超声水浴中清洗 2 min，用滤纸擦干即可。

将清洗过的三电极插入 3～10 μg·mL^{-1} $HgCl_2$ 镀汞液，在 0 V 处富集 300 s，让汞沉积到玻碳电极表面，静止 30 s，然后快速从 −1.0 V 反扫描到 −0.1 V，使一些与汞共沉积的杂质金属离子溶出，这样重复镀汞 5 遍。镀完的汞膜应均匀平整，表面呈灰色。

把新镀汞膜的玻碳电极用蒸馏水冲洗后插入电解质溶液，在 −0.1 V 处静止 30 s，然后快速由 −1.2 V 反扫描到 −0.1 V，反复扫描几次待基线走稳后即可进行实验。

实验五十一　循环伏安法测定电极反应的可逆程度

一、实验目的

（1）理解循环伏安法的原理及电极过程可逆性的判断方法。

（2）学习并掌握循环伏安法的实验技能。

二、实验原理

循环伏安法是在工作电极上施加一个对称的三角波扫描电压，记录工作电极上电流随电位的变化曲线，即循环伏安图（见图 6.10）。从伏安图的波形、氧化还原电流的数值及其比值、峰电位等可以判断电极反应机理。

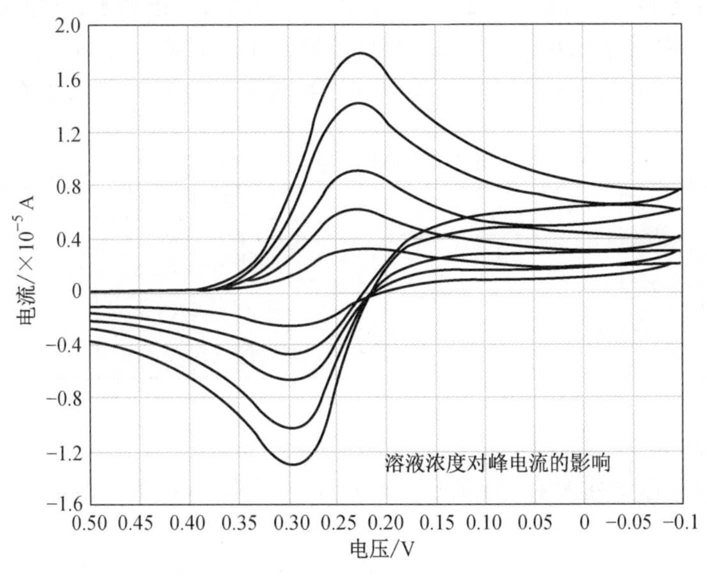

图 6.10　循环伏安图

可逆电对在电极反应中传递的电子数由两个峰电位的差决定：

$$\Delta E_p(\text{mV}) = E_{pa} - E_{pc} \approx \frac{56.5}{n} \ (25℃)$$

第一个循环正向扫描可逆体系的峰电流可由 Randles－Sevcik 方程表示：

$$i_p = 2.69 \times 10^5 n^{3/2} D^{1/2} A v^{1/2} c$$

式中，i_p 为峰电流(A)，n 为转移电子数，D 为扩散系数($cm^2 \cdot s^{-1}$)，A 为电极面积(cm^2)，v 为扫描速率($V \cdot s^{-1}$)，c 为浓度。

因此，i_p 随 $v^{1/2}$ 的增加而增加，并和浓度成正比。对于简单的可逆(快反应)电对 i_{pa} 和 i_{pc} 的值很接近，即：$i_{pa}/i_{pc} \approx 1$

三、仪器与试剂

(1) 仪器：CHI 电化学工作站，铂圆盘工作电极，铂丝对电极，饱和甘汞参比电极或 Ag/AgCl 参比电极，JB-型电磁搅拌器。

(2) 试剂：0.1 mol · L^{-1} $K_3Fe(CN)_6$ 溶液(溶解 32.72 g $K_3Fe(CN)_6$ 固体并稀释至 1 000 mL)，1 mol · L^{-1} KCl 或 1 mol · L^{-1} KNO_3 溶液，麂皮抛光布和 α-Al_2O_3 抛光粉。

四、实验内容

1. 电极处理

用 α-Al_2O_3 粉按照 1.0 μm、0.3 μm、0.05 μm 粒度在平板玻璃或麂皮抛光布上分别进行抛光。每次抛光后先洗去表面污物，再移入超声水浴中清洗，每次 2～3 min，重复 3 次。最后用乙醇、稀酸和水彻底洗涤，得到一个平滑光洁、新鲜的电极表面。

2. 仪器准备

依次将工作电极、参比电极、铂丝对电极用绿色夹子、白色夹子、红色夹子与电化学工作站连接(注意不要接错)，开启计算机。然后开启电化学系统电源，启动电化学程序，在菜单中依次选择“Setup”“Technique”“Parameter”，按表 6.7 输入实验参数。

表 6.7　循环伏安实验参数

初始电位/V	0.5	分段数	2
最高电位/V	0.5	采样间隔/V	0.001
最低电位/V	−0.1	静止时间/s	2
扫描速率/(V/s)	0.06	灵敏度/(A/V)	2×10^{-5}

3. 溶液准备

在 50 mL 容量瓶中移入 1.00 mL 0.1 mol · L^{-1} 的 $K_3Fe(CN)_6$ 溶液，定容至刻度线，待用。

待测溶液配好后，倒在电解杯中，插入电极，点击“Run”键，开始扫描，得到扫描图。将扫描图存盘后，记录氧化还原峰电位 E_{pc}、E_{pa} 及峰电流 i_{pc}、i_{pa}。

4. 测定

1）扫描速率试验

在10 mL容量瓶中移入1 mL上述稀释后的溶液，加5 mL 1 mol·L^{-1}的KCl溶液，定容后，倒入电解杯中，插入电极。以不同的扫描速率：0.01 V·s^{-1}，0.03 V·s^{-1}，0.06 V·s^{-1}，0.1 V·s^{-1}，0.2 V·s^{-1}，分别记录从+0.5～−0.10 V的循环伏安图。

2）浓度试验

在5个10 mL容量瓶中分别加入0.5 mL、1 mL、1.5 mL、2.5 mL、3 mL上述稀释后的$K_3Fe(CN)_6$溶液，用1 mol·L^{-1} KCl溶液定容至刻度线。将溶液依次倒入电解杯，插入三电极系统，点击“Run”以0.06 V·s^{-1}的扫描速率从+0.5～−0.1 V进行扫描，记录循环伏安图。

五、数据记录与处理

1. 扫描速率试验

记录不同扫描速率时测得的峰电流和峰电位(格式参见表6.8)，并求出对应的i_{pc}/i_{pa}和ΔE_p。

根据表6.8所得数据分别以阳极峰电流i_{pa}和阴极峰电流i_{pc}对$v^{1/2}$作图，说明电流和扫描速率间的关系，并求出对应的线性方程。

表6.8　扫描速率峰对电流的影响

扫描速率/(V·s^{-1})	$v^{1/2}$	i_{pc}	i_{pa}	i_{pc}/i_{pa}	E_{pc}	E_{pa}	ΔE_p
0.01							
0.03							
0.06							
0.10							
0.20							
		i_{pc}/i_{pa}平均值			ΔE_p平均值		

2. 溶液浓度的影响

将不同溶液浓度时测得的峰电流和峰电位记录在表6.9中，并求出对应的i_{pc}/i_{pa}和ΔE_p。

表6.9　溶液浓度的影响

溶液浓度/(mol·L^{-1})	i_{pc}	i_{pa}	i_{pc}/i_{pa}	E_{pc}	E_{pa}	ΔE_p

（续表）

溶液浓度/（$mol\cdot L^{-1}$）	i_{pc}	i_{pa}	i_{pc}/i_{pa}	E_{pc}	E_{pa}	ΔE_p
	i_{pc}/i_{pa} 平均值			ΔE_p 平均值		

根据表 6.9 所得数据分别以阳极峰电流 i_{pa} 和阴极峰电流 i_{pc} 对溶液浓度作图，说明电流和浓度的关系。

3. 根据实验结果说明电极反应过程的可逆性

根据峰电流 i_p 与扫描速度 $v^{1/2}$、浓度 c 之间的关系，以及阳极峰电流与阴极峰电流之比（i_{pa}/i_{pc}）、峰电位之差（ΔE_p），判断该电极反应的可逆性。

六、思考题

理解电极反应过程的可逆性，解释 $K_3Fe(CN)_6$ 的循环伏安图形状。

七、注意事项

（1）工作电极表面必须仔细清洗，否则严重影响循环伏安图的图形。

（2）每次扫描之间，为使电极表面恢复初始状态，应将电极提起后再放入溶液中；或将溶液搅拌，等溶液静止 1～2 min 后再扫描。

第三节　色谱分析

实验五十二　混合有机溶剂的气相色谱分析

一、实验目的

（1）了解气相色谱仪的基本构造。

（2）初步掌握气相色谱仪的一般操作和微量注射器的进样技术。

（3）了解热导池检测器的检测原理。

（4）掌握用相对保留值进行定性，用面积归一化法进行定量计算的方法。

二、实验原理

气相色谱仪由载气系统、色谱柱、检测器和记录仪所组成。

在气相色谱分析中，被分离、测量的混合物组分由一种惰性气体（即载气）携带通过柱，样品混合物在载气和色谱柱的固定相之间分配，固定相上的不挥发溶剂根据样品组分的分配系数，有选择地对它们加以阻滞，一直到它们在载气当中形成各自分离的谱带为止。这些组分的谱带随着载气流依次离开柱子，经由检测器转换为电信号，然后用记录仪将各组分的浓度随时间的变化记录下来，即得到色谱图。色谱图是进行色谱定性、定量分析及研究色谱分离机理的依据。

1. 定性分析

在一定的色谱条件下，组分有固定的保留值。在具备已知标准样的情况下，可采用保留值直接对照定性。以保留时间作为定性指标虽然简便，但由于保留时间的测定受载气流速等色谱操作条件的影响较大，可靠性较差；若采用仅与柱温和固定相种类有关而不受其他操作条件影响的相对保留值 r_{is} 作为定性指标，则更适用于色谱定性分析。相对保留值 r_{is} 定义为：

$$r_{is}=\frac{t'_{Ri}}{t'_{Rs}}=\frac{t_{Ri}-t_M}{t_{Rs}-t_M}$$

式中，t_M 为死时间；t'_{Ri}，t'_{Rs}分别为被测组分 i 及标准物质 s 的调整保留时间；t_{Ri}，t_{Rs} 分别为被测组分 i 及标准物质 s 的保留时间。

2. 定量分析

色谱常用的定量方法有面积归一化法、内标法和外标法等。其中内标法是精度最高的色谱定量方法，但要选择一个或几个合适的内标物并不总是易事，而且在分析样品之前必须将内标物加入样品中。外标法简便易行，但定量精度相对较低，且对操作条件的重现性要求较严。本实验采用面积归一化法。

以面积归一化法计算混合样品中各组分的质量分数，计算公式为：

$$w_i=\frac{m_i}{\sum_{i=1}^{n}m_i}\times 100\%=\frac{f_iA_i}{\sum_{i=1}^{n}f_iA_i}\times 100\%$$

可见以面积归一化法进行定量分析必须要求样品中所有组分全部都出色谱峰。然而由于同种检测器对不同物质具有不同的响应值，因此不能直接用各组分的峰面积来计算物质的含量。为了使检测器的响应值能真实反映出物质的含量，需要对各响应值进行校正，即需要测定定量校正因子 f'_i。

$$f'_i=\frac{m_i}{A_i}$$

可见 $f_i{}'$就是单位峰面积所代表的样品质量。但由于 $f_i{}'$值与色谱操作条件有关，主要由仪器的灵敏度决定，常常难于准确测定，所以在色谱定量分析中还是习惯使用相对校正因子 f_i。

$$f_i=\frac{f'_i}{f'_s}=\frac{m_i/A_i}{m_s/A_s}=\frac{m_iA_s}{m_sA_i}$$

f_i 是被测物质 i 与标准物质 s 的定量校正因子之比值。因此准确称量被测物质和标准物质的质量，混合后进行色谱测定，得到两个物质的对应峰面积后，即可按照上式求出相对校正因子 f_i(由于相对校正因子中组分和标准物质都是以质量表示的，故又称为相对质量校正因子)。

由于 f_i 值只与试样、标准物质和检测器类型有关(一般热导池检测器以苯作为标准物质，氢火焰检测器以正庚烷作为标准物质)，而与色谱操作条件无关，因此在检测器类型固定的情况下，f_i 值是个能通用的常数，故也可由手册或者文献查得。

在分别得到了样品中所有组分的峰面积(A_i)和相对校正因子(f_i)后，即可按照下式依次求出各组分的质量分数了：

$$w_i = \frac{m_i}{\sum_{i=1}^{n} m_i} \times 100\% = \frac{f_i A_i}{\sum_{i=1}^{n} f_i A_i} \times 100\%$$

本实验用氢气作载气，PEG-20M 作固定液，以热导池检测器，对乙醇、苯、正丁醇，异戊醇的混合溶剂进行气相色谱分析，以相对保留值法对组分进行定性分析(以苯作为标准物质)，用面积归一化法进行定量测定(其中各组分的相对校正因子可参见表 6.10)。

表 6.10　各组分的相对校正因子

化合物	乙醇	苯	正丁醇	异戊醇
f_i	0.64	0.78	0.78	0.80

三、仪器与试剂

(1) 仪器：GC7900 或其他型号气相色谱仪(色谱条件：长 2 m、内径 3 mm 的不锈钢色谱柱，内装 60～80 目 102 酸洗白色担体，涂 5%～10%PEG-20M 固定液；柱温为 100℃；汽化温度为 150℃；检测温度为 150℃；载气为氢气，流速 32 mL·min^{-1}；桥电流为 80 mA)，色谱工作站，5 μL 微量注射器。

(2) 试剂：乙醇(AR)，苯(AR)，正丁醇(AR)，异戊醇(AR)，混合有机溶剂样品。

四、实验内容

1. 仪器的调节

打开主机启动开关，调节载气流速、柱温、汽化温度、桥电流至分离条件中所需数值。

2. 色谱数据工作站的调节

输入适当的分析参数，调节工作站界面至可进样状态，待基线平直时即可进样。

3. 进样操作

用微量注射器抽取一定量的试样，将针头直立向上，推动针芯赶出气泡(但本实验中的空气泡可进入色谱柱内用以显示死时间)，并用滤纸片擦拭针头外壁附着的样品溶液。取好样后应立即进样，注射器应与进样口垂直。左手扶着针头，以防弯曲，针头刺穿硅橡胶垫圈后，应迅速插到底，瞬间注入试样，完成后立即拔出注射器。

4. 色谱图的测绘及数据打印和处理

用 5 μL 微量注射器进样(各种标准样品均进样 0.2 μL，混合物样品进样 2 μL)，在进样的同时，按下色谱工作站的起始键，观察出峰情况。样品各组分出峰完毕后，按下停止键，从色谱工作站打印出色谱图。

五、数据记录与处理

(1) 记录实验的色谱分离条件，包括固定相、载气及其流速、柱温、汽化温度、桥电流等。

(2) 按表 6.11 和表 6.12 记录实验数据，并对各色谱峰进行定性鉴定。

表 6.11　标准样品实验数据

标准样	t_R/min	t_M	t'_R/min	r_{is}
苯				
乙醇				
正丁醇				
异戊醇				

表 6.12　未知样实验数据及结论

色谱峰	t_R/min	t_M	t'_R/min	r_{is}	定性结论
1					
2					
3					
4					

(3) 根据各组分的相对校正因子及各色谱峰面积，按下式计算各组分在样品中的质量分数：

$$w_i = \frac{m_i}{\sum_{i=1}^{n} m_i} \times 100\% = \frac{f_i A_i}{\sum_{i=1}^{n} f_i A_i} \times 100\%$$

六、思考题

(1) 试述气相色谱仪的基本组成。

(2) 什么是定量校正因子？为什么要引入定量校正因子？

(3) 什么是面积归一化法？

(4) 用微量注射器进样时应注意什么？

实验五十三　色谱柱效能的评价
——板高(H)-流速(u)曲线的测定

（Ⅰ）气相色谱柱效能的评价

一、实验目的

（1）掌握板高(H)-流速(u)曲线的测定方法。

（2）掌握用皂膜流量计测量柱后载气线速度的方法。

（3）绘制板高(H)-流速(u)曲线，选择载气的最佳流速。

二、实验原理

色谱柱效能是指色谱柱在色谱分离过程中主要由动力学因素所决定的分离效能。通常用理论塔板数 n 或理论塔板高度 H 表示。理论塔板数 n 越多，则理论塔板高度 H 越小，对应的色谱柱效能也就越高。以塔板高度 H 作为衡量指标时，根据范第姆特(van Deemter)方程，有以下关系：

$$H = A + B/u + Cu$$

即在选定了固定相和柱温后，塔板高度(H)与载气流速(u)密切相关。用不同流速下测得的塔板高度 H 对流速 u 作图，可得到 $H-u$ 曲线图(见图 6.11)。

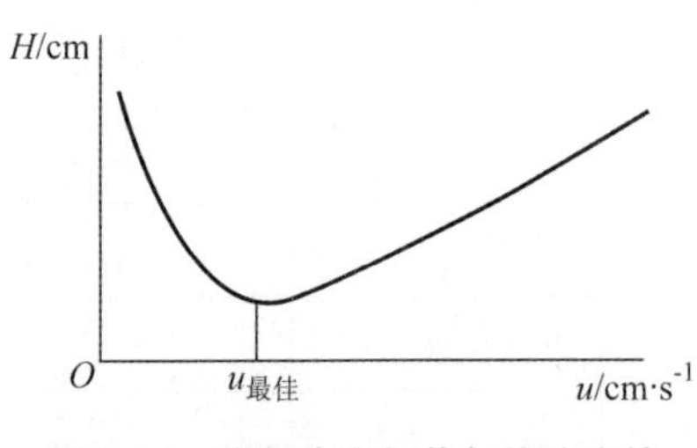

图 6.11　塔板高度与载气线速度的关系

由图 6.11 可见，在曲线的最低点，塔板高度 H 最小，即此时的柱效最高，则该点对应的流速即为最佳流速 $u_{最佳}$。找到最佳的载气流速，获得最小的塔板高度，便可得到最大的柱效，这对于评价色谱柱效能具有重要的指导意义。在实际工作中，为了缩短分析时间，往往使流速稍高于最佳流速。

三、仪器与试剂

（1）仪器：GC790 或其他型号气相色谱仪(色谱操作条件：柱长 2 m、内径 3 mm 的不锈钢盘形柱，固定相为 PEG-20M，柱温为 100℃，汽化温度为 150℃，检测温度为 150℃，热导池检测器，载气为 H_2，桥电流为 80 mA，进样量为 1.0 μL)，色谱工作站，1 μL 微量注射器。

（2）试剂：含有异戊醇的混合样品。

四、实验内容

（1）开启载气瓶，启动仪器。待仪器稳定，基线平直后，按照表 6.13 的顺序调节柱前压，用皂膜流量计测量对应的柱后载气线速度 u($cm \cdot s^{-1}$)，并记录在表 6.13 中。

(2) 在上述各柱前压下用微量注射器进样品 0.2 μL,同步按下色谱工作站开始键。

(3) 出峰后根据异戊醇的保留时间确定异戊醇的色谱峰,由色谱工作站读出其理论塔板数 n,根据柱长 l(cm) 换算成塔板高度(cm)。

$$H=\frac{l}{n}$$

(4) 绘制 $H-u$ 曲线,找出最佳载气流速。

五、数据记录与处理

按照表 6.13 的格式记录实验数据,由色谱工作站读出理论塔板数 n 并换算成塔板高度 H(cm)。根据记录的数据绘制 $H-u$ 曲线,选择载气的最佳流速 $u_{最佳}$($cm \cdot s^{-1}$)。

表 6.13 不同载气流速下对应的塔板高度

序号	柱前压/($kg \cdot cm^{-2}$)	载气流速/($cm \cdot s^{-1}$)	n	H/cm
1	0.10			
2	0.20			
3	0.30			
4	0.40			
5	0.50			
6	0.60			
7	0.70			
8	0.80			
9	0.90			
10	1.00			

(Ⅱ) 液相色谱柱效能的评价

一、实验目的

(1) 掌握液相色谱柱板高(H)-流速(u)曲线的测定方法。

(2) 掌握塔板高度的计算方法。

(3) 绘制板高(H)-流速(u)曲线,选择最佳流速。

二、实验原理

色谱柱效能是指色谱柱在色谱分离过程中主要由动力学因素所决定的分离效能。通常用理论塔板数 n 或理论塔板高度 H 表示。理论塔板数 n 越多,则理论塔板高度 H 越小,对应的色谱柱效能也就越高。

以塔板高度 H 作为衡量指标时，根据 van Deemter 方程，有以下关系：

$$H = A + B/u + Cu$$

式中，u 为流动相流动的线速度；A 为涡流扩散项，指固定相填充不均匀引起的扩散，色谱柱固定时是个常数；B/u 为纵向分子扩散项，指分子沿色谱柱轴向扩散引起的色谱谱带展宽，由于组分在液相中的扩散系数只有气相中的 $1/10^5$，因此在液相色谱中 B 可以忽略；Cu 为传质阻力项，指组分在流动相和固定相之间传质的阻力，是影响液相色谱柱效能的主要因素。

该理论模型对气相、液相都适用。因此在液相色谱中，也具有如图 6.11 所示的 $H-u$ 曲线图，并借此找出最佳的流动相流速，获得最小的塔板高度，得到最大的柱效。

流动相流速 u 和塔板高度 H 均由实验测得：

$$u = \frac{l}{t_0}$$

$$H = \frac{l}{n},\ \text{其中}\ n = 5.54\left(\frac{t_R}{W_{1/2}}\right)^2$$

式中，l 为色谱柱长(cm)，t_0 为死时间(s)，t_R 为样品保留时间(s)，$W_{1/2}$ 为色谱峰的半峰宽(s)，可由色谱工作站数据工具查得。

本实验采用 C_{18} 毛细管填充色谱柱(45 cm×20 cm×100 μm)，甲醇作为流动相，丙酮作为探针化合物兼作死时间标记物，在 270 nm 波长下进行液相色谱柱板高(H)-流速(u)曲线的测定。

三、仪器与试剂

(1) 仪器：微型毛细管色谱仪(TriSepTM - 2100，Unimicro Technologies InC.，USA)[色谱条件：C_{18} 毛细管填充色谱柱(45 cm×20 cm×100 μm)，甲醇作为流动相，丙酮作为探针化合物兼作死时间标记物，检测波长为 270 nm，环境温度为 25℃，流动相流速为 0.03～0.12 mL・min^{-1}]，微量进样器。

(2) 试剂：丙酮(AR)。

四、实验内容

(1) 开启微型毛细管色谱仪，待自检通过后，按下面板“FUNC”键，显示屏中流量部分“FLOW”光标闪烁，按数字键输入流动相的最初流量后，扫“ENTER”键确认；设置下一参数，反复按面板“FUNC”键，至显示屏中所要设置的参数处光标闪烁，按数字键输入后，再按“ENTER”键确认。主要参数设置完成后，按“CE”键回到初始界面。常用参数包括流速“FLOW”、最高/最低限压“P. MAX/P. MIN”等(最低限压一般设置大于 0 的数值，否则漏液、进气保护功能无法发挥作用)。按“PUMP”键启动仪器。

(2) 待仪器压力稳定、基线平直后，准备进样。

(3) 进样操作：打开进样单元电源开关，确认“LOAD”旁边的红色指示灯已处于开启状态。用微量进样器进样(丙酮)5 μL。按下“INJECT”键，旁边的绿色指示灯亮，表示样品开始进入色谱柱，同时工作站也开始采集数据。

(4) 按照表 6.14 的顺序由小到大调节流动相流量，待基线稳定后在各流量下分别进样。

(5) 在各流量下分别读取丙酮的出峰时间作为死时间 t_0，计算流动相线速度 u；由色谱工作站的数据工具读出其理论塔板数 n，然后根据柱长 l(cm) 换算成塔板高度 H(cm)。

$$H=\frac{l}{n}$$

(6) 根据表 6.14 的数据在坐标纸上绘制 $H-u$ 曲线。

五、数据记录与处理

按照表 6.14 的格式记录实验数据，在坐标纸上绘制 $H-u$ 曲线，并选择流动相的最佳流速 $u_{最佳}$($cm \cdot s^{-1}$)。

表 6.14　不同流速下对应的塔板高度(柱长 $l=20$ cm)

序号	流动相流量/($mL \cdot min^{-1}$)	t_0/s	u/($cm \cdot s^{-1}$)	n	H/cm
1	0.03				
2	0.04				
3	0.05				
4	0.06				
5	0.07				
6	0.08				
7	0.09				
8	0.10				
9	0.11				
10	0.12				

六、思考题

(1) 塔板高度 H 应如何计算？

(2) 每次的进样量为什么要一致？如不一致将会产生什么后果？

(3) 如何选择流动相的最佳流速？

实验五十四　毛细管气相色谱法测定花露水中的乙醇含量

一、实验目的

(1) 掌握气相色谱仪的一般操作。

(2) 了解氢火焰检测器的检测原理。

(3) 掌握内标标准曲线法进行定量分析。

二、实验原理

内标法适用于试样中所有组分不能全部出峰，或者试样中各组分含量差异大，或仅需测定其中某个或某几个组分。用内标法测定时需要在试样中加入一种物质做内标，内标物应该是试样中不存在的纯物质，加入量应接近待测组分的量，其色谱峰也应位于待测组分附近或几个待测组分色谱峰的中间。

内标标准曲线法的做法是：配制一系列含有恒定量内标物的标准系列溶液，测定待测组分和内标物的峰面积 A_i、A_s（或峰高 h），计算 A_i/A_s（或 h_i/h_s）。以待测物标准溶液浓度对 A_i/A_s（或 h_i/h_s）作图，即得内标标准曲线。取一定量的待测试样，加入与标准曲线绘制时相同量的内标物，测定峰面积比（或峰高比），由内标标准曲线查出待测组分含量。

利用内标标准曲线法进行定量测定时，无须另外测定校正因子，消除了操作条件的影响；而且也不需要定量进量，是一种精确度高、广泛使用的定量分析方法。

三、仪器与试剂

(1) 仪器：GC9700 气相色谱仪（色谱条件：色谱柱 KR－9；载气为氮气，流速 0.5 mL·min^{-1}；柱温为 80℃；进样口温度为 200℃；氢火焰离子化检测器，检测器温度为 200℃，氢气流速为 30 mL·min^{-1}，氢气分压为 0.2 MPa；空气流速为 300 mL·min^{-1}；尾吹流速 28 mL·min^{-1}，分流比为 30∶1），AG－1602 型空气泵，HG－1803 型高纯氢气发生器，微量注射器。

(2) 试剂：无水乙醇（AR），正丙醇（AR），市售花露水。

四、实验内容

(1) 标准系列溶液的配置：精密移取无水乙醇 0.2 mL、0.4 mL、0.6 mL、0.8 mL、1.0 mL，至各个 10 mL 容量瓶中，分别精密加入内标物正丙醇 0.2 mL，加水稀释至刻度，摇匀，备用。

(2) 样品制备：精密移取花露水样品 0.5 mL 于 10 mL 容量瓶中，精密加入正丙醇 0.2 mL，用去离子水稀释至刻度线，摇匀，备用。

(3) 打开色谱工作站，按相应色谱条件设定仪器参数，待基线平直稳定后，可进样分析。

(4) 用微量注射器注入 0.4 μL 标准系列溶液，观察出峰情况，由色谱工作站读出乙醇和内标物的峰面积。

(5) 用微量注射器注入 0.4 μL 样品溶液，由色谱工作站读出样品中乙醇和内标物的峰面积，采用内标标准曲线法计算乙醇含量（以体积分数表示）。

五、数据记录与处理

(1) 记录色谱分离条件，包括色谱柱，载气、燃气、助燃气的流速，柱温，汽化温度和检测温度等。

（2）记录乙醇标准系列溶液的含量，标准系列溶液和样品的乙醇及内标物的保留时间、峰面积，计算乙醇和内标物的峰面积比 A_i/A_s。

（3）以乙醇标准溶液含量对 A_i/A_s 作图，得内标标准曲线。

（4）从内标标准曲线上求得样品中乙醇的含量，并根据稀释情况换算出花露水中乙醇的含量。

六、思考题

（1）什么是内标物，内标物的要求是什么？

（2）内标标准曲线法有什么特色？为何不需要测定校正因子？

实验五十五　毛细管气相色谱法测定酒中醇系物的含量

一、实验目的

（1）学习定量校正因子的测定方法。

（2）掌握内标法进行色谱定量分析。

二、实验原理

色谱常用的定量方法有面积归一化法、内标法和外标法等，其中内标法是精度最高的一种色谱定量方法，该方法在分析测定样品中某组分含量时，加入一种内标物质以校准和消除由于操作条件的波动而对分析结果产生的影响，以提高分析结果的准确度。

内标法：准确称取样品 m 克，准确加入内标物 m_s 克（要求此内标物既可以被色谱柱分离，又不受试样中其他组分峰的干扰），混匀后进样，只要测定内标物和待测组分的峰面积 A（或峰高 h）与相对校正因子 f（参见实验五十二中关于相对校正因子的介绍），即可求出待测组分在样品中的质量分数。

对于狭窄的色谱峰，当各种操作条件保持严格不变时，在一定的进样范围内，峰的半峰宽不变，因此也可用峰高 h_i 代替峰面积 A_i 来定量。故组分 i 的质量分数 w_i（%）或质量浓度 c_i 可由以下公式计算：

因为
$$\frac{m_i}{m_s}=\frac{h_i f_i}{h_s f_s}$$

故
$$m_i=m_s\frac{h_i f_i}{h_s f_s}$$

所以
$$w_i=\frac{m_i}{m}\times 100\%=\frac{m_s}{m}\frac{h_i f_i}{h_s f_s}\times 100\%$$

或
$$c_i(\mathrm{mg\cdot mL^{-1}})=\frac{m_i}{V}=\frac{m_s}{V}\frac{h_i f_i}{h_s f_s}$$

式中，V 代表液体样品的总体积；h_i，h_s 分别代表组分 i 和内标物 s 的色谱峰高；f_i，f_s 分别代表组分 i 和内标物 s 的相对校正因子，需先由实验测得。

本实验采用内标法对酒样品中的醇系物(包括甲醇、乙醇、丙醇、丁醇、戊醇)进行分析测定,内标物和测量相对校正因子的内标物均选择同一物质——乙酸正丁酯,因此内标物的相对校正因子 $f_s=1$。而各醇系物组分的峰高定量校正因子 f_i 则需要由标准品的混合物进行色谱测定,并按下式计算:

$$f_i=\frac{f'_i}{f'_s}=\frac{m_i/h_i}{m_s/h_s}$$

式中,m_i 和 h_i 分别为标准品混合物中甲醇、乙醇、正丙醇、正丁醇的质量和对应的色谱峰高;m_s 和 h_s 分别为标准品混合物中内标物乙酸正丁酯的质量和对应的色谱峰高。

三、仪器与试剂

(1) 仪器:GC790 或其他型号气相色谱仪[色谱条件:色谱柱为白酒专用分析柱 KR-9 或类似的色谱柱(30 m×0.32 mm),5 μm 石英毛细管柱;氢火焰离子化检测器;柱温为 90℃;汽化温度为 150℃;载气为 N_2,流速为 20 mL·min^{-1};燃气为 H_2,流量为 30~40 mL·min^{-1};空气作助燃气,流量为 400~500 mL·min^{-1};灵敏度为 10^8];WJK-6 净化空气源;1 μL 微量注射器。

(2) 试剂:

① 醇系物标准溶液:在各个 100 mL 容量瓶中,分别加入准确称取的 700 mg 乙酸正丁酯(AR)、甲醇(AR)、正丙醇(AR)和正丁醇(AR),并用去离子水稀释至 100 mL,至冰箱中保存备用。

② 醇系物标准使用液:吸取 10 mL 标准溶液于 100 mL 容量瓶中,加入一定量的乙醇,控制其含量在 60%,并用去离子水稀释至刻度,至冰箱中保存备用。

③ 已添加乙酸正丁酯(内标物)的酒样品:在 50 mL 容量瓶中加入准确称取的 40 mg 乙酸正丁酯(AR),以市售的白酒样品定容至 50 mL,备用。

四、实验内容

(1) 打开氮气钢瓶总压阀,调节分压表至≥0.3 MPa,打开净化干燥管开关。

(2) 调节柱前压、分流比、尾吹至所需压力。

(3) 打开主机电源,待仪器自检通过后,依次设定柱箱温度、进样器温度、离子室(检测器)温度。

(4) 待温度稳定后,打开净化空气源电源,调节空气、氢气至所需流量。

(5) 打开色谱工作站,输入适当的分析参数,调节工作站界面至可进样状态。

(6) 轻按点火按钮 10 s,如基线显著漂移零点,则表示氢火焰已点燃;如基线迅速回零,表示氢火焰已熄灭,可加大氢气流量重新点火。

(7) 待基线平直稳定后,可进样分析。

(8) 用微量注射器注入 0.5 μL 醇系物标准使用液,观察出峰情况,由色谱工作站读出各自的峰高。计算甲醇、乙醇、正丙醇、正丁醇的相对校正因子 f_i。

(9) 用微量注射器注入 0.5 μL 前述配制好的酒样品,观察出峰情况,利用保留值法对各醇系物组分进行定性，由色谱工作站读出各自的峰高，用内标法计算甲醇、乙醇、正丙醇、正丁醇的质量-体积浓度。

五、数据记录与处理

(1) 记录实验的色谱分离条件，包括固定相，载气、燃气、助燃气的流速，柱温，汽化温度和检测温度等。

(2) 各醇系物的峰高相对校正因子：

$$f_i=\frac{f'_i}{f'_s}=\frac{m_i/h_i}{m_s/h_s}$$

式中，m_i 和 h_i 分别为标样混合物中甲醇、乙醇、正丙醇、正丁醇的质量和对应的色谱峰高；m_s 和 h_s 分别为内标物乙酸正丁酯的质量和对应的色谱峰高。

(3) 按照如下公式计算样品中各组分的质量浓度：

$$c'_i(\text{mg}\cdot\text{mL}^{-1})=\frac{m_i}{V}=\frac{m_s}{V}\frac{h_i f_i}{h_s f_s}$$

式中，m_s 为添加内标物的质量，V 为酒样品的体积，h_i 和 h_s 分别为各醇系物组分及内标物的峰高，f_i 为以乙酸正丁酯作内标物时的各醇系物组分的相对校正因子。

六、思考题

(1) 什么是相对校正因子？

(2) 峰高定量法的优缺点是什么？

(3) 什么是内标法？它有什么特色？具体使用时有何要求？

实验五十六　高效液相色谱法测定饮料中的咖啡因

一、实验目的

(1) 了解高效液相色谱仪的装置和工作原理。

(2) 了解反相液相色谱的工作条件和保留机理。

(3) 掌握高效液相色谱法进行定性和定量分析的基本方法。

二、实验原理

高效液相色谱(HPLC)是一种物理化学分离方法，具有高效分离功能，它和气相色谱(GC)在基本原理方面类似，但采用液体作为流动相。其应用范围更广，可对 80%的有机化合物进行分离和分析。

HPLC 法以液体为流动相，采用高压泵输送，使用高效固定相，使该法具有分离效能高、分析速度快等特点，并且由于 HPLC 法只要求样品制成溶液，并不像 GC 法那样需要汽化，因此可以不受样品挥发性的约束，使得其应用范围更广。在 HPLC 法中，反相色谱应用得较多，即固定相是非极性的（亲脂），流动相是极性的（亲水）。HPLC 主要用于复杂成分混合物的分离、定性与定量，在药物分析中和中草药有效成分的分析中有广泛应用。

在一定的色谱条件下，每种物质都有一个恒定的保留值，可用作定性的依据。将样品和标准物质在相同条件下分别进样，分别测量其保留时间和峰面积，可直接用保留时间对饮料中的咖啡因进行定性鉴定。采用标准工作曲线法（外标法）可对饮料中的咖啡因进行定量测定。

本实验采用 C_{18} 色谱柱，甲醇-水体系作为流动相，Waters 2487 UV 检测器，分离饮料中的咖啡因。本实验选择甲醇：水=20：80（体积比）时，可在较短的时间内，使饮料中的咖啡因能得到充分分离。

将经 0.45 μm 滤膜过滤处理的含咖啡因的饮料样品和一系列浓度已知的咖啡因标准品在相同条件下分别进样，测量其保留时间和峰面积。对照保留时间可对饮料中的咖啡因进行定性鉴定；用标准工作曲线法对饮料中的咖啡因可进行定量分析，即以各浓度下咖啡因标准溶液的色谱峰峰面积 A 对其质量浓度 c（$mg \cdot mL^{-1}$）作图，得咖啡因工作曲线，从工作曲线上可求得咖啡因的质量浓度，并换算成在饮料中的含量。

三、仪器与试剂

（1）仪器：Waters515 高效液相色谱仪（色谱分离条件：Agilent ODS C_{18} 5 μm，4.6 mm×100 mm 不锈钢柱，流动相为甲醇：水=20：80（体积比），流量为 1 $mL \cdot min^{-1}$，温度为室温，Waters 2487 UV 检测器，波长为 280 nm，进样量为 100 μL）；超声波清洗器；100 μL 平头微量注射器；0.45 μm 滤膜；100 mL 和 10 mL 容量瓶；5 mL 移液管。

（2）试剂：甲醇（HPLC 级）；二次蒸馏水；咖啡因标准储备液（精密称取 25.0 mg 咖啡因标准品用 20%甲醇/水流动相溶解，定容至 100 mL 容量瓶中，摇匀，备用；该储备液浓度为 0.25 $mg \cdot mL^{-1}$）；待测饮料试样（咖啡、茶、可口可乐、百事可乐等含咖啡因饮料）。

四、实验内容

（1）标准系列溶液的配制：分别移取咖啡因储备液 0.00 mL、1.00 mL、2.00 mL、3.00 mL、4.00 mL、5.00 mL 至各个 10 mL 容量瓶中，用甲醇：水=20：80（体积比）的流动相定容，摇匀，备用；得到浓度为 0.00 $\mu g \cdot mL^{-1}$、25.0 $\mu g \cdot mL^{-1}$、50.0 $\mu g \cdot mL^{-1}$、75.0 $\mu g \cdot mL^{-1}$、100.0 $\mu g \cdot mL^{-1}$、125.0 $\mu g \cdot mL^{-1}$ 的系列标准溶液。

（2）样品制备：移取适量体积样品，超声脱气 5 min，用 0.45 μm 滤膜过滤，取 5.0 mL 已滤样品于 10 mL 容量瓶中，用甲醇：水=20：80（体积比）的流动相定容至刻度，摇匀，备用。

（3）将配制的甲醇：水=20：80（体积比）的流动相装入储液瓶，启动泵，打开检测器，待系统自检通过后，打开“PURGE”阀排空管内空气，关闭“PURGE”，设置泵的流量至 1.000 $mL \cdot min^{-1}$，设置检测波长为 280 nm。

（4）打开电脑工作站，输入相应的分析参数，待基线稳定后，开始进样分析。

（5）用平头微量注射器吸取浓度最低的标准样进样至六通阀中，第一次进样该浓度样品需进 100 μL，以使定量环中充满该浓度的溶液，此时六通阀应处于“LOAD”的位置。

(6) 迅速转动六通阀至“INJECT”位置,工作站自动记录出峰情况。

(7) 当咖啡因的色谱峰出完后,按工作站“停止”按钮,进行数据处理;重复(5)~(6)步骤,得到最低浓度标准液 2~3 张色谱图。

(8) 按咖啡因标准系列溶液浓度增加的顺序,按步骤(5)~(7)操作,使每一个咖啡因的标准溶液浓度均获得 2~3 个数据。

(9) 按步骤(5)~(7)操作,分析各种经过处理的饮料试样。

(10) 实验结束,先用纯蒸馏水冲洗色谱柱及整个系统,最后用 100%甲醇冲洗色谱系统。

五、数据记录与处理

(1) 记录色谱分离条件:色谱柱长度、内径、固定相、检测器及波长、流动相及其配比、流量及进样量等。

(2) 以表格形式记录咖啡因标准系列浓度、保留时间、峰面积。计算保留时间和峰面积的平均值与相对标准偏差。

(3) 根据试样色谱图中的保留时间,找到并标出饮料色谱图中相应咖啡因的色谱峰,并记录在表格中。

(4) 以咖啡因标准溶液的峰面积 A 对其质量浓度 c($mg \cdot mL^{-1}$)作图,得咖啡因标准工作曲线。

(5) 从工作曲线上求得样品中咖啡因的质量浓度,并根据稀释情况换算出饮料中咖啡因的含量。

六、思考题

(1) 高效液相色谱仪由哪些主要部件组成?各自的作用是什么?

(2) 什么是反相液相色谱?解释用反相柱 C_{18} 分离测定咖啡因的基本原理。

(3) 怎样对色谱图中各色谱峰进行定性鉴定?

(4) 能否用离子交换柱测定咖啡因?为什么?

实验五十七 毛细管电泳法测定饮料中的苯甲酸钠

一、实验目的

(1) 了解毛细管电泳仪的装置和工作原理。

(2) 掌握毛细管电泳仪的工作条件和分离机理。

(3) 掌握毛细管电泳仪的定性和定量分析的基本方法。

二、实验原理

毛细管电泳是一类以高压电场为驱动力,毛细管为分离通道,依据样品中各组分之间淌度和分配行为上的差异而实现分离的一类液相分离技术。它是经典电泳和现代微柱分离技术相结合的产物。

毛细管电泳中所用的石英毛细管柱，在 pH>3 的情况下，其内表面带负电，和溶液接触时形成双电层。在高电压作用下，双电层中的水合阳离子引起流体整体地朝负极方向移动形成电渗流。同时，电解质溶液中的带电粒子在电场作用下，以不同的速度向其所带电荷相反方向迁移，即电泳。因此，粒子在毛细管内迁移速度等于电泳和电渗流两种速度的矢量和。正离子的运动方向和电渗流一致，故最先流出；中性粒子的电泳速度为“零”，故其迁移速度相当于电渗流速度；负离子的运动方向和电渗流方向相反，但因电渗流速度一般都大于电泳速度，故它将在中性粒子之后流出，从而因各种粒子迁移速度不同而实现分离。

毛细管电泳分离谱图与色谱图极为相似，在一定的电泳条件下，每种物质都有一个恒定的保留值，可以作为物质的定性依据。将样品和标准物质在相同的条件下分别进样，分别测定其保留时间，可以直接用保留时间进行定性鉴别。通过测定峰面积，采用标准工作曲线法可对组分进行定量分析。

三、仪器与试剂

(1) 仪器：TriSepTM－2100 毛细管电泳系统[无涂层空管石英毛细管柱 (30 cm×50 μm ID)，电泳条件：电压 15 kV，升压时间 10 s，流动相为 20 mmol・L^{-1} Na_2HPO_4－NaH_2PO_4 (pH9.0)；电动进样：进样电压 5 kV，进样时间 10 s，检测波长 220 nm]。

(2) 试剂：磷酸二氢钠，0.1 mol・L^{-1} 氢氧化钠溶液，0.1 mol・L^{-1} 盐酸溶液，苯甲酸钠储备液(精密称取苯甲酸钠标准品 0.1000 g，加入流动相溶解，定容于 100 mL 容量瓶中，储备液浓度为 1.00 mg・mL^{-1})，待测饮料样品(雪碧等含苯甲酸钠饮料)。

四、实验内容

(1) 标准系列溶液的配置：分别精密移取 50 μL、100 μL、250 μL、500 μL、750 μL、1000 μL 的苯甲酸钠储备液至各个 10 mL 容量瓶中，用流动相定容至刻度，摇匀，备用；得到浓度分别为 5 μg・mL^{-1}、10 μg・mL^{-1}、25 μg・mL^{-1}、50 μg・mL^{-1}、75 μg・mL^{-1}、100 μg・mL^{-1} 的苯甲酸钠标准液。

(2) 样品制备：移取适量样品，超声脱气 5 min，用 0.45 μm 膜过滤。精密移取过滤后样品 2.0 mL 于 10 mL 容量瓶中，用流动相定容至刻度，摇匀，备用。

(3) 打开工作站，并按相应电泳条件设定仪器参数，待基线平直稳定后，可进样分析。

(4) 分别移取适量苯甲酸钠标准液至进样瓶中，电进样 10 s 后，进行电泳分离，观察出峰情况，由工作站记录苯甲酸钠的峰面积。

(5) 移取适量配制好的样品至进样瓶中，电进样 10 s 后，进行电泳分离，由工作站记录苯甲酸钠的峰面积。采用标准曲线法计算样品中苯甲酸钠的含量。

五、数据记录与处理

(1) 记录电泳分离条件，包括分离柱、流动相、分离电压、进样时间及电压、检测波长等。

（2）记录苯甲酸钠标准系列溶液的浓度、保留时间、峰面积。根据保留时间，找到饮料样品谱图中相应苯甲酸的电泳峰。

（3）以苯甲酸钠标准溶液的峰面积对其浓度（$\mu g \cdot mL^{-1}$）作图，得苯甲酸钠标准工作曲线。

（4）从工作曲线上求得样品中苯甲酸钠的浓度，并根据稀释情况换算出饮料中苯甲酸钠的含量。

六、思考题

（1）毛细管电泳仪由哪些主要部件组成，各部件的作用是什么？

（2）什么是电渗流？解释毛细管电泳的分离原理。

第七章　综合实验和设计实验

本章的实验项目属于综合类实验和设计类实验，是对课程理论知识和实验方法技能的综合运用，其目的是加深学生对分析化学理论知识的综合理解，培养学生查阅资料、更新知识以及解决实际问题的能力。本章实验项目中涉及的分析试样成分较为复杂，要求进行多组分的分析测定，同时需要综合运用多种分析方法设计实验方案。在整个实验项目操作中，包含了从试样采集、制备、分析检测到数据处理的全过程。

实验五十八　硫酸四氨合铜(Ⅱ)的制备及含量分析

一、实验目的

(1) 了解配位反应的基本原理及特点，通过配位反应制备硫酸四氨合铜。

(2) 巩固吸光光度法的基本理论，熟悉标准曲线的绘制及应用。

(3) 掌握吸收曲线的测绘方法，认识选择最大吸收波长的重要性。

(4) 熟悉和巩固分光光度计的工作原理及使用方法。

二、实验原理

$CuSO_4$ 与过量 $NH_3 \cdot H_2O$ 反应，生成铜氨配离子，当冷却溶液或降低溶剂的极性时，由于配合物的溶解性降低而以晶体析出，其反应方程式为：

$$CuSO_4 + 4NH_3 + H_2O \longrightarrow Cu(NH_3)_4SO_4 \cdot H_2O$$

经过滤及干燥后，可得到合成产物。

吸光光度法是基于物质对光的选择性吸收而建立起来的物理化学分析方法。任何一种溶液，对于不同波长的光，其吸收程度不同，如将各种波长的单色光依次通过一定浓度的某一溶液，分别测量该溶液对各种单色光的吸收程度。以波长为横坐标，以吸光度为纵坐标，可得到一条曲线，叫作该溶液的光吸收曲线，它描述了溶液对不同波长光的吸收情况。光吸收程度最大处的波长，称为最大吸收波长，它只随物质种类而异，与浓度无关。

$Cu(NH_3)_4SO_4 \cdot H_2O$ 在酸性条件下解离出 Cu^{2+} 后，再与氨水结合生成深蓝色的 $[Cu(NH_3)_4]^{2+}$ 溶液，此化合物在 610 nm 处有最大吸收。根据朗伯-比尔定律 $A=\varepsilon cb$，当光程 b 一定时，有色物质的吸光度 A 与该物质的浓度 c 成正比。只要绘出以吸光度 A 为纵坐标，浓度 c 为横坐标的标准曲线，测出试液的吸光度，就可以由标准曲线查得对应的浓度值，即未知样的含量。

三、实验仪器与试剂

(1) 仪器:722 型可见分光光度计,电子天平,抽滤装置,干燥器。

(2) 试剂:$CuSO_4 \cdot 5H_2O$(CP),6 mol · L^{-1} $NH_3 \cdot H_2O$,浓 $NH_3 \cdot H_2O$,无水乙醇,4 g · L^{-1} 铜标准溶液(用 EDTA 标准溶液标定),6 mol · L^{-1} H_2SO_4 溶液。

四、实验内容

1. 硫酸四氨合铜的制备

准确称取 5 g 左右的 $CuSO_4 \cdot 5H_2O$ 于 10 mL 水中,加入 10 mL 浓氨水,在搅拌下沿烧杯壁慢慢滴加 20 mL 95%的乙醇,然后盖上表面皿静置 20 min,析出晶体后减压过滤,晶体用 1∶2 的乙醇与浓氨水的混合液洗涤,再用乙醇溶液淋洗,将产品放入已恒重的小烧杯中,在烘箱中于 60℃左右烘干,冷却后称量,保存待用。通过所得产品的质量计算产率。

2. 铜含量的分析

1) 吸收曲线的绘制

准确吸取铜标准溶液(含铜 4 g · L^{-1})8 mL 于 50 mL 容量瓶中,加入 6 mol · L^{-1} $NH_3 \cdot H_2O$ 溶液 10 mL,用水稀释至刻度,摇匀,以水作参比溶液,用 1 cm 比色皿和 722 型可见分光光度计在 λ=450~700 nm 范围内,测定不同波长下的吸光度 A,以波长为横坐标、吸光度为纵坐标,绘制吸收曲线 (在 λ=610 nm 附近的测量点需取密一些),找出最大吸收波长 λ_{max}。

λ/nm													
吸光度 A													

最大吸收波长 λ_{max}=(　　) nm。

2) 标准曲线的绘制

准确吸取铜标准溶液(含铜 4 g · L^{-1})2.0 mL、4.0 mL、6.0 mL、8.0 mL、10.0 mL 分别置于五个 50 mL 容量瓶中,分别加入浓度为 6 mol · L^{-1} 的 $NH_3 \cdot H_2O$ 10 mL,用水稀释至刻度,摇匀。以水作参比溶液,用 1 cm 比色皿和 722 型可见分光光度计,在实验所选定的 λ_{max} 处分别测定其吸光度,记录在如下数据表中。

序号	1	2	3	4	5
$V_{铜标}$/mL					
$c_{铜}$/(g · L^{-1})					
吸光度 A					

以 50 mL 溶液中的铜浓度($g \cdot L^{-1}$)为横坐标,吸光度 A 为纵坐标,绘制标准工作曲线。

3) 样品测定

准确称取样品 0.14 g 左右(精确至 0.000 1 g)于小烧杯中,加入 5 mL 水溶解,滴加浓度为 $6\ mol \cdot L^{-1}$ 的 H_2SO_4 溶液使溶液由深蓝色经浑浊至澄清蓝色,然后转移至 100 mL 容量瓶中,加入浓度为 $6\ mol \cdot L^{-1}$ $NH_3 \cdot H_2O$ 10 mL,用蒸馏水稀释至刻度,摇匀。用与标准曲线相同的条件测定其吸光度 A_x,根据测得的 A_x,从标准曲线上查出对应的铜的浓度,再换算成原试样中的铜含量(以质量分数表示),分析其纯度。

五、思考题

(1) 根据制备反应原理,实验中哪种反应物应过量? 可以倒过来吗?
(2) 计算出理论产量。
(3) 参比溶液的作用是什么?
(4) 本实验中哪些溶液的量取需要非常准确,哪些则不必很准确? 为什么?
(5) 硫酸四氨合铜中的铜含量还可用哪些方法测定?

实验五十九　酯类化合物的制备及含量分析

一、实验目的

(1) 掌握羧酸与醇反应制备酯的原理和方法。
(2) 理解和掌握酯测定的原理和方法。

二、实验原理

羧酸与醇在少量酸的催化下加热,生成酯和水的反应称为酯化反应。酯化反应是一个典型的酸催化可逆反应。

$$RCOOH + R'OH \xrightleftharpoons{H^+} RCOOR' + H_2O$$

反应达到平衡时,约有 2/3 的酸和醇转化为酯。加热或加催化剂都只能加快反应速度,而对平衡时的物料组成没有影响。

为了提高酯的产率,常加过量的酸或醇,也可以把反应中生成的酯或水及时地蒸出,或两者并用,以促使平衡向右移动。本实验采用恒沸去水法,利用恒沸混合物的蒸出、冷凝、回流的方法,除去酯化反应中生成的水。反应在装有分水器的回流装置(见图 7.1)中进行。

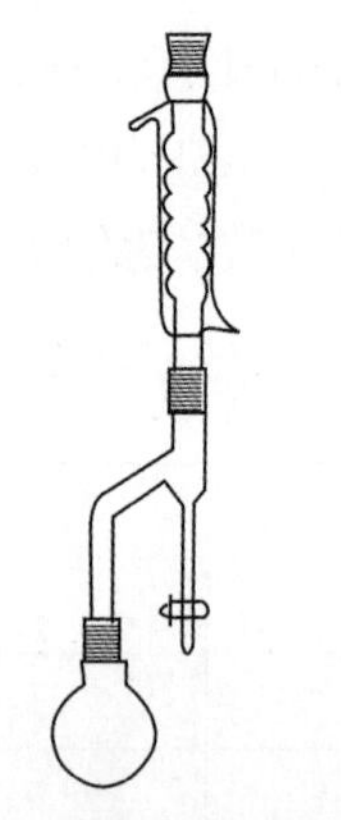

图 7.1　装有分水器的回流装置

当酯化反应进行到一定程度时,可以连续地蒸出乙酸正丁酯、丁醇和水三者所形成的二元或三元恒沸混合物。当含水的恒沸混合物蒸气冷凝为液体时,在分水器中分为两层,上层为溶解少量水的酯和醇,下层为溶解少量酯和醇的水。浮于上层的酯和醇通过支管口回到反应瓶中，未反应的正丁醇可继续酯化，水则逐次分出。这样反复地进行，可以把反应中所生成的水几乎全部除去而得到较高产率的酯。

主反应：

$$CH_3COOH + n\text{-}C_4H_9OH \overset{H^+}{\rightleftharpoons} CH_3-\overset{\overset{\displaystyle O}{\|}}{C}-OC_4H_9\text{-}n + H_2O$$

副反应：

$$CH_3CH_2CH_2CH_2OH \xrightarrow{H_2SO_4} CH_3CH_2CH=CH_2 + H_2O$$

$$2CH_3CH_2CH_2CH_2OH \xrightarrow{H_2SO_4} (CH_3CH_2CH_2CH_2)_2O + H_2O$$

皂化法测定酯的反应原理如下：

$$CH_3COOC_4H_9\text{-}n + KOH \longrightarrow CH_3COOK + n\text{-}C_4H_9OH$$

$$KOH(剩余) + HCl \longrightarrow KCl + H_2O$$

用酚酞作指示剂，滴定到微红色为终点。皂化法测定酯时首先要考虑的问题是皂化的温度、速度和溶剂等问题，而这三者是有极密切的关系的。

易皂化的酯，通常以低沸点的醇或其他有机溶剂作为溶剂在水浴中加热回流一定时间进行皂化，使用醇作为溶剂的目的是增加酯的溶解性，使皂化时保持完全互溶的状态，其中最普遍采用的是乙醇，水溶性易皂化的酯(如多羟醇的乙酸酯)可在水溶液中加热进行皂化，一些很容易皂化的酯如甲酸酯，甚至可以像酸一样用碱标准溶液直接滴定。

对于难皂化的酯，需要很长时间才能使皂化进行完全。为了克服这个缺点，进行皂化时，常采用高沸点的溶剂来提高皂化时的温度，从而加快皂化的速度，缩短皂化时间。易皂化的酯，用高沸点溶剂皂化时，可以在几分钟内完全皂化。较难皂化的酯，如酯基连接于叔碳原子上的，可以在适当的时间内完全皂化。高沸点溶剂有戊醇、苄醇、二甘醇-苯乙醚、乙二醇-乙醚、2,2-二羟乙醚等。

除了温度对皂化速度有很大的影响外，碱的浓度对皂化速度也有很大的影响，增加碱的浓度，能加快皂化速度，但是，碱过浓时，将在最后滴定时造成困难。

三、仪器与试剂

(1) 仪器：圆底烧瓶，分水器，分液漏斗，球形冷凝管，温度计，直形冷凝管，蒸馏头，接引管，梨形瓶，量筒，移液管，称量小球。

(2) 试剂：正丁醇，10%碳酸钠，冰醋酸，浓硫酸，无水硫酸镁，0.5 $mol \cdot L^{-1}$ 标准氢氧化钾醇溶液，0.5 $mol \cdot L^{-1}$ HCl 标准溶液，酚酞指示剂。

四、实验内容

1. 酯的制备

在干燥的 100 mL 圆底烧瓶中加入 9.2 mL 正丁醇和 6 mL 冰醋酸，混合均匀，小心地加入 3～4 滴浓硫酸，充分摇匀。加入几粒沸石，在分水器中先加水至略低于支管口，即 10 cm 刻度处，如图 7.1 安装分水器及回流冷凝管，在石棉网上加热回流，调节火焰，控制回流速度

1滴/1～2 s,反应一段时间后,水被逐渐分出。当分水器中的水层(下层)上升至支管口处,放掉少量的水,继续回流,当不再有水生成时(约回流45 min),表示反应完成,停止加热。反应液冷却后,卸下回流冷凝管,将分水器中分出的酯层和烧瓶中的反应液一起倒入分液漏斗中。先用10 mL的水洗涤,静止,分去水层,再用10 mL 10%碳酸钠溶液洗涤(除去残存的醋酸),最后用10 mL水洗涤至中性。将酯层倒入一干燥洁净的小锥形瓶中,加少量无水硫酸镁,干燥至液体澄清为止。

将干燥后的乙酸正丁酯小心地倒入干燥的25 mL圆底烧瓶中(注意干燥剂不可进入),加入几粒沸石,安装好蒸馏装置,在石棉网上加热蒸馏,收集124～126℃的馏分,称量。

2. 酯的测定

用小球法准确称取1.0～1.2 g酯样品,置于250 mL圆底烧瓶中,用移液管精确加入50 mL浓度为0.5 mol·L^{-1}的氢氧化钾醇溶液,装上冷凝管,在水浴上回流0.5 h,加热停止后,以20 mL新煮沸冷却的蒸馏水洗涤冷凝管内部,洗液并入样品溶液中,拆下冷凝管,用冷水冷却圆底烧瓶,加入5～10滴酚酞,以浓度为0.5 mol·L^{-1}的HCl标准溶液滴定到粉红色恰好褪去,即为终点。同时作空白试验。

五、结果计算

$$酯的质量分数=\frac{(V_1-V_2)cM}{1\,000mn}\times 100\%$$

式中,V_1为空白试验所消耗HCl标准溶液的体积(mL);V_2为滴定样品溶液所消耗HCl标准溶液的体积(mL);c为盐酸标准溶液的浓度(mol·L^{-1});m为样品质量(g);M为样品的摩尔质量(g·mol^{-1});n为样品分子中酯基的个数,本实验n为1。

六、思考题

皂化反应时,能否直接加热而不用水浴加热?

实验六十　水泥熟料中SiO_2、Fe_2O_3、Al_2O_3、CaO和MgO含量的测定

一、实验目的

(1) 了解质量法测定SiO_2含量的原理和用质量法测定水泥熟料中SiO_2含量的方法。

(2) 进一步掌握络合滴定法的原理,特别是通过控制试液的酸度、温度,以及选择适当的掩蔽剂和指示剂等条件,在铁、铝、钙、镁共存时直接分测定它们的方法。

(3) 掌握配位滴定的几种测定方法——直接滴定法、返滴定法和差减法,以及这几种测定法中的计算方法。

(4) 掌握水浴加热、过滤、洗涤、灰化、灼烧等操作技术。

二、实验原理

水泥熟料是水泥生料经 1 400℃以上的高温煅烧而成的，通过熟料分析，可以检验熟料质量和烧成情况的好坏，根据分析结果，可及时调整原料的配比以控制生产。

水泥熟料中碱性氧化物占 60%以上，因此易被酸分解，水泥熟料主要为硅酸三钙（$3CaO \cdot SiO_2$）、硅酸二钙（$2CaO \cdot SiO_2$）、铝酸三钙（$3CaO \cdot Al_2O_3$）和铁铝酸四钙（$4CaO \cdot Al_2O_3 \cdot Fe_2O_3$）等化合物的混合物，这些化合物与盐酸作用时，生成硅酸和可溶性的氯化物，反应式如下：

$$3CaO \cdot SiO_2 + 6HCl = 3CaCl_2 + H_2SiO_3 + 2H_2O$$

$$2CaO \cdot SiO_2 + 4HCl = 2CaCl_2 + H_2SiO_3 + H_2O$$

$$3CaO \cdot Al_2O_3 + 12HCl = 3CaCl_2 + 2AlCl_3 + 6H_2O$$

$$4CaO \cdot Al_2O_3 \cdot Fe_2O_3 + 20HCl = 4CaCl_2 + 2AlCl_3 + 2FeCl_3 + 10H_2O$$

硅酸是一种很弱的无机酸，在水溶液中绝大部分以溶液状态存在，其化学式以 $SiO_2 \cdot nH_2O$ 表示，在用浓酸和加热蒸干等方法处理后，能使绝大部分硅酸水溶液脱水成水凝胶析出，因此可以利用沉淀分离的方法把硅酸与水泥中的铁、铝、钙、镁等其他组分分开。

本实验中以质量法测定 SiO_2 的含量。在水泥经酸分解后的溶液中，采用加热蒸发近干和加固体氯化铵两种措施，使水溶性胶状硅酸尽可能全部脱水析出，蒸干脱水是将溶液控制在 100～110℃温度下蒸发至近干。由于 HCl 的蒸发，硅酸中所含的水分大部分被带走，硅酸水溶胶即成为水凝胶析出。由于溶液中的 Fe^{3+}、Al^{3+} 等离子在温度超过 110℃时易水解生成难溶性的碱式盐，混在硅酸凝胶中，使 SiO_2 的结果偏高，而使 Fe_2O_3、Al_2O_3 等的结果偏低，故加热蒸干宜采用水浴以控制温度。

加入固体 NH_4Cl 后，由于 NH_4Cl 易水解生成 $NH_3 \cdot H_2O$ 和 HCl，在加热的情况下，它们易挥发逸去，从而消耗了水，因此能促进硅酸水溶胶的脱水作用，反应式如下：

$$NH_4Cl + H_2O = NH_3 \cdot H_2O + HCl$$

含水硅酸的组成不固定，故沉淀经过滤、洗涤、烘干后，还需经 950～1 000℃高温灼烧成固体 SiO_2，然后称重，根据沉淀的质量计算 SiO_2 的含量。

灼烧时，硅酸凝胶不仅失去吸附水，并进一步失去结合水，脱水过程的变化如下：

$$H_2SiO_3 \cdot nH_2O \xrightarrow{110℃} H_2SiO_3 \xrightarrow{950\sim1\,000℃} SiO_2$$

灼烧所得 SiO_2 沉淀是雪白而又疏松的粉末。如所得沉淀呈灰色、黄色或红棕色，说明沉淀不纯。在要求比较高的测定中，应将沉淀置于铂坩埚中灼烧，称重，然后以氢氟酸-硫酸处理，使 SiO_2 转化成 SiF_4 挥发逸去：

$$SiO_2 + 4HF \longrightarrow SiF_4 + 2H_2O$$

然后再称剩余残渣加坩埚的质量，处理前后两次的质量之差即为纯 SiO_2 的质量。

水泥中的铁、铝、钙、镁等组分以 Fe^{3+}、Al^{3+}、Ca^{2+}、Mg^{2+} 等离子形式存在于过滤 SiO_2 沉淀后的滤液中，它们都与 EDTA 形成稳定的络离子，但这些络离子的稳定性有较显著差别，因此只要控制适当的酸度就可用 EDTA 分别滴定它们。

本法测定Fe^{3+}离子时控制酸度范围为pH=2～2.5，以磺基水杨酸为指示剂，以EDTA标准溶液滴定之。然后在滴定Fe^{3+}离子后的溶液中，以PAN为指示剂，以EDTA为标准溶液进行Al^{3+}离子的滴定，其方法同实验十一；钙、镁含量的测定原理和方法同实验十，此处从略。

三、仪器与试剂

(1) 仪器：马弗炉，分析天平，容量分析常用仪器。

(2) 试剂：浓盐酸，1∶1 HCl溶液，3%HCl溶液，浓硝酸，1∶1氨水，10% NaOH溶液，NH_4Cl固体，10% NH_4SCN溶液，1∶2三乙醇胺，0.01 mol·L^{-1} EDTA标准溶液，0.01 mol·L^{-1} $CuSO_4$标准溶液，HAc-NaAc缓冲溶液(pH=4.3)，NH_3-NH_4Cl缓冲溶液(pH=10)，0.05%溴甲酚绿指示剂，10%磺基水杨酸指示剂，0.3% PAN指示剂，酸性铬蓝K-萘酚绿B指示剂，钙指示剂，铬黑T指示剂。

四、实验内容

1. SiO_2的测定

准确称取两份试样各0.5 g左右，置于干燥的50 mL烧杯中，加2～3 g固体氯化铵，用玻璃棒搅匀。沿杯口滴加3 mL浓盐酸和1滴浓硝酸①，搅匀。将烧杯置于沸水浴上，盖上表面皿，蒸发至近干(约需10～15 min)。取下烧杯，加10 mL热的3% HCl溶液，搅拌，使可溶性盐类溶解，用中速定量滤纸过滤，以热的3% HCl溶液洗涤烧杯和滤纸，直至滤液中无Fe^{3+}离子为止，Fe^{3+}离子可用10% NH_4SCN溶液检验②，一般来说，洗涤10次即可达到不含Fe^{3+}离子的要求。滤液保存在250 mL容量瓶中，并用去离子水稀释至刻度，摇匀，供测定Fe^{3+}、$A1^{3+}$、Ca^{2+}、Mg^{2+}等离子之用。

将沉淀连同滤纸放入已恒重的瓷坩埚中，先用低温烘干，再升高温度使滤纸充分灰化。然后在950～1 000℃的高温炉内灼烧30 min，取出，置于干燥器中冷却至室温，称量。再灼烧并冷却至室温，再称量，如此反复，直至恒重。计算试样中SiO_2的含量。

2. Fe^{3+}离子的测定

准确吸取分离SiO_2后的滤液50 mL③置于250 mL锥形瓶中，加50 mL水，2滴0.05%溴甲酚绿指示剂④(溴甲酚绿指示剂在小于3.8时呈黄色，大于5.4时呈蓝色)，此时溶液呈黄色，逐滴滴加1∶1氨水，使之成蓝色。然后再用1∶1 HCl溶液调至黄色后再过量3滴，此时溶液的酸度约为pH=2，加热至约90℃，取下，加6～8滴10%磺基水杨酸，用0.01 mol·L^{-1} EDTA标准溶液滴定。

在滴定开始时溶液呈紫红色，此时滴定速度宜稍快些。当溶液开始呈淡红紫色时，则

---

① 加入浓硝酸的目的是使铁全部以正三价状态存在。

② Fe^{3+}与NH_4SCN反应生成血红色的$Fe(SCN)_3$。

③ 分离以后的滤液要节约使用，尽可能多保留一些溶液，以便必要时用来进行重复滴定。

④ 溴甲酚绿指示剂不宜多加，如加多了，黄色的底色深，在铁的滴定中对终点的颜色变化观察有影响。

把滴定速度放慢，一定要每加一滴，摇摇、看看，然后再加一滴，最好同时加热，直至滴到溶液变到淡黄色，即为终点，滴得太快，EDTA易多加，这样不仅会使 Fe^{3+} 的结果偏高，同时还会使 Al^{3+} 的结果偏低。

3. Al^{3+} 离子的测定

在滴定铁含量后的溶液中，准确加入 25 mL 浓度为 0.01 mol・L^{-1} 的 EDTA 标准溶液(用移液管加)，摇匀。然后再加入 15 mL pH＝4.3 的 HAc－NaAc 缓冲液，煮沸 1～2 min，取下稍冷至 90℃左右，加入 4 滴 0.3％ PAN 指示剂，以 0.01 mol・L^{-1} $CuSO_4$ 标准溶液滴定之，开始时溶液呈黄色，随着 $CuSO_4$ 标准溶液的加入，颜色逐渐变绿并加深，直至再加入一滴突然变蓝紫，即为终点，在变紫色之前，曾有由蓝绿色变灰绿色的过程，在灰绿色溶液中再加 1 滴 $CuSO_4$ 溶液，即变紫色。

4. Ca^{2+} 离子的测定

准确吸取分离 SiO_2 后的滤液 10 mL 于 250 mL 锥形瓶中，加水稀释至约 100 mL，加 10 mL 1∶2 的三乙醇胺溶液，摇匀后再加 5 mL 10％浓度为 NaOH 溶液，再摇匀，加入约 0.01 g 固体钙指示剂(用药勺小头取约 1 勺)，此时溶液呈酒红色。然后以浓度为 0.01 mol・L^{-1} 的 EDTA标准溶液滴定至溶液呈蓝色，即为终点，记下消耗的 EDTA 的体积 V_1。

5. Mg^{2+} 离子的测定

准确吸取分离 SiO_2 后的滤液 10 mL 于 250 mL 锥形瓶中，加水稀释至约 100 mL，加 10 mL 1∶2 三乙醇胺溶液，摇匀，加入 10 mL pH＝10 的 NH_3－NH_4Cl 缓冲溶液，再摇匀，然后加入适量酸性铬蓝 K-萘酚绿 B 指示剂(此时溶液呈淡紫红)，以浓度为 0.01 mol・L^{-1} 的 EDTA 标准溶液滴定至溶液呈蓝色，即为终点。记下消耗的 EDTA 的体积 V_2，根据此结果计算所得的为钙、镁的总量，由此减去钙量即为镁量。

五、思考题

(1) 如何分解水泥熟料试样？分解时的化学反应是什么？

(2) 本实验测定 SiO_2 含量的方法原理是什么？

(3) 试样分解后加热蒸发的目的是什么？操作中应注意些什么？

(4) 在 Fe^{3+}、Al^{3+}、Ca^{2+}、Mg^{2+} 共存的溶液中，以 EDTA 标准溶液滴定 Ca^{2+}、Mg^{2+} 的总量时，是怎样消除其他共存离子的干扰的？

(5) 在滴定上述各种离子时，应分别控制什么样的酸度范围？怎样控制？

(6) 如 Fe^{3+} 离子的测定结果不准确，对 Al^{3+} 离子的测定结果有什么影响？

(7) 试写出本测定中所涉及的主要化学反应式。

实验六十一　混合酸碱体系试样分析

一、实验目的

(1) 培养学生查阅相关分析化学书刊和文献资料的能力。

(2) 学生根据实验要求独立设计混合酸碱体系试样含量的分析方法，培养学生综合运用所学知识的能力。

(3) 通过对混合酸碱体系的组成含量进行分析，掌握化学分析实验的基本操作和基本技能，培养学生综合运用所学知识的能力和分析、解决问题的能力。

二、实验内容

(1) 提供 4 种不同的混合酸碱体系的试样，每位学生选择其中的一种，通过查阅相关分析化学书刊和文献资料，设计混合酸碱体系的组成含量的分析方法，设计出包括实验原理(包括准确分步滴定的判别、滴定剂的选择、计量点 pH 的计算、指示剂的选择及分析结果的计算公式等)、仪器、试剂(所需试剂的用量、浓度、配制方法等)、实验步骤(包括标定和测定)、注意事项、结果处理等内容完整的实验方案。

(2) 学生的实验设计方案交教师审阅后，进行实验工作。

(3) 完成实验报告，以小组讨论形式进行交流。

三、实验方案设计选题

1. $NaOH-Na_2CO_3$ 体系

$$\begin{matrix} NaOH \\ Na_2CO_3 \end{matrix} \xrightarrow[\text{酚酞}]{\text{HCl 滴定 } V_1} \begin{matrix} NaCl \\ NaHCO_3 \end{matrix} \xrightarrow[\text{甲基橙}]{\text{继续 HCl 滴定 } V_2} NaCl + H_2O + CO_2$$

$$V_1 > V_2$$

2. $NaHCO_3-Na_2CO_3$ 体系

$$\begin{matrix} NaHCO_3 \\ Na_2CO_3 \end{matrix} \xrightarrow[\text{酚酞}]{\text{HCl 滴定 } V_1} \begin{matrix} NaHCO_3 \\ NaHCO_3 \end{matrix} \xrightarrow[\text{甲基橙}]{\text{继续 HCl 滴定 } V_2} NaCl + H_2O + CO_2$$

$$V_1 < V_2$$

3. NH_3-NH_4Cl 体系

以 HCl 为标准溶液、甲基红为指示剂来测定混合液中 NH_3 的含量；

以 NaOH 为标准溶液、酚酞为指示剂，用甲醛法来测定混合液中 NH_4Cl 的含量。

4. $HCl-NH_4Cl$ 体系

以 NaOH 为标准溶液、甲基红为指示剂来测定混合液中的 HCl 含量；

以 NaOH 为标准溶液、酚酞为指示剂，用甲醛法来测定混合液中 NH_4Cl 的含量。

实验六十二　校园空气中氮氧化物的监测

一、实验目的

(1) 了解气体样品的采集方法，学会大气采样仪的使用。

(2) 掌握盐酸萘乙二胺分光光度法测定大气中氮氧化物的原理和方法。

(3) 理解空气污染指数的定义，描述校园空气质量状况。

二、实验原理

大气中的氮氧化物主要是一氧化氮和二氧化氮。在测定氮氧化物浓度时，应先用三氧化铬将一氧化氮氧化成二氧化氮。二氧化氮被吸收液吸收后，生成亚硝酸和硝酸，其中，亚硝酸与对氨基苯磺酸发生重氮化反应，再与盐酸萘乙二胺偶合，生成玫瑰红色偶氮染料，据其颜色深浅，用分光光度法定量。因为 NO_2(气)转变为 NO_2^-(液)的转换系数为 0.76，故计算结果应除以 0.76。

我国空气质量采用空气污染指数进行评价。空气污染指数根据环境空气质量标准和各项污染物对人体健康和生态环境的影响来确定污染指数的分级及相应的污染物浓度值。我国目前采用的空气污染指数(air pollution index，简称 API)分为五个等级，API 值小于或等于 50，说明空气质量为优，相当于国家空气质量一级标准，符合自然保护区、风景名胜区和其他需要特殊保护地区的空气质量要求；API 值大于 50 且小于或等于 100，表明空气质量良好，相当于达到国家空气质量二级标准；API 值大于 100 且小于或等于 200，表明空气质量为轻度污染，相当于国家空气质量三级标准；API 值大于 200 且小于或等于 300，表明空气质量差，称之为中度污染，为国家空气质量四级标准；API 大于 300 表明空气质量极差，已严重污染。表 7.1 为空气污染指数范围及相应的空气质量类别。

表 7.1　空气污染指数范围及相应的空气质量状况

空气污染指数	空气质量状况	对健康的影响	建议采取的措施
0～50	优	无	可正常活动
51～100	良		
101～200	轻度污染	易感人群的症状轻度加剧，健康人群出现刺激症状	心脏病和呼吸系统疾病患者应减少体力消耗和户外活动
201～300	中度污染	心脏病和肺病患者症状显著加剧，运动耐受力降低，健康人群中普遍出现症状	老年人和心脏病、肺病患者应停留在室内，并减少体力活动
>300	严重污染	健康人群运动耐受力降低，有明显强烈症状，提前出现某些疾病	老年人和病人应当留在室内，避免体力消耗，一般人群应避免户外活动

空气污染指数就是将常规监测的几种空气污染物浓度简化成为单一的概念性指数值形式，并分级表征空气污染程度和空气质量状况(见表 7.1)，适合于表示城市的短期空气质量状况和变化趋势。根据空气质量标准和各种污染物对人体健康和生态环境的影响来确定的污染物浓度的值，是评估空气质量的一种依据。计算方法为：将各种空气污染物的浓度分别除以国家标准，再乘以 100，得到各种污染物指数，取其中最高的一项作为空气污染指数。空气污染指数是根据空气环境质量标准和各项污染物的生态环境效应及其对人体健康的影响，来确定污染指数的分级数值及相应的污染物浓度限值。空气质量周报所用的

空气污染指数的分级标准是：

① API50 点对应的污染物浓度为国家空气质量日均值一级标准；

② API100 点对应的污染物浓度为国家空气质量日均值二级标准；

③ API200 点对应的污染物浓度为国家空气质量日均值三级标准；

④ API 更高值段的分级对应于各种污染物对人体健康产生不同影响时的浓度限值。我国目前计入空气污染指数的污染物项目有二氧化硫、一氧化碳、臭氧、二氧化氮、可吸入颗粒物等。本实验主要测定的是氮氧化物。

三、仪器与试剂

(1) 仪器：多孔玻板吸收管，双球玻璃管(内装三氧化铬-砂子)，气体采样仪(流量范围 $0\sim1\,L\cdot min^{-1}$)，分光光度计。

(2) 试剂：所有试剂均用不含亚硝酸根的重蒸馏水配制。其检验方法是：所配制的吸收液对 540 nm 光的吸光度不超过 0.005。

① 吸收液：称取 5.0 g 对氨基苯磺酸，置于 1 000 mL 容量瓶中，加入 50 mL 冰乙酸和 900 mL 水的混合溶液，盖塞振摇使其完全溶解，然后加入 0.050 g 盐酸萘乙二胺，溶解后，用水稀释至标线，此为吸收原液，贮于棕色瓶中，在冰箱内可保存两个月。保存时应密封瓶口，防止空气与吸收液接触。采样时，按 4 份吸收原液与 1 份水的比例混合配成采样用吸收液。

② 三氧化铬-砂子氧化管：筛取 20～40 目海砂(或河砂)，用 1∶2 的盐酸溶液浸泡一夜，用水洗至中性，烘干。将三氧化铬与砂子按质量比 1∶20 混合，加少量水调匀，放在红外灯下或烘箱内于 105℃烘干，烘干过程中应搅拌几次。制备好的三氧化铬-砂子应是松散的，若粘在一起，说明三氧化铬比例太大，可适当增加一些砂子，重新制备。称取约 8 g 三氧化铬-砂子装入双球玻璃管内，两端用少量脱脂棉塞好，用乳胶管或塑料管制的小帽将氧化管两端密封，备用。采样时将氧化管与吸收管用一小段乳胶管相接。

③ 亚硝酸钠标准贮备液：称取 0.150 0 g 粒状亚硝酸钠(预先在干燥器内放置 24 h 以上)，溶解于水，移入 1 000 mL 容量瓶中，用水稀释至标线。此溶液每毫升含 100.0 μg NO_2^-，贮于棕色瓶内，冰箱中保存，可稳定三个月。

④ 亚硝酸钠标准溶液：吸取亚硝酸钠标准贮备液 5.00 mL 于 100 mL 容量瓶中，用水稀释至标线。此溶液每毫升含 5.0 μg NO_2^-。

四、实验内容

1. 标准曲线的绘制

取 7 支 10 mL 具塞比色管，按表 7.2 所列数据配制标准色列。

表 7.2 亚硝酸钠标准色列

管 号	0	1	2	3	4	5	6
亚硝酸钠标准溶液/mL	0.00	0.10	0.20	0.30	0.40	0.50	0.60

（续表）

吸收原液/mL	4.00	4.00	4.00	4.00	4.00	4.00	4.00
水/mL	1.00	0.90	0.80	0.70	0.60	0.50	0.40
NO_2^- 含量/μg	0.0	0.5	1.0	1.5	2.0	2.5	3.0

以上溶液摇匀，避开阳光直射放置 15 min，在 540 nm 波长处，用 1 cm 比色皿，以水为参比，测定吸光度。以吸光度为纵坐标，相应的标准溶液中 NO_2^- 含量(μg)为横坐标，绘制标准曲线。

2. 采样

每批进行实验的学生按学校不同的功能区设置采样点进行采样，如实验区、教学区、生活区、主要交通区等，每个采样点安排一至两组。

将一支内装 5.00 mL 吸收液的多孔玻板吸收管进气口接三氧化铬-砂子氧化管，并使管口略微向下倾斜，以免当湿空气将三氧化铬弄湿时污染后面的吸收液。将吸收管的出气口与空气采样器相连接。以 0.5 L·min^{-1} 左右的流量采用避光采样至吸收液呈微红色为止。记下采样时间及流量，密封好采样管，带回实验室，当日测定。若吸收液不变色，应延长采样时间，采样量应不少于 6 L。在采样的同时，应测定采样现场的温度和大气压力，并作好记录。表 7.3 是采样记录表，供参考。

表 7.3　采样记录表

采样日期		采样地点	
温度/℃		大气压力/kPa	
流量/(L·min^{-1})		采样开始时间	
气候条件		采样结束时间	

3. 样品的测定

采样后，放置 15 min，将样品溶液移入 1 cm 比色皿中，按绘制标准曲线的方法和条件测定试剂空白溶液和样品溶液的吸光度。若样品溶液的吸光度超过标准曲线的测定上限，可用吸收液稀释后再测定吸光度。计算结果时应乘以稀释倍数。

五、实验结果及处理

1. 数据处理

(1) 计算氮氧化物的含量。

$$NO_2\text{ 的质量浓度}(mg\cdot m^{-3})=\frac{m}{0.76V_0}$$

式中，m 为工作曲线上查出的样品溶液中所含 NO_2^- 的质量(mg)，V_0 为标准状态下的采样体积(L)，0.76 为 NO_2(气)转换为 NO_2^-(液)的系数。

气体体积的状态转换：$V_0 = V_t \cdot \frac{273}{273+T} \cdot \frac{p}{101.3}$

式中，V_0 为标准状态下的采样体积（L）；V_t 为采样状态下的采样体积（L），$V_t = Qt$，Q 为采样流量（$L \cdot min^{-1}$），t 为采样时间（min）；T 为采样温度（℃）；p 为采样时大气压力（kPa）。

（2）计算空气污染指数。

$$API = \frac{测得污染物浓度}{国家标准值} \times 100$$

2. 空气质量评价

汇总各采样点的数据结果，简要描述和评价校园空气质量状况。

六、思考题

（1）氧化管起什么作用？

（2）测定时为什么要用水作参比而不用空白溶液？

（3）采样时需注意些什么？

七、注意事项

（1）吸收液应避光，且不能长时间暴露在空气中，以防止光照使吸收液显色或吸收空气中的氮氧化物而使试剂空白值增高。

（2）氧化管适于在相对湿度为30%～70%时使用。当空气相对湿度大于70%时，应勤换氧化管，小于30%时，则在使用前，用经过水面的潮湿空气通过氧化管，平衡1 h。在使用过程中，应经常注意氧化管是否因吸湿而引起板结，或者变成绿色。若板结会使采样系统阻力增大，影响流量，若变成绿色，表示氧化管已失效。

（3）亚硝酸钠（固体）应密封保存，防止空气及湿气侵入。部分氧化成硝酸钠或呈粉末状的试剂都不能用直接法配制标准溶液。若无颗粒状亚硝酸钠试剂，可用高锰酸钾体积法标定出亚硝酸钠贮备溶液的准确浓度后，再稀释为浓度为 $5.0\ \mu g \cdot mL^{-1}$ 的亚硝酸根的标准溶液。

（4）溶液若呈黄棕色，表明吸收液已受三氧化铬污染，该样品应报废。

（5）绘制标准曲线，向各管中加亚硝酸钠标准使用溶液时，都应以均匀、缓慢的速度加入。

实验六十三　大黄中蒽醌类化合物的提取与测定

一、实验目的

（1）掌握从天然产物中提取和制备样品的方法。

（2）学会蒽醌类化合物的定量分析方法。

（3）学习做线性回归分析及相关系数检验。

(4) 学习对不同的样品提取方法进行测评。

二、实验原理

大黄为常用中药,具有泻下、抗菌、止血、抗肿瘤及收敛等作用,已在许多中药、制剂及保健品中广泛使用。大黄中的有效成分为蒽醌类化合物,可呈不易溶于水的游离形式或与糖结合成能溶于水的糖甙形式共同存于植物体内。其游离型蒽醌化合物主要为 1,8-二羟基蒽醌的衍生物,包括大黄酚(chrysophanol)、大黄素(E-modin)、大黄素甲醚(physcion)、芦荟大黄素(aloe-emodin)和大黄酸(rhein)等五种(见图 7.2)。

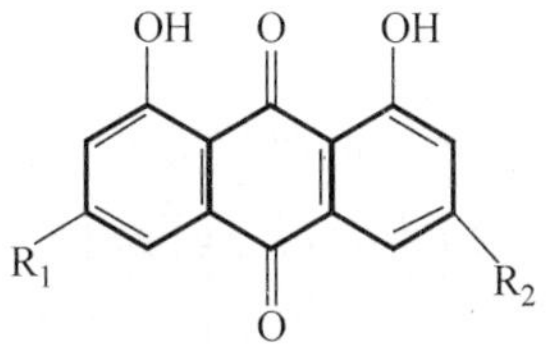

OH　O　OH

R_1　O　R_2

① R_1=CH_3, R_2=H　chrysophanol
② R_1=CH_3, R_2=OH　E-modin
③ R_1=CH_3, R_2=OCH_3　physcion
④ R_1=H, R_2=CH_2OH　aloe-emodin
⑤ R_1=H, R_2=COOH　rhein

图 7.2　五种蒽醌衍生物的结构

目前,大黄中蒽醌类成分的常规提取方法有水煎煮法、渗漉法和乙醇回流法等。近年来,把超声技术用于中药有效成分的提取逐渐受到重视。研究表明,利用超声波产生的强烈振动和搅拌作用,可加速药物有效成分进入溶剂,从而提高了提取效率,缩短了提取时间。

本实验采用超声波法以三种不同浓度的乙醇水溶液作为提取剂提取大黄中的蒽醌类化合物,通过分光光度法,以母核 1,8-二羟基蒽醌为标样测定提取液中总蒽醌类化合物的含量,从而筛选出提取效率最高的提取剂。

三、仪器与试剂

(1) 仪器:722 型可见分光光度计,电子天平,超声波清洗器。

(2) 试剂:

① 50 $mg \cdot L^{-1}$ 1,8-二羟基蒽醌标准溶液:于大试管中精确称取 1,8-二羟基蒽醌 50 mg,以 70%的乙醇水溶液超声溶解,转移定容至 1 000 mL 容量瓶中,得标准品储备液。

② 50%、70%和 90%的乙醇水溶液。

③ 大黄药粉:将市售的大黄饮片磨细备用。

四、实验步骤

1. 大黄提取液的制备

在离心管中精确称取 25～30 mg 大黄药粉三份,加入 7 mL 体积分数分别为 50%、70%和 90%的乙醇水溶液,超声 20 min,然后离心 3 min,经滤纸过滤。此提取过程共重复 2 次(注:第 2 次超声 10 min 即可),将此 2 次提取液合并,各提取液分别用相应的溶剂于比色管中定容至 50 mL,并分别标记为“1＃”“2＃”和“3＃”备用。

2. 系列标准溶液吸光度的测定

分别精密吸取 1.0 mL、2.0 mL、3.0 mL、4.0 mL、5.0 mL 的 1,8-二羟基蒽醌标准储备液以 70%的乙醇水溶液定容在各个 10 mL 比色管中,并计算各自的质量浓度(mg・L^{-1})。

以 70%的乙醇水溶液做参比,用 1 cm 比色皿和 722 型可见分光光度计,在 1,8-二羟基蒽醌的特征吸收波长 450 nm 下分别测定其吸光度,将数据记录在表 7.4 中。

3. 大黄提取液中总蒽醌含量的测定

取实验步骤 1 中所得的三份大黄提取液,以各自的提取剂做参比,在 450 nm 下分别测其吸光度,记录在表 7.5 中。

五、数据处理

(1) 将所测得的各浓度的 1,8-二羟基蒽醌标准溶液的吸光度记录在表 7.4 中,计算蒽醌标样浓度 $c_{标样}$ 与吸光度 A 间的线性回归方程 $A=a+bc$,并进行相关系数 r 检验。

对于一元线性回归方程 $A=a+bc$,

$$a=\frac{1}{n}\sum_{i=1}^{n}A_i-b\,\frac{1}{n}\sum_{i=1}^{n}c_i=\bar{A}-\bar{b}c;\quad b=\frac{\sum_{i=1}^{n}(c_i-\bar{c})(A_i-\bar{A})}{\sum_{i=1}^{n}(c_i-\bar{c})^2}$$

相关系数:

$$r=\frac{\sum_{i=1}^{n}(c_i-\bar{c})(A_i-\bar{A})}{\sqrt{\sum_{i=1}^{n}(c_i-\bar{c})^2\cdot\sum_{i=1}^{n}(A_i-\bar{A})^2}}$$

① 如果 $r=1$,则表明 c 与 A 有精确的线性关系。

② 多数情况下,$0<r<1$,即 c 与 A 之间存在着一定的线性关系。

③ 当 $r=0$ 时,则表明 c 与 A 之间没有线性关系。

表 7.4 1,8-二羟基蒽醌标准系列溶液的吸光度

序　号	1	2	3	4	5
$c_{标样}$/(mg・L^{-1})					
吸光度 A					

线性回归方程 $A=$________________,相关系数 $r=$____。

(2) 分别将实验步骤 3 中所测得的三份大黄提取液样品的吸光度代入到上述的线性回归方程中,求出各大黄提取液样品中总蒽醌的浓度 $c_{提取液}$,并根据样品称重情况换算成大黄样品中各提取剂的总蒽醌提取率,填入表 7.5。

表 7.5　各大黄提取液样品中总蒽醌含量测定结果

编　号	1#	2#	3#
吸光度 A			
$c_{提取液}/(mg \cdot L^{-1})$			
$m_{总蒽醌}/mg$			
$m_{大黄粉}/mg$			
总蒽醌提取率$\frac{m_{总蒽醌}}{m_{大黄粉}}$/%			

（3）比较此三种提取剂在大黄样品中的总蒽醌提取效果，确定提取效率最好的提取剂浓度，并做合理解释。

六、思考题

提取蒽醌类化合物常以乙醇水溶液作为提取剂，此提取剂中是否乙醇的浓度越高越好？为什么？

附　录

附录 1　常用酸碱的密度和浓度

试剂名称	密度 ρ/(g · mL^{-1})	质量分数 w/%	物质的量浓度 c/(mol · L^{-1})
浓硫酸	1.83～1.84	95～98	17.8～18.4
浓盐酸	1.18～1.19	36～38	11.6～12.4
浓硝酸	1.39～1.40	65～68	14.4～15.2
浓磷酸	1.69	85	14.6
浓氢氟酸	1.13	40	22.5
冰醋酸	1.05	99	17.4
浓氨水	0.88～0.90	25～28	13.3～14.8

附录 2　常用缓冲溶液

缓冲溶液组成	pKa	缓冲液 pH 值	缓冲溶液配制方法
氨基乙酸-HCl	2.35 (pK_{a1})	2.3	取氨基乙酸 150 g 溶于 500 mL 水中后，加浓 HCl 溶液 80 mL，水稀释至 1 L
H_3PO_4-柠檬酸盐		2.5	取 $Na_2HPO_4 \cdot 12H_2O$ 113 g 溶于 200 mL 水后，加柠檬酸 387 g，溶解，过滤，稀释至 1 L
一氯乙酸-NaOH	2.86	2.8	取 200 g 一氯乙酸溶于 200 mL 水中，加 NaOH 40 g，溶解，稀释至 1 L
邻苯二甲酸氢钾-HCl	2.95 (pK_{a1})	2.9	取 500 g 邻苯二甲酸氢钾溶于 500 mL 水中，加浓 HCl 溶液 80 mL，稀释至 1 L
甲酸-NaOH	3.76	3.7	取 95 g 甲酸和 NaOH 40 g 溶于 500 mL 水中，稀释至 1 L

（续表）

缓冲溶液组成	p*Ka*	缓冲液pH值	缓冲溶液配制方法
NaAc-HAc	4.74	4.7	取无水NaAc 83 g溶于水中，加冰醋酸60 mL，稀释至1 L
六亚甲基四胺-HCl	5.15	5.4	取六亚甲基四胺40 g溶于200 mL水中，加浓HCl溶液10 mL，稀释至1 L
Tris-HCl [Tris：三羟甲基氨基甲烷 $CNH_2(HOCH_3)_3$]	8.21	8.2	取25 g Tris试剂溶于水中，加浓HCl溶液8 mL，稀释至1 L
NH_3-NH_4Cl	9.26	9.2	取NH_4Cl 54 g溶于水中，加浓氨水63 mL，稀释至1 L

附录3　常用指示剂

常用酸碱指示剂

名称	变色pH值范围	颜色		pK_{HIn}	配制方法
		酸	碱		
百里酚蓝（第一次变色）	1.2～2.8	红	黄	1.6	0.1%的20%乙醇溶液
甲基黄	2.9～4.0	红	黄	3.3	0.1%的90%乙醇溶液
甲基橙	3.1～4.4	红	黄	3.4	0.05%的水溶液
溴酚蓝	3.1～4.6	黄	紫	4.1	0.1%的20%乙醇溶液或其钠盐的水溶液
溴甲酚绿	3.8～5.4	黄	蓝	4.9	0.1%水溶液，每100 mg指示剂中加入0.05 mol·L^{-1} NaOH 2.9 mL
甲基红	4.4～6.2	红	黄	5.2	0.1%的60%乙醇溶液或其钠盐的水溶液
溴百里酚蓝	6.0～7.6	黄	蓝	7.3	0.1%的20%乙醇溶液或其钠盐的水溶液
中性红	6.8～8.0	红	黄橙	7.4	0.1%的60%乙醇溶液
酚红	6.7～8.4	黄	红	8.0	0.1%的60%乙醇溶液或其钠盐的水溶液
百里酚蓝（第二次变色）	8.0～9.6	黄	蓝	8.9	0.1%的20%乙醇溶液
百里酚酞	9.4～10.6	无	蓝	10.0	0.1%的90%乙醇溶液

常用氧化还原指示剂

名称	$\varphi^{\circ\prime}$/V ([H^+]=1 mol·L^{-1})	颜色		配制方法
		氧化态	还原态	
中性红	0.24	红	无色	0.05%的60%乙醇溶液
次甲基蓝	0.36	蓝	无色	0.05%水溶液
变胺蓝	0.59(pH=2)	无色	蓝	0.05%水溶液
二苯胺	0.76	紫	无色	1%的浓 H_2SO_4 溶液
二苯胺磺酸钠	0.85	紫红	无色	0.05%水溶液
N-邻苯氨苯甲酸	1.08	紫红	无色	0.1 g 指示剂加 20 mL 15%的 Na_2CO_3 溶液，用水稀释至100 mL
邻二氮菲 Fe(Ⅱ)	1.06	浅蓝	红	1.485 g 邻二氮菲加 0.965 g $FeSO_4$，溶于100 mL水中(0.25 mol·L^{-1} 水溶液)

常用金属离子指示剂

名称	配制方法	测定元素	颜色变化	测定条件
酸性铬蓝K	0.1%乙醇溶液	Ca	红～蓝	pH=12
		Mg	红～蓝	pH=10(氨性缓冲溶液)
钙指示剂	与NaCl配成1∶100的固体混合物	Ca	酒红～蓝	pH>12(KOH或NaOH)
铬黑T	与NaCl配成1∶100的固体混合物	Al	蓝～红	pH=7～8，吡啶存在下，以 Zn^{2+} 回滴
		Bi	蓝～红	pH=9～10，以 Zn^{2+} 回滴
		Ca	红～蓝	pH=10，加入EDTA-Mg
		Cd	红～蓝	pH=10(氨性缓冲溶液)
		Mg	红～蓝	pH=10(氨性缓冲溶液)
		Mn	红～蓝	pH=9(氨性缓冲溶液)，加羟胺
		Ni	红～蓝	pH=10(氨性缓冲溶液)
		Pb	红～蓝	pH=9(氨性缓冲溶液)，加酒石酸钾
		Zn	红～蓝	pH=6.8～10(氨性缓冲溶液)
PAN	0.1%乙醇(或甲醇)溶液	Cd	红～黄	pH=6(乙酸缓冲溶液)
		Co	黄～红	乙酸缓冲溶液，70～80℃，以 Cu^{2+} 回滴
		Cu	紫～黄	pH=10(氨性缓冲溶液)
			红～黄	pH=6(乙酸缓冲溶液)
		Ni	粉红～黄	pH=5～7(乙酸缓冲溶液)

（续表）

名称	配制方法	测定元素	颜色变化	测 定 条 件
二甲酚橙 XO	0.5%乙醇(或水)溶液	Bi	红～黄	pH=1～2(HNO_3)
		Cd	粉红～黄	pH=5～6(六次甲基四胺)
		Pb	红紫～黄	pH=5～6(乙酸缓冲溶液)
		Th(Ⅳ)	红～黄	pH=1.5～3.5(HNO_3)
		Zn	红～黄	pH=5～6(乙酸缓冲溶液)

附录 4　常用基准物质及其干燥条件与应用

基 准 物 质		干燥后组成	干燥条件 T/℃	标定对象
名　称	分子式			
碳酸氢钠	$NaHCO_3$	Na_2CO_3	270～300	酸
碳酸钠	$Na_2CO_3 \cdot 10H_2O$	Na_2CO_3	270～300	酸
硼砂	$Na_2B_4O_7 \cdot 10H_2O$	$Na_2B_4O_7 \cdot 10H_2O$	放在含 NaCl 和蔗糖饱和液的干燥器中	酸
碳酸氢钾	$KHCO_3$	K_2CO_3	270～300	酸
草酸	$H_2C_2O_4 \cdot 2H_2O$	$H_2C_2O_4 \cdot 2H_2O$	室温空气干燥碱或 $KMnO_4$	
邻苯二甲酸氢钾	$KHC_8H_4O_4$	$KHC_8H_4O_4$	110～120	碱
重铬酸钾	$K_2Cr_2O_7$	$K_2Cr_2O_7$	140～150	还原剂
溴酸钾	$KBrO_3$	$KBrO_3$	130	还原剂
碘酸钾	KIO_3	KIO_3	130	还原剂
铜	Cu	Cu	室温干燥器	还原剂
三氧化二砷	As_2O_3	As_2O_3	室温干燥器	氧化剂
草酸钠	$Na_2C_2O_4$	$Na_2C_2O_4$	130	氧化剂
碳酸钙	$CaCO_3$	$CaCO_3$	110	EDTA
锌	Zn	Zn	室温干燥器	EDTA
氧化锌	ZnO	ZnO	900～1 000	EDTA
氯化钠	NaCl	NaCl	500～600	$AgNO_3$
氯化钾	KCl	KCl	500～600	$AgNO_3$
硝酸银	$AgNO_3$	$AgNO_3$	280～290	氯化物
氨基磺酸	$HOSO_2NH_2$	$HOSO_2NH_2$	在真空 H_2SO_4 干燥中保存 48 h	碱

参 考 文 献

[1] 华东理工大学,四川大学.分析化学[M].7版.北京:高等教育出版社,2018.

[2] 蔡蕍,唐意红.分析化学实验[M].2版.上海:上海交通大学出版社,2017.

[3] 武汉大学.分析化学实验[M].5版.北京:高等教育出版社,2011.

[4] 四川大学化学工程学院,浙江大学化学系.分析化学实验[M].4版.北京:高等教育出版社,2015.

[5] 北京大学化学与分子工程学院分析化学教学组.基础分析化学实验[M].3版.北京:北京大学出版社,2010.

[6] 孙东平,李羽让,纪明中,等.现代仪器分析实验技术[M].北京:科学出版社,2015.

[7] 袁存光,祝优珍,田晶,等.现代仪器分析[M].北京:化学工业出版社,2012.

[8] 朱嘉云.有机分析[M].2版.北京:化学工业出版社,2004.

[9] 邹明珠,许宏鼎,苏星光,等.化学分析教程[M].北京:高等教育出版社,2008.